全国高等院校医学实验教学规划教材

生物化学精要与技术原理

第 2 版

主　编　黄　炜　陈新美

主　审　王燕菲

副主编　李雅楠　龚　青

编　委　(以姓氏笔画为序)

王晓华　王燕菲　朱文渊　李雅楠

余利红　陈克念　陈新美　欧阳永长

赵　青　黄　炜　龚　青　章喜明

路　蕾　廖兆全　戴建威

科学出版社

北　京

内　容　简　介

　　本书是编者依据全国高等学校《生物化学》教材编写而成。全书共分为三章,第一章是生物化学的内容精要,归纳总结生物化学各章的主要内容,指出各章的学习要求、重点和难点等,以帮助学生有针对性的复习或自学。第二章是介绍生物化学最常用的基本技术,侧重于技术原理,主要涉及生物高分子化合物——蛋白质和核酸的分离和纯化技术、离心技术、电泳技术等,以便学生能够更好地理解和掌握生化实验教学所涉及的技术和方法。第三章是生物化学实验项目,是根据本科生的实验教学要求,有针对性地分类介绍了生物化学实验技术和方法,依次为基础生化实验、临床生化实验、综合性生化实验和分子生物学实验,即注重培养学生的基本生化实验技能,也注重提高学生科研思维和动手的综合能力。

　　本书适合于医药院校各学制学生使用。

图书在版编目(CIP)数据

生物化学精要与技术原理 / 黄炜,陈新美主编 . —2 版 . —北京:科学出版社,2014.1

全国高等院校医学实验教学规划教材

ISBN 978-7-03-039588-7

Ⅰ. 生… Ⅱ.①黄… ②陈… Ⅲ. 生物化学-医学院校-教材 Ⅳ.Q5

中国版本图书馆 CIP 数据核字(2014)第 011965 号

责任编辑:王　颖　周万灏 / 责任校对:赵桂芬
责任印制:徐晓晨 / 封面设计:范璧合

科 学 出 版 社出版
北京东黄城根北街 16 号
邮政编码:100717
http://www.sciencep.com

北京虎彩文化传播有限公司 印刷
科学出版社发行　各地新华书店经销
*
2010 年 5 月第　一　版　开本:787×1092　1/16
2014 年 1 月第　二　版　印张:12 1/4
2018 年 1 月第六次印刷　字数:289 000

定价:39.80 元
(如有印装质量问题,我社负责调换)

第 2 版前言

由于当代生物化学领域迅猛发展，不仅在理论发现还是在技术创新方面所获得的成果层出不穷，因而生物化学在医学、生物学领域占据了非常重要的地位。为了让学生在有限的学习时间内对生化的主要理论知识和实验技术有一个较为全面、系统的认知，我们于2010年6月编写、出版了第1版《生物化学精要与技术原理》。经过三年的教学应用，取得了良好的教学效果，也发现一些需要提高、调整和修改的地方。为了更好地适用于教学需要，我们决定修订、出版第2版，其中修改较多的是第三章内容。

本书分为三章，第一章是生物化学的内容精要。依据全国高等学校《生物化学》教材，并结合多年教学经验，归纳总结生物化学各章的主要内容，指出各章的学习要求、重点和难点等，以帮助学生有针对性的复习或自学。第二章是介绍生物化学最常用的基本技术，侧重于技术原理，主要涉及生物高分子化合物——蛋白质和核酸的分离和纯化技术、离心技术、电泳技术等，以便学生能够更好地理解和掌握生化实验教学所涉及的技术和方法。第三章是生物化学实验项目。本章内容是根据本科生的实验教学要求，有针对性地分类介绍了生物化学实验技术和方法，依次为基础生化实验、临床生化实验、综合性生化实验和分子生物学实验，即注重培养学生的基本生化实验技能，也注重提高学生科研思维和动手的综合能力。

参加本教材编写的是广州医科大学生物化学与分子生物学教研室的教师，其中大部分参编教师具有长期专业教学和科研经历，因此本教材是多年的教学实践经验与生物化学技术新进展相结合的产物。本教材可供临床医学、医学检验、影像学、麻醉学、口腔学、预防医学、生物技术等相关学科本科学生使用。

最后，非常感谢第1版的主编王晓华和朱文渊老师为本教材再版编写打下了良好的基础；也感谢科学出版社做了大量细致的工作。

黄　炜　陈新美

2014 年 1 月

第1版前言

随着当今生命科学领域突飞猛进的发展,生物化学的内容越来越丰富,涉及的范围越来越广泛,使之在医学、生物学等领域占据的地位越来越显著。生物化学实验技术也是生命科学许多相关学科研究的重要手段。这就要求教学一线的教师能够在有限的教学学时内讲授更多的知识,给学生展现出一个较为全面、系统的生物化学研究概况,培养学生的思维能力、实践能力和创新能力。我们编写本书力求简明、实用,旨在能够帮助学生学习和掌握生物化学课程各章节的重点内容,加深对生化技术基本原理的理解和应用,对学习生物化学课程具有一定的指导意义。

本书分为三章:第一章依据最新版本的《生物化学》教材,结合多年教学经验,归纳总结了各章的内容精要,指出了其中的重点、难点及提出目的要求,并选择了一些典型例题。第二章以实验项目为主线,介绍生物化学的基本实验技术,其中包括生物高分子化合物——蛋白质及核酸的分离和纯化技术、离心技术、电泳技术等。第三章包括生物化学基本实验,目的是加强基本技能训练和提高综合性实验能力,注重提高学生的创新能力、科研思维能力和综合素质。

本书可供临床医学、医学检验、影像学、预防医学、生物技术等相关学科本科学生使用。

参加本教材编写的广州医学院生物化学与分子生物学教研室教师从事生物化学教学多年,在自编教材的基础上,结合多年的教学实践经验和近年来最新进展完成此教材的编写。另外,科学出版社也做了大量细致的工作,编者在此对他们表示真挚的感谢!

由于编写本教材的时间仓促,加之编者水平有限,书中难免出现错误和不妥之处,恳请同行专家批评,也敬请使用本教材的读者指正,万分感激。

王晓华　朱文渊

2010 年 3 月

目　　录

第一章 生物化学精要与例题

第一节 蛋白质的结构与功能

一、教学内容要求

（一）掌握

1. 蛋白质的元素组成特点,氨基酸的结构通式,组成蛋白质的 20 种氨基酸的分类、分类依据及三字英文缩写符号。几种特殊氨基酸。

2. 肽、肽键与肽链的概念,多肽链的写法,体内重要的生物活性肽。

3. 蛋白质一级结构的概念及其主键。

4. 蛋白质的二级结构的概念,主要化学键和形式:α-螺旋、β-折叠、β-转角与无规卷曲。掌握 α-螺旋,β-折叠的结构特点。

5. 蛋白质的三级结构概念和维持其稳定的化学键:疏水作用、离子键、氢键和范德华引力。掌握亚基的概念。

6. 蛋白质的四级结构的概念和维持稳定的化学键。

7. 蛋白质的结构(包括一级结构与空间结构)与功能的关系:一级结构是高级结构与功能的基础,蛋白质的功能依赖特定空间结构。

8. 蛋白质的理化性质:两性电离性质,胶体性质,蛋白质变性,蛋白质等电点的概念和意义。

9. 蛋白质分离和纯化技术:透析、超滤、盐析、电泳、层析和离心的原理。

（二）熟悉

1. 氨基酸的理化性质、成肽反应。

2. 肽单元概念和特点。

3. 模体(motif)、锌指结构、分子伴侣的概念。

4. 结构域(domain)的特点。

5. 蛋白质的沉淀、紫外吸收和呈色反应、凝胶过滤、超过滤和超速离心。

（三）了解

1. 蛋白质的生物学功能及分类。

2. 胰岛素一级结构的特点。

3. 蛋白质组学的基本概念和研究技术。

4. 分析血红蛋白的四级结构特点。

5. 蛋白质一级结构测定(即多肽链的氨基酸序列分析)的原理。

6. 蛋白质空间结构预测和测定的原理和意义。

二、重点及难点

（一）重点

蛋白质的化学组成;氨基酸的分类;蛋白质的结构特点;蛋白质的理化性质。

（二）难点

蛋白质的结构(包括一级结构和空间结构)及其与功能的关系,分离纯化蛋白质的原理和方法。

三、内 容 精 要

蛋白质是生物体内最重要的生物大分子之一,是生命的物质基础,没有蛋白质就没有生命。蛋白质种类和功能繁多,组成蛋白质分子的主要元素有碳、氢、氧、氮、硫,有些还含有少量磷或金属元素。各种蛋白质的含氮量很接近,平均为16%。

蛋白质的基本组成单位是 L-α-氨基酸(甘氨酸除外),共有 20 种。根据它们的侧链 R 的结构和性质可分为:非极性脂肪族氨基酸、极性中性氨基酸、芳香族氨基酸、酸性氨基酸、碱性氨基酸。几种特殊的氨基酸:含硫氨基酸(甲硫氨酸),亚氨基酸(脯氨酸),支链氨基酸(缬氨酸、亮氨酸、异亮氨酸)。氨基酸属于两性电解质,在溶液 pH 等于其 pI 时,氨基酸呈兼性离子,氨基酸的性质还有紫外吸收性质和茚三酮反应。氨基酸可通过肽键连接形成肽。由 10 个以内的氨基酸缩合而成的肽称为寡肽,更多的氨基酸相连而构成多肽。体内存在许多重要的生物活性肽,如谷胱甘肽、催产素、促肾上腺皮质激素、促甲状腺激素等。

蛋白质的分子结构可分为一级、二级、三级、四级结构,后三者统称为高级结构或空间构象。蛋白质的空间构象涵盖了蛋白质分子中每一个原子在三维空间的相对位置,并非所有蛋白质都有四级结构,由两条或两条以上多肽链形成的蛋白质才有四级结构。

蛋白质一级结构是指蛋白质分子中氨基酸的排列顺序,其连接键是肽键,还包括二硫键的位置。形成肽键的 6 个原子 $C_{\alpha1}$、C、O、N、H、$C_{\alpha2}$ 位于同一平面,此 6 个原子即构成了肽单元,其中的肽键有一定程度双键性质,不能自由旋转。

蛋白质二级结构指蛋白质分子中某一段肽链的局部空间结构,也就是该段肽链主链骨架原子的相对空间位置,并不涉及氨基酸残基侧链的构象。维系二级结构的化学键主要是氢键。二级结构的主要形式包括:α-螺旋结构、β-折叠、β-转角和无规则卷曲。在许多蛋白质分子中,可发现两个或三个具有二级结构的肽段,在空间上相互接近,形成一个具有特殊功能的空间结构,称为模体,实际上它是一种超二级结构,如锌指结构。

蛋白质三级结构指整条肽键中全部氨基酸残基的相对空间位置,也就是整条肽链所有原子在三维空间的排布位置。三级结构的形成和稳定主要靠疏水键、盐键、二硫键、氢键和范德华力等次级键,其中疏水键是最主要的稳定力量。分子量大的蛋白质三级结构其整条肽链中常可分割成多折叠得转为紧密的结构域,实际上结构域也是一种介于二级和三级结构之间的结构层次,每个结构域执行一定的特殊功能。

蛋白质的四级结构是由有生物活性的两条或多条肽链组成,每条多肽链都有其完整的三级结构,称为蛋白质的亚基,这种蛋白质分子中各个亚基的空间排布及亚基接触部位的布局和相互作用,称为蛋白质的四级结构。在四级结构中,各亚基之间的结合力主要是疏水作用,氢键和离子键不通过共价键相连。单独的亚基一般没有生物学功能,只有完整的四级结构才有生物学功能。

蛋白质一级结构是空间构象和功能的基础,一级结构相似,其空间构象及功能也相似。但一级结构中有些氨基酸的作用非常重要,若蛋白质分子中起关键作用的氨基酸残基缺失或被替代,都会严重影响其空间构象或生理功能,产生某种疾病,这种由蛋白质分子发生变异所导致的疾病,称为"分子病"。蛋白质多种多样的功能与各种蛋白质特定的空间构象密切相关,其构象发生改变,功能活性也随之改变。

蛋白质既具有氨基酸的相关性质,又具有作为生物大分子的一些独特的性质。如蛋白质的两性电离、等电点、紫外吸收特性和呈色反应,这与氨基酸的性质相似。蛋白质区别于氨基酸的特有性质还有蛋白质的变性、沉淀和凝固。蛋白质作为生物大分子还具有胶体性质。可利用蛋白质的这些理化特性,来分离纯化蛋白质,如沉淀法、电泳法、层析法等。

四、例　题

（一）A 型题：请从备选答案中选出 1 个最佳答案。

1. 测得某一蛋白质样品的氮含量为 0.40g，此样品约含蛋白质（　　）
   A. 2.00g
   B. 2.50g
   C. 6.40g
   D. 3.00g
   E. 6.25g

2. 下列含有两个羧基的氨基酸是（　　）
   A. 精氨酸
   B. 赖氨酸
   C. 甘氨酸
   D. 色氨酸
   E. 谷氨酸

3. 下列有关蛋白质一级结构的描述，错误的是（　　）
   A. 多肽链中氨基酸的排列顺序
   B. 肽键是蛋白质一级结构中的主要化学键
   C. 蛋白质一级结构包括各原子的空间位置
   D. 从 N 至 C 端氨基酸残基排列顺序
   E. 多肽链中的氨基酸分子因脱水缩合而基团不全

4. 关于蛋白质二级结构的描述，错误的是（　　）
   A. 有的蛋白质几乎全是 α-螺旋结构
   B. 有的蛋白质几乎全是 β-折叠结构
   C. 大多数蛋白质分子中有 β-转角结构
   D. 每种蛋白质只能含有一种二级结构形式
   E. 几种二级结构可同时出现于同一种蛋白质分子中

5. 具有四级结构的蛋白质特征是（　　）
   A. 分子中必定含有辅基
   B. 所有蛋白质均有四级结构
   C. 每条多肽链都具有独立的生物学活性
   D. 依赖肽键维系四级结构的稳定性
   E. 由两条或两条以上具有完整三级结构的多肽链组成

6. 蛋白质的等电点是（　　）
   A. 蛋白质溶液的 pH 等于 7 时溶液的 pH
   B. 蛋白质溶液的 pH 等于 7.4 时溶液的 pH
   C. 蛋白质分子呈正离子状态时溶液的 pH
   D. 蛋白质分子呈负离子状态时溶液的 pH
   E. 蛋白质的正电荷与负电荷相等时溶液的 pH

7. 有一混合蛋白质溶液，各种蛋白质的 pI 为 4.6，5.0，5.3，6.7，7.3。电泳时欲使其中 4 种泳向正极，1 种泳向负极，则缓冲液的 pH 应该是（　　）
   A. 4.0
   B. 4.8
   C. 6.0
   D. 7.0
   E. 8.0

8. 蛋白质沉淀、变性和凝固的关系，下面叙述正确的是（　　）
   A. 变性蛋白一定要凝固
   B. 蛋白质凝固后一定变性
   C. 蛋白质沉淀后必然变性
   D. 变性蛋白一定沉淀
   E. 变性蛋白不一定失去活性

9. 用生牛奶或生蛋清解救重金属盐中毒是依据蛋白质具有（　　）
   A. 胶体性质
   B. 兼性性质
   C. 变性作用
   D. 沉淀作用
   E. 紫外吸收特性

10. 有关蛋白质变性的描述，下列正确的是（　　）
    A. 蛋白质变性后不易沉淀
    B. 蛋白质变性后不易被蛋白酶水解
    C. 蛋白质变性后理化性质不变
    D. 蛋白质变性后丧失生物学活性
    E. 蛋白质变性后导致分子量的下降

（二）X 型题：请从备选答案中选出 2 个或 2 个以上正确答案。

1. α-螺旋的特点是（　　）
   A. 一圈螺旋由 3.6 个氨基酸组成
   B. 螺旋中的全部 N—H 都和 C══O 生成氢键
   C. 氢键方向与螺旋的长轴基本平行
   D. 氨基酸残基的侧链伸向外侧
   E. 螺旋的走向都为顺时针方向

2. 血清白蛋白（pI 为 4.7）在下列哪种 pH 溶液中带正电荷（　　）
   A. pH 4.0
   B. pH 3.0
   C. pH 6.0
   D. pH 7.0
   E. pH 8.0

3. 关于蛋白质的二级结构，正确的说法是（　　）
   A. 一种蛋白质分子只存在一种二级结构类型
   B. 是多肽链主链折叠盘曲而形成
   C. 包括 α-螺旋、β-折叠、β-转角及无规卷曲结构
   D. 维持二级结构稳定的键是肽键
   E. 二级结构类型的形成受侧链基团的特性影响

4. 蛋白质三级结构（　　）
   A. 存在于每个天然蛋白质分子中
   B. 是指局部肽段空间构象
   C. 包括模序（motif）结构

D. 属于高级结构

E. 主要靠次级键维持稳定

5. 下列哪些 α-氨基酸可通过转氨基作用生成三羧酸循环中对应的 α-酮酸（　　）

　　A. 丙氨酸　　　　　　　B. 甘氨酸

　　C. 天冬氨酸　　　　　　D. 谷氨酸

　　E. 色氨酸

（三）名词解释

1. α-螺旋　2. 结构域（domain）

（四）问答题

1. 为什么说蛋白质是生命重要的物质基础？蛋白质在体内执行哪些功能？

2. 什么是蛋白质的变性作用？举例说明实际工作中应用和避免蛋白质变性的例子。

五、参考答案

（一）A 型题

　　1. B　2. E　3. C　4. D　5. E　6. E　7. D　8. B

9. D　10. D

（二）X 型题

　　1. ABCDE　2. AB　3. BCE　4. ABDE　5. ABCD

（三）名词解释

1. α-螺旋：蛋白质二级结构类型之一。在 α-螺旋中，多肽链主链围绕中心轴作顺时针向的螺旋式上升，即所谓右手螺旋。每 3.6 个氨基酸残基上升一圈，氨基酸残基的侧链伸向螺旋的外侧。α-螺旋的稳定依靠 α-螺旋每个肽键的亚氨基氢和第四个肽键的羰基氧形成的氢键维系。

2. 结构域（domain）：蛋白质三级结构中一个或数个折叠较紧密的区域，各行其功能，称为结构域。

（四）问答题

1. 为什么说蛋白质是生命重要的物质基础？蛋白质在体内执行哪些功能？

蛋白质是最重要的生命活动的载体，更是功能执行者。没有蛋白质就没有生命。蛋白质的重要作用主要有：

（1）生物催化作用：酶是蛋白质，具有催化能力，新陈代谢的所有化学反应几乎都是在酶的催化下进行的。

（2）结构蛋白：有些蛋白质参与细胞和组织的构成。

（3）运输功能：如血红蛋白具有运输氧的功能。

（4）收缩运动：收缩蛋白（如肌动蛋白和肌球蛋白）与肌肉收缩和细胞运动密切相关。

（5）调节新陈代谢：动物体内的激素许多是蛋白质或多肽。

（6）免疫保护功能：抗体是蛋白质，能与特异抗原结合，具有免疫功能。

（7）储藏蛋白：有些蛋白质具有储藏功能，如植物种子的谷蛋白可供种子萌发时利用。

（8）接受和传递信息：生物体中的受体蛋白能专一性地接受和传递外界的信息。

（9）控制生长与分化：有些蛋白参与细胞生长与分化的调控。

（10）毒蛋白能引起机体中毒症状和死亡的异体蛋白，如细菌毒素-蛇毒、蝎毒、蓖麻毒素等。

2. 什么是蛋白质的变性作用？举例说明实际工作中应用和避免蛋白质变性的例子。

（1）在某些理化因素作用下，蛋白质空间构象受到破坏，其理化性质改变及生物学活性丧失，称为蛋白质变性，而一级结构完整。

（2）变性的应用：乙醇，加热和紫外线消毒灭菌；钨酸，三氯乙酸沉淀蛋白制备无蛋白血滤液用于化验室检测，热凝法检测尿蛋白。

（3）避免变性：制备或保存酶、疫苗、免疫血清等蛋白质制剂时，应选用不引起变性的沉淀，并在低温等适当条件下保存。

（陈新美）

第二节　核酸的结构与功能

一、教学内容要求

（一）掌握

1. 核苷酸的结构和 DNA、和 RNA 的分子组成。掌握核酸分子中核苷酸的连接方式，核酸的一级结构及其表示法。

2. DNA 二级结构的特点,真核生物染色体的基本单位——核小体的结构以及 DNA 的生物学功能。

3. RNA 的种类与功能。信使 RNA、转运 RNA 二级结构的特点和功能。

4. DNA 的变性、复性和杂交的概念和特点,掌握核酸的紫外吸收、增色效应、T_m 的概念。

5. 核酸酶的概念。

（二）熟悉

1. 熟悉核蛋白体 RNA 的结构与功能。

2. 熟悉核酸分子杂交原理。

（三）了解

1. 了解 snmRNAs 的概念与功能。

2. 了解核酸酶的分类与功能。

二、重点及难点

（一）重点

1. 核酸分子的组成、结构特点。

2. DNA 二级结构特点、稳定力、三级结构特点及有关概念。

3. 真核 mRNA 一级结构特点;tRNA 二级结构特点、类型。

（二）难点

1. DNA 二级结构要点与功能的关系。

2. tRNA 二级结构特点与功能的关系;真核生物 mRNA 一级结构特点。

3. 核酸理化性质的应用。

三、内　容　精　要

核酸是以核苷酸为基本单位组成的线性多聚生物信息大分子,分为 DNA 和 RNA 两大类。3′,5′-磷酸二酯键是基本结构键。核苷酸由碱基、戊糖（脱氧戊糖）和磷酸组成。DNA 分子中的碱基成分为 A、G、C 和 T 四种,戊糖是 β-D-2′脱氧核糖;而 RNA 分子中的碱基成分则为 A、G、C 和 U 四种,戊糖为 β-D-核糖。

DNA 的一级结构是指脱氧核苷酸的排列顺序。其二级结构是右手双螺旋,由两条反向平行的脱氧多核苷酸组成。双螺旋的稳定靠氢键和碱基堆积的疏水键维持。碱基之间形成氢键配对,即 A 与 T 形成两个氢键,G 与 C 形成三个氢键。DNA 在形成双链螺旋式结构的基础上还将进一步折叠成为超螺旋结构,并且在蛋白质的参与下构成核小体。DNA 的基本功能是以基因的形式携带遗传信息,并作为基因复制和转录的模板。

RNA 主要分为三大类。①mRNA 的功能是作为遗传信息的传递者,将核内 DNA 的碱基顺序（遗传信息）按碱基互补原则抄录并转送至核蛋白体,指导蛋白质的合成。真核生物成熟 mRNA 的结构特点是 5′-末端含有特殊的"帽子"结构,3′-末端具有多聚腺苷酸尾巴结构,中间是多肽链编码序列。②tRNA 的功能是在蛋白质生物合成过程中作为各种氨基酸的运载体和识别密码子的作用。tRNA 二级结构呈三叶草形,含有稀有碱基较多。③rRNA 的功能是与多种蛋白构成核蛋白体,为多肽链合成所需要的 mRNA、tRNA 以及多种蛋白因子提供了相互结合的位点和相互作用的空间环境。在蛋白质生物合成中起着"装配机"的作用。

核酸具有多种重要理化性质。核酸分子在紫外 260nm 波长处有最大吸收峰,这一特点常被用来对核酸进行定性、定量分析。核酸在酸、碱或加热情况下可发生变性,即空间结构破坏;通常将加热变性使 DNA 的双螺旋结构失去一半时的温度称为该 DNA 的熔点或熔解温度,用 T_m 表示。变性的核酸可以复性。利用核酸变性、复性原理发明的核酸分子杂交,这一项分子生物学技术,已应用于核酸结构与功能研究的各个方面。

利用核酸的物理化学特点,采用酚抽提法、超速离心法、凝胶电泳法、层析法分离等方法对核酸进行分离与纯化。常用紫外分光光度法、定磷法、定糖法等测定核酸的含量。用酶法和化学法等对核酸进行序列分析。

核酸酶是指所有水解核酸的酶。依据作用底物的不同将其分为 DNA 酶和 RNA 酶两类;依据切割的部位不同分为核酸内切酶和核酸外切酶;具有序列特异性的核酸酶为限制性核酸内切酶。

四、例　题

(一) A 型题:请从备选答案中选出 1 个最佳答案。

1. DNA 与 RNA 完全水解后,其产物的特点是 (　　)
   A. 核糖相同,碱基部分相同
   B. 核糖不同,碱基相同
   C. 核糖相同,碱基不同
   D. 核糖不同,部分碱基不同
   E. 磷酸核糖不同,稀有碱基种类含量相同

2. 有关 DNA 的二级结构,下列说法哪种是错误的 (　　)
   A. DNA 双螺旋结构是二级结构
   B. 双螺旋结构中碱基之间相互配对
   C. 双螺旋结构中两条多核苷酸链方向相同
   D. 双螺旋碱基之间借非共价键相连
   E. 磷酸与脱氧核糖组成了双螺旋的骨架

3. 关于 tRNA 的叙述哪一项是错误的 (　　)
   A. tRNA 的二级结构呈三叶草形
   B. tRNA 分子中含有较多的稀有碱基
   C. tRNA 的 3′末端为 CCA-3′
   D. 反密码子能识别和结合氨基酸
   E. tRNA 的三级结构呈倒 L 形

4. 关于碱基配对,下列哪项是错误的 (　　)
   A. 嘌呤与嘧啶相配对比值相等
   B. A 与 T(U),G 与 C 相配对
   C. A 与 T 之间有两个氢键
   D. G 与 C 之间有三个氢键
   E. G 与 T(U),A 与 C 相配对

5. DNA 的 T_m 值较高是由于下列哪组核苷酸含量较高所致 (　　)
   A. G+A　　　　B. C+G
   C. A+T　　　　D. C+T
   E. A+C

6. tRNA 在发挥功能时的两个重要部位是 (　　)
   A. 密码子和反密码子
   B. 氨基酸臂的 CCA-3′和 DHU 环
   C. TψC 环与可变环
   D. TψC 环与反密码子
   E. 氨基酸臂的 CCA-3′和反密码子

7. 有关 RNA 结构的描述,下列哪一项是正确的 (　　)
   A. 为双链结构
   B. 单核苷酸之间是通过磷酸二酯键相连
   C. 自身不能形成茎环(发夹)结构
   D. 磷酸和脱氧核糖交替形成骨架
   E. mRNA 的一级结构决定了 DNA 的核苷酸顺序

8. 与 mRNA 中的 ACG 密码相对应的 tRNA 反密码子是 (　　)
   A. UGC　　　　B. TGC
   C. GCA　　　　D. CGU
   E. TGC

9. X 和 Y 两种核酸提取物,经紫外光检测,提取物 X 的 $A_{260}/A_{280}=2$,提取物 Y 的 $A_{260}/A_{280}=1$,结果表明 (　　)
   A. 提取物 X 的纯度高于提取物 Y
   B. 提取物 Y 的纯度高于提取物 X
   C. 提取物 X 和 Y 的纯度都低
   D. 提取物 X 和 Y 的纯度都高
   E. 不能表明二者的纯度

10. 有关染色体的描述,下列哪一项是错误的 (　　)
    A. 是 DNA 的高级结构
    B. 包含超螺旋结构
    C. 其基本组成单位为核小体
    D. 蛋白质成分主要为组蛋白
    E. 存在于原核细胞中

（二）X型题：请从备选答案中选出2个或2个
以上正确答案。

1. tRNA的叙述是（   ）
   A. 分子中含有稀有碱基
   B. 空间结构中含有密码环
   C. 是细胞内含量最多的一种RNA
   D. 主要存在于胞液中
   E. 每种tRNA可携带与其相对应的氨基酸

2. 维持DNA双螺旋结构稳定的因素有（   ）
   A. 分子中的磷酸二酯键
   B. 配对碱基之间的氢键
   C. 范德华力
   D. 骨架上磷酸之间的负电斥力
   E. 碱基平面间的疏水性堆积力

3. 蛋白质变性和DNA变性的共同点是（   ）
   A. 高温可导致变性   B. 不易恢复天然状态
   C. 氢键断裂   D. 结构松散
   E. 易恢复为天然构象

4. 关于mRNA的叙述,正确的是（   ）

A. 在三种RNA中代谢速度最快
B. 含有密码子
C. 由大小两个亚基构成
D. 有m^7Gppp帽子和polyA尾巴
E. 含有遗传信息

5. DNA的T_m值的叙述,正确的是（   ）
   A. 与DNA的均一性有关
   B. 与DNA中（G+C）含量呈正相关
   C. DNA链越长,T_m值越大
   D. DNA中稀有碱基越多,T_m值越大
   E. 与DNA所处介质的离子强度有关

（三）名词解释
1. 碱基互补   2. T_m

（四）问答题
1. 简述DNA双螺旋结构模式的要点及其与DNA生物学功能的关系。
2. 试比较RNA和DNA在分子组成及结构上的异同点。

五、参 考 答 案

（一）A型题
   1. D 2. C 3. D 4. E   5. B 6. E 7. B
8. D 9. A 10. E

（二）X型题
   1. ADE 2. BE 3. ACD 4. ABDE 5. BC

（三）名词解释
   1. 碱基互补:在核酸分子中,腺嘌呤与胸腺嘧啶、鸟嘌呤与胞嘧啶总是通过氢键相连形成固定的碱基配对,称为碱基互补。
   2. T_m:核酸在加热变性过程中,对260nm紫外光吸收值达到最大值的50%时的温度称为T_m（融解温度,也称为解链温度）。

（四）问答题
   1. 简述DNA双螺旋结构模式的要点及其与DNA生物学功能的关系。
   （1）DNA双螺旋结构模型的要点是:①两条反向平行的多核苷酸链围绕同一轴心盘绕成双螺旋结构,为右手螺旋。②脱氧核糖和磷酸骨架位于双链的外侧,碱基位于内部。两条链通过碱基之间形成的氢键并联起来,碱基互补配对的规律是A=T、G≡C。③维持双螺旋稳定的力是横向的互补碱基间的氢键和纵向的碱基平面间的疏水性碱基堆积

力。④双螺旋表面有一个大沟和一个小沟。
   （2）与DNA生物学功能的关系:①DNA链的碱基排列顺序携带了整套生物个体的遗传信息。②DNA双链的碱基互补关系保证了遗传信息的稳定性:亲代DNA两条链都是作为复制子代DNA的模板;DNA模板链是作为转录RNA的模板。

   2. 试比较RNA和DNA在分子组成及结构上的异同点。
   （1）分子组成上的异同点:DNA和RNA都含有碱基、戊糖和磷酸。DNA中的戊糖为脱氧核糖,碱基为A、T、G、C;RNA中的戊糖为核糖,碱基为A、U、G、C。
   （2）分子结构上的异同点:①两者都以单核苷酸为基本组成单位,都是以3'、5'-磷酸二酯键相连而成。②DNA的一级结构指多核苷酸链中脱氧核糖核苷酸的排列顺序。二级结构为双螺旋结构。三级结构为超螺旋结构。③RNA的一级结构指多核苷酸链中核糖核苷酸的排列顺序。二级结构以单链为主,也有少部分形成局部双螺旋结构,进而形成发夹结构,tRNA典型的二级结构为三叶草型结构,三级结构为倒"L"型结构。

（李雅楠）

第三节　酶

一、教学内容要求

（一）掌握

1. 酶的概念,酶的化学本质。

2. 酶的分子组成,单纯酶和全酶。

3. 酶的活性中心的概念。必需基团的分类及其作用。

4. 酶促反应的特点:高效性、高特异性和可调节性。

5. 底物浓度对酶促反应的影响:米-曼氏方程,K_m 与 V_{max} 值的意义。

6. 抑制剂对酶促反应的影响:不可逆抑制的作用,可逆性抑制包括竞争性抑制、非竞争性抑制、反竞争性抑制的动力学特征及其生理学意义。

7. 酶原与酶原激活的过程与生理意义。

8. 变构酶和变构调节的概念、机理和动力学特征。掌握酶的共价修饰的概念和作用特点。

9. 同工酶的概念和生理意义。

（二）熟悉

1. 酶促反应的机理,酶与底物复合物的形成即中间产物学说。

2. 酶浓度、底物浓度、温度、pH、激活剂对酶促反应的影响。

3. 酶活性的测定与酶活性单位概念。

4. 酶含量的调节特点和调控。

（三）了解

1. 酶的作用原理:诱导契合学说、邻近反应及定向排列、多元催化、表面效应。

2. 酶的分类与命名的原则。

3. 酶在疾病发生、疾病诊断、疾病治疗中的应用。

二、重点及难点

（一）重点

1. 酶的活性中心、酶与辅助因子的关系

2. 酶促反应特点。

3. K_m 与 V_m 的意义。

4. 多因素对酶促反应速度的影响。

5. 竞争性抑制、非竞争性抑制、反竞争性抑制作用特点。

6. 酶原的概念及酶原激活的机制及其生理意义。

7. 变构调节和变构酶。

8. 同工酶的概念及其意义。

（二）难点

1. 诱导契合假说。

2. 酶促反应机制。

3. 底物浓度和酶促反应速度的关系。

4. 竞争性抑制的作用机制与应用。

5. 三种可逆性抑制作用的特征和比较。

三、内 容 精 要

酶是由活细胞合成的对其特异底物起高效催化作用的蛋白质。单纯酶是仅由氨基酸残基组成的蛋白质,结合酶除含有蛋白质部分外,还含有非蛋白质辅助因子,为金属离子或小分子有机化合物,根据其与酶蛋白结合的紧密程度可分为辅酶与辅基。辅酶与酶蛋白结合疏松,可用透析或超滤的方法除去;辅基与酶蛋白结合紧密,不可用透析或超滤的方法除去。二者结合形成的复合酶-全酶才有催化作用。酶蛋白决定酶促反应的特异性,辅酶或辅基参与酶的活性中心,决定酶促反应的性质。

酶分子中一些在一级结构上可能相距很远的必需集团,在空间结构上彼此靠近,组成具有特定空间结构的区域,能与底物特异的结合并将底物转化为产物,这一区域称为酶的活性中心。酶促反应具有高效率、高度特异性和可调节性。其催化机制是酶与底物诱导契合形成酶-底物复合物,通过邻近效应、定向排列、多元催化及表面效应等使酶发挥高效催化作用。

酶促反应动力学研究影响酶促反应速度的各种因素,包括酶浓度、底物浓度、pH、温度、抑制剂和激活剂等。底物浓度对反应速度的影响可用米氏方程式表示。K_m 为米氏常数,等于反应速度为最大速度一半时的底物浓度,具有重要意义。V_{max} 和 K_m 可用双倒数作图法来求取。酶促反应在最适 pH 和最适温度时活性最高,但它们不是酶的特征性常数,受许多因素的影响。酶的抑制作用包括不可逆性抑制与可逆性抑制两种。竞争性抑制剂可与底物竞争酶的活性中心,使酶的表观 K_m 值增大;非竞争性抑制与酶活性中心外的必需基团结合,使酶促反应的 V_{max} 减小;反竞争性抑制剂与酶和底物形成的中间产物结合,使反应的 K_m 值和 V_{max} 均减小。酶活性单位是衡量酶活力大小的尺度,在适宜条件下以单位时间内底物的消耗量或产物的生成量来表示。在特定条件下,每分钟催化 1μmol 底物转化为产物所需的酶量为 1 个国际单位。

机体内对酶的活性与含量的调节是调节代谢的重要途径。体内有些酶以无活性的酶原形式存在,只有在需要发挥作用时才转化为有活性的酶,酶原向酶的转化过程称为酶原的激活;变构酶可与一些效应剂可逆地结合,通过改变酶的构象而改变其活性。多亚基的变构酶具有协同效应,是体内快速调节酶活性的重要方式之一。通过共价修饰调节,酶蛋白肽链上的一些基团可逆地共价结合某些化学基团,实现由活性酶与无活性酶的互变。这是体内实现对代谢快速调节的另一重要方式。酶含量的调节包括酶蛋白合成的诱导与阻遏,对酶降解的调控。同工酶是指催化的化学反应相同,酶蛋白的分子结构、理化性质乃至免疫学性质不同的一组酶,是由不同基因或等位基因编码的多肽链,或同一基因转录生成的不同 mRNA 翻译的不同多肽链组成的蛋白质。同工酶在不同的组织与细胞中具有不同的代谢特点。

酶可分为六大类,分别是氧化还原酶类、转移酶类、水解酶类、裂合酶类、异构酶类和合成酶类。酶的名称包括系统名称和习惯名称,酶的系统名称按照酶的分类而定,由四位数字的编号组成。

酶与医学的关系十分密切。某些疾病的发病机制直接或间接地与酶的异常或活性受到抑制有关。血清酶的测定可协助对某些疾病的诊断。许多药物可通过抑制生物体内的某些酶来达到治疗目的。酶作为试剂和药物对某些疾病进行诊断与治疗。固定化酶、抗体酶和模拟酶的应用可适应医药业、工业、农业等的多种需要。

四、例 题

(一) A 型题:请从备选答案中选出 1 个最佳答案。

1. 关于酶的叙述哪项是正确的(　　)

A. 所有的酶都含有辅基或辅酶
B. 都只能在体内起催化作用
C. 绝大多数的酶都是蛋白质

D. 都能增大化学反应的平衡常数加速反应

E. 都具有立体异构专一性

2. 关于温度对酶活性的影响,以下哪项不对( )

A. 酶都有一个最适温度,是酶的特征性常数之一

B. 在一定范围内温度可加速酶促反应

C. 高温能使大多数酶变性

D. 温度降低,酶促反应减慢

E. 低温保存酶制剂不破坏酶活性

3. K_m 值与底物亲和力大小关系是( )

A. K_m 值越小,亲和力越大

B. K_m 值越大,亲和力越大

C. K_m 值的大小与亲和力无关

D. K_m 值越小,亲和力越小

E. $1/K_m$ 越大,亲和力越大

4. K_m 值的概念是( )

A. 与酶对底物的亲和力无关

B. 是达到 V_{max} 所必需的底物浓度

C. 同一组酶的各种同工酶的 K_m 值相同

D. 是 V 达到 $0.5V_{max}$ 的底物浓度

E. 与底物的性质无关

5. 某种酶以其反应速度对底物浓度作图,呈 S 型曲线,此种酶多属于( )

A. 符合米氏动力学的酶　B. 变构酶

C. 单体酶　　　　　　　D. 结合酶

E. 多酶复合体

6. 下列关于酶活性中心的叙述,正确的是( )

A. 所有的酶都有活性中心

B. 所有酶的活性中心都含有辅酶

C. 酶的必需基团都位于活性中心之内

D. 所有酶的活性中心都含有金属离子

E. 所有抑制剂全都作用于酶的活性中心

7. 砷化物对巯基酶的抑制作用属于( )

A. 可逆性抑制剂　　　B. 非竞争性抑制剂

C. 反竞争性抑制剂　　D. 不可逆抑制剂

E. 竞争性抑制剂

8. 血清中某些酶活性升高的原因是( )

A. 细胞受损使细胞内酶释放入血

B. 体内代谢降低使酶的降解减少

C. 细胞内外某些酶被激活

D. 某些酶由尿中排出减少

E. 摄取某些维生素过多引起组织细胞内的辅酶含量增加

9. 多酶体系是指( )

A. 某种生物体内所有的酶

B. 某种细胞内所有的酶

C. 某种亚细胞结构内所有的酶

D. 某种代谢途径反应链中所有的酶

E. 催化某种代谢过程的几个酶构成的复合体

10. 竞争性抑制体系中,不会出现( )

A. E　　　　　B. EI

C. ES　　　　D. ESI

E. P

(二) X 型题:请从备选答案中选出 2 个或 2 个以上正确答案。

1. 关于酶的非竞争性抑制作用的说法哪些是正确的( )

A. K_m 值降低

B. V_{max} 降低

C. 抑制剂结构与底物无相似之处

D. K_m 值不变

E. 增加底物浓度能减少抑制剂的影响

2. 常见的酶活性中心的必需基团有( )

A. 半胱氨酸的巯基　　B. 组氨酸的咪唑基

C. 谷氨酸的侧链羧基　D. 丝氨酸的羟基

E. 天冬酰胺的酰基

3. 酶蛋白和辅酶之间有下列关系( )

A. 两者以共价键相结合

B. 只有全酶才有催化活性,二者缺一不可

C. 辅酶种类很多,其数量与酶相当

D. 酶蛋白决定反应的特异性,辅酶决定反应的种类和性质

E. 不同的酶蛋白可使用相同辅酶,催化不同反应

4. 关于同工酶,哪些说明是正确的( )

A. 是由不同的亚基组成的多聚复合物

B. 对同一底物具有不同的专一性

C. 对同一底物具有不同的 K_m 值

D. 在电泳分离时它们的迁移率相同

E. 免疫学性质相同

5. 快速调节可通过( )

A. 磷酸化与去磷酸化

B. 腺苷酸化与去腺苷酸化

C. 变构调节

D. 改变酶的合成速度

E. 改变酶的降解速度

(三) 名词解释

1. 同工酶　　2. 抗体酶

(四) 问答题

1. 说明温度对酶促反应影响的双重性。

2. 丙二酸为什么可抑制琥珀酸脱氢酶的催化活性?

五、参考答案

（一）A 型题

1. C　2. A　3. A　4. D　5. B　6. A　7. D　8. A　9. E　10. D

（二）X 型题

1. BCD　2. ABCD　3. BDE　4. AC　5. ABC

（三）名词解释

1. 同工酶：在同一种属或同一个体中，不同组织细胞内存在着能催化相同的化学反应，而分子结构、理化性质和免疫学性质不同的一组酶，称同工酶。如乳酸脱氢酶。

2. 抗体酶：人工将底物的过渡态类似物作为抗原，注入动物体内产生抗体。当抗体与底物结合时，就可使底物转变为过渡态而发生催化反应。这种抗体兼有抗体和酶的双重性质，酶的活性中心位于抗体的可变区。人们将这种具有催化功能的抗体分子称为抗体酶。

（四）问答题

1. 说明温度对酶促反应影响的双重性。

一般化学反应速度随温度升高，反应速度加快，酶促反应在一定温度范围内遵循这个规律，但酶是一种蛋白质，温度的升高可影响其空间构象的稳定性，促使酶蛋白变性，因此反应温度既可以加速反应的进行，又能促使酶失去催化能力，故温度对酶促反应具有双重性。升高温度一方面可加快酶促反应速率，同时也增加酶变性的机会。酶的活性随温度的下降而降低，但低温一般不使酶破坏，温度回升后，酶又恢复其活性。

2. 丙二酸为什么可抑制琥珀酸脱氢酶的催化活性？

丙二酸之所以可以抑制琥珀酸脱氢酶的催化活性，是因为丙二酸的分子结构类似琥珀酸脱氢酶的正常底物——琥珀酸的分子结构（化学结构为丁二酸），故可以竞争地结合于琥珀酸脱氢酶活性中心，其抑制作用的强弱决定于丙二酸与琥珀酸两者的浓度之比，当丙二酸浓度仅为琥珀酸浓度的 1/50 时，酶活性便被抑制 50%，若增大琥珀酸浓度，此抑制作用可被削弱。

（余利红）

第四节　糖　代　谢

一、教学内容要求

（一）掌握

1. 糖酵解的概念、发生场所、主要反应过程、特点、关键酶、ATP 生成量及生理意义。

2. 糖有氧氧化的概念、发生场所、主要反应过程、特点、关键酶、ATP 生成量及生理意义；掌握三羧酸循环的概念、反应过程、特点、关键酶、生理意义。

3. 磷酸戊糖途径的生理意义，NADPH 的功能。

4. 糖原合成与分解的主要反应过程、关键酶、调节方式。

5. 糖异生的概念、进行的部位，原料、主要反应过程、关键酶及生理意义。

6. 乳酸循环的概念及其生理意义。

7. 血糖的概念、正常人的血糖浓度、血糖的来源与去路。激素对血糖水平的调节作用及其机理。

（二）熟悉

1. 糖酵解代谢中两个重要的调节点。

2. 糖的有氧氧化的变构调节。

3. 巴斯德效应的概念。

4. 磷酸戊糖途径的主要反应过程和调节。

5. 肝糖原合成与分解的化学修饰调节。

6. 底物循环概念及其糖异生途径的调节。

（三）了解

1. 糖的重要功能及其在体内的消化、吸收。糖代谢的概况。
2. 磷酸戊糖途径的概念、糖醛酸途径和多元醇途径。
3. 肌糖原合成与分解的调节及糖原累积症。
4. 果糖、半乳糖的代谢特点。
5. 高血糖与低血糖等糖代谢失常疾病。
6. 糖尿病患者糖代谢紊乱发生的机制。

二、重点及难点

（一）重点

1. 糖酵解、糖有氧氧化、糖异生的主要反应过程、特点、关键酶、ATP 生成量。
2. 所有糖代谢途径的概念、生理意义。
3. 血糖的来源与去路。激素对血糖的调节作用及其机制。

（二）难点

1. 糖酵解、糖的有氧氧化、糖异生代谢途径的调节。
2. 肝糖原合成与分解的共价修饰调节。

三、内 容 精 要

　　糖类是一类机体重要的能量物质和碳源。机体的糖主要来源于食物中的淀粉。淀粉的消化主要在小肠中进行。淀粉经一系列酶的作用下水解成葡萄糖,才能在小肠被吸收,葡萄糖的吸收是依赖特定载体转运的主动耗能的过程。

　　糖代谢主要指葡萄糖在体内的复杂代谢过程,包括分解代谢与合成代谢。其分解代谢主要包括糖酵解、糖的有氧氧化及磷酸戊糖途径等。合成代谢主要包括糖异生、糖原合成途径等。

　　糖酵解在胞浆中进行。糖酵解是指机体缺氧情况下,葡萄糖生成乳酸及少量 ATP 的反应过程。其过程分为两个阶段:①第一阶段是由葡萄糖分解为丙酮酸的反应过程,该过程称为酵解途径。即葡萄糖在一系列酶催化下先消耗 2 分子 ATP,生成 1,6-双磷酸果糖;然后经脱氢、脱水、两次底物水平磷酸化生成 4 分子 ATP 和丙酮酸。②第二阶段为丙酮酸在乳酸脱氢酶催化下加氢还原为乳酸。调节糖酵解的关键酶是 6-磷酸果糖激酶-1、丙酮酸激酶、己糖激酶或葡萄糖激酶。其中以 6-磷酸果糖激酶-1 的调节最重要。糖酵解的生理意义在于迅速提供能量及为一些特殊组织细胞供能。1mol 葡萄糖经糖酵解净生成 2molATP。

　　糖的有氧氧化在胞浆和线粒体中进行。糖的有氧氧化是指葡萄糖在有氧条件下彻底氧化生成水和 CO_2 的反应过程,是机体产能的主要方式。其反应过程分为三个阶段:第一阶段为葡萄糖经酵解途径分解为丙酮酸;第二阶段丙酮酸进入线粒体在丙酮酸脱氢酶复合体(由三种酶和 TPP、硫辛酸、CoA、FAD、NAD^+ 等 5 个辅酶组成)催化下氧化脱羧生成乙酰 CoA(属于高能硫脂化合物)、$NADH+H^+$、CO_2;第三阶段为三羧酸循环及氧化磷酸化。三羧酸循环亦称柠檬酸循环、Krebs 循环,它以草酰乙酸和乙酰 CoA 缩合生成柠檬酸开始,经 4 次脱氢 2 次脱羧又生成草酰乙酸的循环过程。在此循环中由三个关键酶(异柠檬酸脱氢酶、α-酮戊二酸脱氢酶复合体、柠檬酸合酶)催化,反应是不可逆的。三羧酸循环的生理意义在于它是三大营养素分解的最终代谢通路;也是三大营养素相互转变的联系枢纽;还为其他合成代谢提供前体物质;也为氧化磷酸化

(详见后述章节)提供还原当量。三羧酸循环运转一周的净结果是氧化了1分子乙酰CoA,生成2分子CO_2、3分子$NADH+H^+$、1分子$FADH_2$及1次底物水平磷酸化。$NADH+H^+$和$FADH_2$经氧化磷酸化生成H_2O及ATP。1mol葡萄糖经有氧氧化可生成32mol或34molATP,减去消耗的2mol ATP,则净生成30mol或32molATP。调节糖有氧氧化的关键酶包括6-磷酸果糖激酶-1、丙酮酸激酶、己糖激酶或葡萄糖激酶;丙酮酸脱氢酶复合体;异柠檬酸脱氢酶、α-酮戊二酸脱氢酶复合体和柠檬酸合酶。

磷酸戊糖途径的重要意义是产生了5-磷酸核糖和NADPH。5-磷酸核糖是合成核苷酸的重要原料。NADPH作为供氢体参与多种代谢反应,如参与脂酸和胆固醇等合成代谢;参与羟化反应及维持谷胱甘肽呈还原状态;还参与生物转化作用。该途径在胞浆中进行;其关键酶是6-磷酸葡萄糖脱氢酶(辅酶为$NADP^+$)。

糖原是体内糖的储存形式。肝脏和肌肉是储存糖原的主要组织。肝糖原的合成途径有直接途径(由葡萄糖经UDPG合成糖原)和间接途径(由三碳化合物经糖异生合成糖原)。葡萄糖合成糖原是耗能的过程,UDPG为糖原合成的葡萄糖供体。糖原合成中需小糖原分子作为引物,由糖原合酶(关键酶)及分支酶的共同作用完成。糖原分解是指肝糖原分解成为葡萄糖的过程,是血糖重要来源。肌糖原的合成是由葡萄糖经UDPG合成肌糖原,由于肌肉组织中缺乏葡萄糖-6-磷酸酶,肌糖原不能分解成葡萄糖,只能进行糖酵解或有氧氧化。糖原分解是由磷酸化酶(关键酶)及脱支酶共同作用下完成。糖原合成与分解的关键酶均受到共价修饰和别构调节,其活性大小决定不同代谢途径的代谢速率,从而影响糖原代谢的方向。

糖异生是指由非糖化合物(甘油、丙酮酸、生糖氨基酸等)转变为葡萄糖或糖原的过程。进行糖异生的主要器官是肝脏,次为肾脏。从丙酮酸异生为葡萄糖的具体反应过程称为糖异生途径。该途径与酵解途径的多数反应是共有的可逆反应,但酵解途径中3个关键酶所催化的反应是不可逆的,在糖异生途径中必须由另外的反应和酶代替:由丙酮酸羧化酶、磷酸烯醇式丙酮酸羧激酶、果糖双磷酸酶、葡萄糖-6-磷酸酶催化完成。酵解途径与糖异生途径是方向相反的两条代谢途径,通过3个底物循环进行有效的协调。糖异生的生理意义在于维持血糖水平的恒定;能使肝脏补充或恢复糖原储备;长期饥饿时,肾脏糖异生增强有利于维持酸碱平衡。

血糖是指血中的葡萄糖,其正常值为3.89~6.11mmol/L,这是血糖的来源和去路相对平衡的结果。血糖的来源为食物中糖类消化吸收;肝糖原分解;糖异生生成的葡萄糖。血糖的去路为氧化供能;合成糖原(肝、肌肉);转变为核糖、脂肪、非必需氨基酸等。血糖受到神经和激素的调控。胰岛素具有降低血糖的作用;而胰高血糖素、肾上腺素、糖皮质激素有升高血糖的作用。当人体糖代谢发生障碍时可引起血糖水平的紊乱,导致高血糖及低血糖。糖尿病是常见的代谢病。

四、例　题

(一) A 型题:请从备选答案中选出 1 个最佳答案。

1. 糖代谢中间产物中有高能磷酸键的是(　　)
    A. 6-磷酸葡萄糖　　　　B. 6-磷酸果糖
    C. 1,6-二磷酸果糖　　　D. 3-磷酸甘油醛
    E. 1,3-二磷酸甘油酸

2. 下列哪一个酶与丙酮酸生成糖无关(　　)
    A. 果糖二磷酸酶　　　　B. 丙酮酸激酶

C. 丙酮酸羧化酶　　　　D. 醛缩酶
E. 磷酸烯醇式丙酮酸羧激酶

3. 不参与糖酵解的酶是(　　)
    A. 己糖激酶
    B. 磷酸果糖激酶
    C. 磷酸甘油酸激酶
    D. 磷酸烯醇式丙酮酸羧激酶
    E. 丙酮酸激酶

4. 6-磷酸葡萄糖转变为 1,6-二磷酸果糖时,需要
（　　）
   A. 磷酸葡萄糖变位酶及磷酸化酶
   B. 磷酸葡萄糖变位酶及醛缩酶
   C. 磷酸葡萄糖异构酶及磷酸果糖激酶
   D. 磷酸葡萄糖变位酶及磷酸果糖激酶
   E. 磷酸葡萄糖异构酶及醛缩酶

5. 关于糖原合成错误的是（　　）
   A. 糖原合成过程中有焦磷酸生成
   B. 分枝酶催化 1,6-糖苷键生成
   C. 从 1-磷酸葡萄糖合成糖原不消耗高能磷酸键
   D. 葡萄糖供体是 UDP 葡萄糖
   E. 糖原合成酶催化 1,4-糖苷键生成

6. 丙酮酸羧化酶催化的产物是（　　）
   A. 脂酰辅酶 A　　　　B. 磷酸二羟丙酮
   C. 异柠檬酸　　　　　D. 草酰乙酸
   E. 乙酰辅酶 A

7. 位于糖酵解、糖异生、磷酸戊糖途径、糖原合成和糖原分解各条代谢途径交汇点的化合物是（　　）
   A. 1-磷酸葡萄糖　　　B. 6-磷酸葡萄糖
   C. 1,6-磷酸果糖　　　D. 3-磷酸甘油醛
   E. 6-磷酸果糖

8. 糖酵解过程中,有几次底物水平磷酸化过程(以 1 分子葡萄糖为例)（　　）
   A. 1 次　　　　　　　B. 2 次
   C. 3 次　　　　　　　D. 4 次
   E. 5 次

9. 下列哪种反应为底物水平磷酸化反应（　　）
   A. 丙酮酸——→乙酰 CoA
   B. 草酰乙酸+乙酰 CoA ——→柠檬酸
   C. 异柠檬酸——→α-戊酮二酸
   D. 琥珀酰 CoA ——→琥珀酸
   E. 延胡索酸——→苹果酸

10. 下面哪种酶在糖酵解和糖异生作用中都起作用
（　　）
   A. 丙酮酸激酶　　　　B. 丙酮酸羧化酶
   C. 3-磷酸甘油醛脱氢酶　D. 己糖激酶
   E. 果糖-1,6-二磷酸酯酶

（二）X 型题:在备选答案中选出 2 个或 2 个以上正确答案。

1. 以 NADP⁺ 为辅酶的酶有（　　）
   A. 苹果酸酶
   B. 琥珀酸脱氢酶
   C. 异柠檬酸脱氢酶
   D. 6-磷酸葡萄糖脱氢酶
   E. 脂肪酰辅酶 A 脱氢酶

2. 1 摩尔葡萄糖进行酵解净得的 ATP 摩尔数与有氧氧化时比值为（　　）
   A. 1:9　　　　　　　B. 1:16
   C. 1:10　　　　　　 D. 1:14
   E. 1:15

3. 糖异生途径的限速酶是（　　）
   A. 丙酮酸羧化酶
   B. 磷酸烯醇式丙酮酸羧激酶
   C. 磷酸甘油酸激酶
   D. 果糖二磷酸酶
   E. 丙酮酸激酶

4. 关于糖酵解的叙述,下列哪些是正确的（　　）
   A. 整个过程在胞液中进行
   B. 糖原的 1 个葡萄糖单位,经此过程净生成 2 个 ATP
   C. 己糖激酶是其关键酶之一
   D. 所有组织都能进行
   E. 终产物是乙酸

5. 丙酮酸脱氢酶复合体的辅助因子是（　　）
   A. TPP　　　　　　　B. 硫辛酸
   C. FAD　　　　　　　D. NAD⁺
   E. 辅酶 A

（三）名词解释

1. 三羧酸循环　2. 乳酸循环

（四）问答题

1. 血糖浓度为什么能保持动态平衡?
2. 糖在无氧与有氧的情况下代谢,其反应部位、反应阶段以及对生物机体的生命活动有什么不同的意义?

五、参考答案

（一）A 型题
   1.E　2.B　3.D　4.C　5.C　6.D　7.B　8.D
9.D　10.C
（二）X 型题
   1.AD　2.BE　3.ABD　4.ACD　5.ABCDE

（三）名词解释
   1. 三羧酸循环:从乙酰 CoA 与草酰乙酸缩合成含三个羧基的柠檬酸开始,通过一系列代谢反应,乙酰基被彻底氧化,草酰乙酸得以再生的过程。又称柠檬酸循环。

2. 乳酸循环:是指葡萄糖在肌肉内合成肌糖原。肌糖原分解产生大量乳酸,通过血液循环运送到肝脏,经糖异生作用转变为葡萄糖以补充血糖。该葡萄糖经血液循环又可被运送到肌肉合成肌糖原的过程。

（四）问答题

1. 血糖浓度为什么能保持动态平衡?

血糖浓度的相对恒定依靠体内血糖的来源和去路之间的动态平衡来维持。血糖的来源:①食物中的糖经消化道吸收入血;②肝糖原分解;③糖异生;④其他单糖转变为葡萄糖。

血糖的去路:①氧化分解,供应能量;②合成肝糖原、肌糖原;③转变其他单糖及糖衍生物;④转变为脂肪、氨基酸等非糖物质;⑤血糖浓度超过肾糖阈时,可由尿中排出。

2. 糖在无氧与有氧的情况下代谢,其反应部位、反应阶段以及对生物机体的生命活动有什么不同的意义?

	糖无氧代谢	糖有氧代谢
部位	胞液	胞液+线粒体
反应阶段	①葡糖糖分解为丙酮酸 ②丙酮酸还原乳酸	①葡萄糖分解丙酮酸 ②丙酮酸进入线粒体分解乙酰CoA ③三羧酸循环
生物意义	①人体在运动,或在高原时处于相对缺氧,可进行无氧代谢较快的产生能量,供细胞利用 ②人体部分组织细胞如视网膜、神经细胞、成熟红细胞,在有氧时也主要靠糖无氧代谢来产能	①是人体一般情况下大多数组织细胞产能的途径 ②是人体中糖、脂、蛋白质三大物质互变的枢纽

（朱文渊）

第五节　脂　类　代　谢

一、教学内容要求

（一）掌握

1. 脂肪动员的概念及其限速酶。激素对脂肪动员的调节。

2. 脂酸的β-氧化的概念;掌握脂酸的活化和β-氧化的步骤,脂酰CoA进入线粒体限速步骤及其限速酶;掌握脂酸氧化过程中能量的计算。

3. 酮体的概念、酮体的生成和利用的部位、酮体生成的限速酶、酮体生成的生理意义。

4. 脂酸的合成:原料、部位和限速酶。必需脂肪酸的概念。

5. 磷脂的分类。甘油磷脂的组成、分类和结构。

6. 胆固醇的合成:部位、合成原料和限速酶。掌握胆固醇的转化产物。

7. 血脂的概念。血浆脂蛋白用电泳法和超速离心法分类的种类、生成部位、主要组成成分和功能。

（二）熟悉

1. 脂类的概念、分类和生理功能。

2. 甘油三酯的合成代谢:部位、合成原料和合成过程。

3. 酮体生成的调节。

4. 熟悉脂酸合成酶的特点,激素对脂酸合成的调节。

5. 胆固醇合成的主要步骤和调节。

6. 血浆脂蛋白的结构。载脂蛋白的功能,某些载脂蛋白对脂肪酶活性的激活作用。

7. 熟悉血浆脂蛋白代谢。

（三）了解

1. 了解脂酸的命名、来源和分类。

2. 脂类的消化和吸收。

3. 脂酸的其他氧化方式。

4. 脂酸碳链的加长和不饱和脂酸的合成过程。

5. 前列腺素等多不饱和脂酸的结构、命名、合成过程和生理功能。

6. 甘油磷脂的合成途径:甘油二酯合成途径和CTP-甘油二酯合成途径。甘油磷脂的降解:磷脂酶类对甘油磷脂的水解及产物的作用。

7. 鞘磷脂的化学组成和结构,神经鞘磷脂的合成部位和原料。

8. 血浆脂蛋白的代谢异常:高脂血症。

二、重点及难点

(一) 重点

1. 甘油三酯分解代谢的过程及其供能。

2. 胆固醇合成的原料及其转化。

3. 血浆脂蛋白的分类、组成、功能。

(二) 难点

1. 脂肪酸分解与合成代谢。

2. 磷脂的合成与分解代谢、胆固醇的合成代谢。

3. 血浆脂蛋白的代谢。

三、内容精要

脂类是脂肪及类脂的总称。脂肪也称三脂酰甘油或甘油三酯,1分子甘油与3分子脂酸通过酯键结合生成甘油三酯;脂肪的主要生理功能是储存能量及氧化供能。类脂包括胆固醇及其酯,磷脂及糖脂等,是细胞的膜结构重要组分,参与细胞识别及信息传递。

体内存在饱和脂酸和不饱和脂酸。不饱和脂酸按含双键数目分为单及多不饱和脂酸。习惯上将含2个或2个以上双键的不饱和脂酸称为多不饱和脂酸。哺乳动物体内包括人体可通过脂酸脱氢生成不饱和脂酸,但不能合成ω-6族的亚油酸(18:2,△9,12)及ω-3族的α-亚麻酸(18:3,△9,12,15),这两种多不饱和脂酸必须由食物中植物油提供。只要供给亚油酸(ω6,n-6),则动物即能合成ω6的花生四烯酸及其衍生物;花生四烯酸是前列腺素、白三烯等生理活性物质的前体。供给ω-3族的α-亚麻酸(18:3,ω-3),则动物即能合成二十碳五烯酸、二十二碳六烯酸等长链多不饱和脂酸,这些是脑及精子正常生长发育不可缺少的组分。

膳食中的脂类主要为脂肪,脂类不溶于水,必须在小肠经胆汁酸盐乳化成细小的微团后,才能被消化酶消化,分解为甘油、脂酸及一些不完全水解产物。脂类消化产物主要在十二指肠下段及空肠上段吸收。吸收的中链脂酸(6~10C)及短链脂酸(2~4C)和甘油,通过门静脉进入血循环;长链脂酸(12~26C)及2-甘油一酯吸收入肠黏膜细胞后,再合成甘油三酯,与apoB48、C等以及磷脂,胆固醇结合成乳糜微粒,经淋巴进入血循环。

甘油三酯合成的主要场所在肝、脂肪组织及小肠,以肝的合成能力最强。体内主要以葡萄糖为原料合成脂肪。脂肪细胞还是储存脂肪的"仓库"。小肠黏膜细胞主要利用脂肪消化产物再合成脂肪,以乳糜微粒形式经淋巴进入血循环。

储存在脂肪细胞中的脂肪,被脂肪酶逐步水解为脂酸及甘油,并释放入血以供其他组织氧化利用。该过程称为脂肪的动员。在脂肪动员中甘油三酯脂肪酶活性受激素调节。甘油活化、脱氢、转变为磷酸二羟丙酮后,循糖代谢途径代谢。脂酸则在肝、肌、心等组织中分解,其分解过程需经活化,然后进入线粒体,进行β-氧化和三羧酸循环,释放出大量能量,以 ATP 形式供机体利用。脂酸在肝内β-氧化还生成酮体,但肝由于缺乏利用酮体的酶系,因而不能利用酮体,需运至肝外组织氧化,释出能量。长期饥饿时脑及肌组织主要靠酮体氧化供能。

脂酸合成是在胞液中脂酸合成酶系的催化下,主要以糖代谢产生的乙酰 CoA 为碳原料,以 NADPH 提供氢,消耗 ATP,而逐步缩合而成的,最终合成 16 碳软脂酸。更长链脂酸则是对软脂酸的碳链进行加工、延长。碳链延长主要在肝细胞内质网或线粒体中进行。

磷脂分为甘油磷脂和鞘磷脂两大类,甘油磷脂的合成是以磷脂酸为前体,需 CTP 参与。甘油磷脂的降解是磷脂酶 A、B、C、D 催化下的水解反应。鞘磷脂是以软脂酸及丝氨酸为原料先合成二氢鞘氨醇后,再与脂酰 CoA 和磷酸胆碱合成鞘磷脂。

人体胆固醇可从食物中摄取,但更多来自体内合成。体内胆固醇合成主要以糖代谢产生的乙酰 CoA 为碳原料,以 NADPH 提供氢,消耗 ATP,先缩合成 HMG CoA,然后还原脱羧形成甲羟戊酸,进一步缩合成鲨烯,然后环化即转变为胆固醇。摄入过多胆固醇可抑制胆固醇的吸收及体内胆固醇的合成。胆固醇在体内可转化为胆汁酸、类固醇激素、维生素 D_3。

血脂不溶于水,血脂与多种载脂蛋白结合形成脂蛋白,以脂蛋白形式在血液运输。按超速离心法将血浆脂蛋白分为乳糜微粒(CM)、极低密度脂蛋白、低密度脂蛋白、高密度脂蛋白;按电泳法将血浆脂蛋白分为 CM、β-脂蛋白、前 β-脂蛋白、α-脂蛋白;极低密度脂蛋白即为前 β-脂蛋白,低密度脂蛋白即为 β-脂蛋白,高密度脂蛋白即为 α-脂蛋白。CM 主要转运外源性甘油三酯及胆固醇;极低密度脂蛋白主要转运内源性甘油三酯;低密度脂蛋白主要将肝合成的内源性胆固醇转运至肝外组织;高密度脂蛋白则参与胆固醇的逆向转运,即将肝外胆固醇转运至肝内。

血脂水平高于正常范围上限即为高脂血症,也可以认为是高脂蛋白血症。血浆脂蛋白质与量的变化与动脉粥样硬化的发生发展密切相关。其中 LDL、VLDL 具有促使动脉粥样硬化作用,而 HDL 具有抗动脉粥样硬化作用。

四、例　题

(一) A 型题:请从备选答案中选出 1 个最佳答案。

1. 下述哪种情况,机体所需能量主要来自脂肪 (　　)

 A. 空腹　　　　　B. 禁食

 C. 剧烈运动　　　D. 进食后

 E. 安静状态

2. 下列与脂肪酸氧化无关的物质是(　　)

 A. 肉碱　　　　　B. SHCoA

 C. NAD^+　　　　D. FAD

 E. $NADP^+$

3. 1mol 软脂酰 CoA 经一次 β-氧化后,其产物彻底氧化生成 CO_2 和 H_2O,可净生成 ATP 的摩尔数是(　　)

 A. 4　　　　　　B. 8

 C. 10　　　　　 D. 14

 E. 17

4. 有关酮体的论述,下列哪项不正确(　　)

 A. 酮体是肝脏输出脂肪类能源的一种形式

 B. 脂肪动员减少时,肝内酮体生成和输出增多

 C. 酮体的生成和利用是一种生理现象

 D. 酮体输出时,不必与血浆蛋白结合也较容易通过血-脑屏障

 E. 丙酮可随尿或经呼吸道排出

5. 6-磷酸葡萄糖脱氢酶受到抑制,可以影响脂肪酸合成,原因是(　　)

 A. 糖的有氧氧化加速　B. NADPH 减少

 C. 乙酰 CoA 减少　　 D. ATP 含量降低

 E. 糖原合成增加

6. 胆固醇在体内的主要代谢去路是(　　)

 A. 转变成胆固醇酯　　B. 合成胆汁酸

 C. 转变为维生素 D_3　 D. 合成类固醇激素

 E. 转变为二氢胆固醇

7. 游离脂肪酸在血浆中主要的运输形式是(　　)

 A. CM　　　　　　 B. VLDL

 C. LDL　　　　　　D. HDL

 E. 与清蛋白结合

8. 下列关于 HDL 的叙述哪一项是正确的(　　)

A. 由脂肪组织向肝脏转运游离脂酸

B. 由肠向肝转运吸收的脂肪

C. 由肝向肝外组织转运内源性合成的脂类

D. 由肝向肝外组织转运胆固醇以便细胞利用

E. 由肝外组织向肝脏转运胆固醇以便降解与排泄

9. 低密度脂蛋白的主要功能是( )

A. 转运甘油三酯,从肝到各组织

B. 转运磷脂酰胆碱

C. 从小肠转运甘油三酯到肝及肝外组织

D. 转运胆固醇从肝脏至各组织

E. 转运胆固醇从肝外至肝内

10. 乙酰 CoA 不能由下列哪种物质生成( )

A. 葡萄糖   B. 脂肪酸

C. 酮体   D. 氨基酸

E. 胆固醇

(二) X 型题:请从备选答案中选出 2 个或 2 个以上正确答案。

1. 脂解激素是( )

A. 肾上腺素   B. 胰高血糖素

C. 胰岛素   D. 促甲状腺素

E. 促肾上腺皮质激素

2. 关于对胆固醇的正确论述是( )

A. 乙酰 CoA 是合成胆固醇的原料

B. 在体内可以转变为维生素 D_3

C. 在体内可以转变为肾上腺皮质激素

D. NADPH 是胆固醇合成的供氢体

E. 在体内可以转变为胆汁酸

3. 脂蛋白的结构是( )

A. 脂蛋白呈球状颗粒

B. 脂蛋白具有亲水表面和疏水核心

C. 载脂蛋白位于表面

D. CM、VLDL 主要以甘油三酯为核心

E. LDL、HDL 主要以胆固醇酯为核心

4. 临床上的高脂血症多见于哪些脂蛋白含量增高( )

A. CM   B. VLDL

C. IDL   D. LDL

E. HDL

5. 下列哪些情况是饥饿时代谢的特征( )

A. 脂肪动员加强

B. 酮体生成增加

C. 肝脏糖异生增加

D. 肌糖原分解成葡萄糖增加

E. 胰岛素释放增加

(三) 名词解释

1. 激素敏感性脂肪酶   2. 血浆脂蛋白

(四) 问答题

1. 试比较消化道、脂肪组织和血液循环中的脂肪酶有何异同(包括存在部位、名称、底物、相关特点)?

2. 为什么吃糖类物质多了人体会发胖(写出代谢途径的名称或主要过程)?

五、参考答案

(一) A 型题

1. B   2. E   3. D   4. B   5. B   6. B   7. E   8. E

9. D   10. E

(二) X 型题

1. ABDE   2. ABCDE   3. ABCDE   4. ABCD

5. ABC

(三) 名词解释

1. 激素敏感性脂肪酶:是指存在于脂肪细胞内的甘油三酯脂肪酶,它是脂肪动员的关键酶,其活性受多种激素调节。

2. 血浆脂蛋白:是指血浆中的脂类与载脂蛋白质结合形成可溶性复合物,是脂类在血液中的运输形式。

(四) 问答题

1. 试比较消化道、脂肪组织和血液循环中的脂肪酶有何异同(包括存在部位、名称、底物、相关特点)?

①肠道消化液中胰脂酶水解食物中甘油三酯;②脂肪细胞内脂肪酶(包括甘油三酯脂肪酶、甘油二酯脂肪酶和甘油一酯脂肪酶)水解细胞内的甘油三酯,关键酶是甘油三酯脂肪酶,它受多种激素调节;③毛细血管壁内皮细胞膜上的脂蛋白脂肪酶和肝窦内皮细胞膜上的肝脂肪酶水解脂蛋白中的甘油三酯。

2. 为什么吃糖类物质多了人体会发胖(写出代谢途径的名称或主要过程)?

人吃过多的糖类物质会造成体内能量物质过剩,体内多余的糖转而合成脂肪,储存于脂肪细胞中,故人体可以发胖。糖分解产生合成脂肪的原料过程如下:①葡萄糖经糖有氧氧化,产生中间产物乙酰 CoA;②葡萄糖经糖酵解,产生中间产物磷酸二羟

丙酮,加氢还原生成 α-磷酸甘油;③葡萄糖经磷酸戊糖途径,产生中间产物 NADPH。上述三种中间产物作为合成脂肪的原料。脂肪合成的基本过程如下:在乙酰 CoA 羧化酶和脂肪合成酶的催化下,乙酰 CoA 和 NADPH 等合成脂肪酸,脂肪酸经活化生成脂酰 CoA,后者再与 α-磷酸甘油合成脂肪。

（黄　炜）

第六节　生　物　氧　化

一、教学内容要求

（一）掌握

1. 生物氧化的概念及生理意义。
2. 呼吸链的概念。呼吸链的四种复合物的主要成分及其功能。
3. 线粒体的两条呼吸链——NADH 氧化呼吸链和琥珀酸氧化呼吸链的组成成分和排列顺序。
4. 氧化磷酸化的概念及氧化磷酸化的偶联部位。
5. P/O 比值的概念。

（二）熟悉

1. 影响氧化磷酸化的因素。几种常见的呼吸链抑制剂的作用位点以及氧化磷酸化抑制剂的作用位点。解偶联剂的作用机制。
2. 高能磷酸化合物的类型。ATP 的利用。
3. 胞液中 NADH 氧化的两种转运机制　α-磷酸甘油穿梭及苹果酸天冬氨酸穿梭。

（三）了解

1. 化学渗透假说的主要内容以及支持该学说的主要证据。
2. ATP 合酶的结构及 ATP 合成的机制。
3. 机体其他氧化体系　需氧脱氢酶和氧化酶、过氧化物酶体的氧化酶、超氧化物岐化酶和线粒体中的氧化酶-加单氧酶和加双氧酶。
4. 解生物氧化和非生物氧化的异同。

二、重点及难点

（一）重点

1. 呼吸链的四种复合物的主要成分、排列顺序及其功能。
2. 氧化磷酸化的概念及氧化磷酸化的偶联部位。

（二）难点

1. 化学渗透假说。
2. ATP 合成的机制。

三、内　容　精　要

生物氧化是指物质在生物体内进行的氧化作用。营养物在体内分解时,逐步释放能量,最终生成 CO_2 和 H_2O 的过程。由于消耗 O_2,产生 CO_2,与细胞呼吸有关,所以又称为细胞呼吸。

生物氧化的特点是:在温和的条件下进行;有酶参与;能量是逐步释放,一部分能量(约40%)储存在 ATP 分子中;以有机酸脱羧的方式产生 CO_2;反应在有水的情况下进行等。

呼吸链是指代谢物脱下的氢(2H)经过线粒体内膜上多种酶和辅酶催化的连锁反应的逐步传递,最终与氧结合生成水的过程又称电子传递链。能传递氢的酶或辅酶称递氢体,能传递电子的酶或辅酶称递电子体。呼吸链由递电子功能的复合体:Ⅰ、Ⅱ、Ⅲ、Ⅳ组成。复合体Ⅰ又称NADH-泛醌还原酶,可将电子从NADH传递给CoQ;复合体Ⅱ又称琥珀酸-泛醌还原酶,可将电子从琥珀酸传递给CoQ;复合体Ⅲ又称泛醌-细胞色素c还原酶,能把电子从CoQ传递给Cytc;复合体Ⅳ又称细胞色素c氧化酶,能把电子从Cytc传递给氧。生物机体存在着两条重要的呼吸链:NADH氧化呼吸链和琥珀酸氧化呼吸链。排列顺序是:NADH氧化呼吸链(长呼吸链,由复合体Ⅰ、Ⅲ、Ⅳ组成)中,存在3个偶联部位,物质经该呼吸链氧化可生成2.5分子ATP;琥珀酸氧化呼吸链(短呼吸链,由复合体Ⅱ、Ⅲ、Ⅳ组成)中,含有2个偶联部位,物质经该呼吸链氧化可生成1.5分子ATP。物质氧化时,每消耗1原子氧所消耗无机磷的原子数,称P/O比值;或者是每消耗1原子氧所生成的ATP分子数。

氧化磷酸化是指代谢物脱下的2H在电子传递过程中偶联ADP磷酸化而生成ATP的过程,这是产生ATP的主要方式。底物(作用物)水平磷酸化指直接将代谢物分子中的能量转移给ADP(或GDP)而生成ATP的过程,这是产生ATP的次要方式。

氧化磷酸化可受到多种因素的影响,包括代谢物ADP、甲状腺激素和各种抑制剂。能阻断呼吸链中某一部位的电子传递,使细胞耗氧降低和ATP生成障碍的物质,称为呼吸链抑制剂,例如鱼藤酮、抗霉素A、氰化物、叠氮化物和CO等。能解脱氧化与磷酸化正常偶联的物质,称解偶联剂,如2,4-二硝基苯酚(DNP),其作用是破坏H^+的跨膜梯度而影响ATP的生成。磷酸化抑制剂寡霉素抑制H^+从质子通道回流而使ADP磷酸化不能完成。线粒体DNA缺乏蛋白质保护,且又处于有氧的环境之中,常易发生突变。

体内有许多高能化合物,其中以含高能磷酸键的物质尤为重要。ATP是多种生理活动能量的直接提供者,体内能量的生成、转化、储存和利用,都以ATP为中心。在肌肉和脑中磷酸肌酸为ATP的储存形式。

线粒体内膜通过各种转运蛋白对代谢物进行选择性转运。胞液中生成的NADH必须经磷酸甘油穿梭或苹果酸-天冬氨酸穿梭进入线粒体后才能进行氧化。

生物体内还存在其他的生物氧化体系。如抗氧化酶体系、微粒体细胞色素P_{450}单加氧酶等。超氧化物歧化酶、谷胱甘肽过氧化物酶等能清除体内产生的活性氧类,保护机体。

四、例　　题

(一) A型题:请从备选答案中选出1个最佳答案。

1. 氰化物中毒时被抑制的细胞色素是(　　)

　　A. 细胞色素b_{560}　　　　　　B. 细胞色素b_{566}

　　C. 细胞色素c_1　　　　　　　D. 细胞色素c

　　E. 细胞色素aa_3

2. 呼吸链中细胞色素排列顺序是(　　)

　　A. $b \rightarrow c_1 \rightarrow aa_3 \rightarrow O_2$

　　B. $c \rightarrow b \rightarrow c_1 \rightarrow aa \rightarrow O_2$

　　C. $c_1 \rightarrow c \rightarrow b \rightarrow aa_3 \rightarrow O_2$

　　D. $b \rightarrow c_1 \rightarrow c \rightarrow aa_3 \rightarrow O_2$

　　E. $c \rightarrow c_1 \rightarrow b \rightarrow aa_3 \rightarrow O_2$

3. 甲亢患者不会出现(　　)

　　A. 耗氧增加　　　　　　B. ATP生成增多

C. ATP分解减少　　　　　　D. ATP分解增加

E. 基础代谢率升高

4. 关于呼吸链哪项是错误的(　　)

　　A. 呼吸链中的递氢体同时都是递电子体

　　B. 呼吸链中递电子体同时都是递氢体

　　C. 呼吸链各组分氧化还原电位由低到高

　　D. 线粒体DNA突变可影响呼吸链功能

　　E. 抑制细胞色素aa_3可抑制整个呼吸链

5. P/O比值是指(　　)

　　A. 每消耗一分子氧所需消耗无机磷的分子数

　　B. 每消耗一原子氧所需消耗无机磷的克数

　　C. 每消耗一克原子氧所需消耗无机磷的克原子数

　　D. 每消耗一克分子氧所需消耗无机磷的克分子数

　　E. 每消耗一克氧所需消耗无机磷的克数

6. 氰化物（CN^-）是剧毒物,使人中毒致死原因是
（　　）
    A. 与肌红蛋白中 Fe^{3+} 结合使之不能储 O_2
    B. 与 Cyt$b$ 中 Fe^{3+} 结合使之不能传递电子
    C. 与 Cyt$c$ 中 Fe^{3+} 结合使之不能传递电子
    D. 与 Cytaa_3 中 Fe^{3+} 结合使之不能激活 $1/2O_2$
    E. 与血红蛋白中 Fe^{3+} 结合使之不能运输 O_2
7. 2,4-二硝基苯酚抑制细胞的功能,可能是由于阻断下列哪一种生化作用而引起（　　）
    A. NADH 脱氢酶的作用　B. 电子传递过程
    C. 氧化磷酸化　　　　　D. 三羧酸循环
    E. 以上都不是
8. 下列代谢物中氧化时脱下的电子进入 $FADH_2$ 电子传递链的是（　　）
    A. 丙酮酸　　　　　　　B. 苹果酸
    C. 异柠檬酸　　　　　　D. 磷酸甘油
    E. 磷酸甘油醛
（二）X 型题:在备选答案中选出 2 个或 2 个以上正确答案。
1. 呼吸链中氧化磷酸化的偶联部位有（　　）
    A. NAD^+→泛醌　　　B. 泛醌→细胞色素 b
    C. 泛醌→细胞色素 c　D. FAD→泛醌
    E. 细胞色素 aa_3→O_2
2. 线粒体外生物氧化体系的特点有（　　）
    A. 氧化过程不伴有 ATP 生成
    B. 氧化过程伴有 ATP 生成
    C. 与体内某些物质生物转化有关
    D. 仅存在于微粒体中
    E. 仅存在于过氧化物酶体中
3. 下列每组内有两种物质,都能抑制呼吸链同一个传递步骤的是（　　）
    A. 粉蝶霉素 A 和鱼藤酮　B. BAL 和寡霉素
    C. DNP 和 CO　　　　　D. H_2S 和 KCN
    E. KCN 和寡霉素
4. 一些物质通过线粒体内膜的特点是（　　）
    A. 腺苷酸 ATP 和 ADP 不需载体便通过线粒体内膜
    B. 胞液中的 NADH 只能通过 α-磷酸甘油穿梭进入线粒体
    C. Gly 和 Asp 借相同氨基酸载体进行反向交换
    D. 核编码的线粒体蛋白质需经过切除加工等步骤后才能进入线粒体
    E. 胞液中的 NADH 能通过苹果酸或 α-磷酸甘油穿梭进入线粒体
（三）名词解释
1. P/O 比值　2. 解偶联剂
（四）问答题
1. 何谓呼吸链,它有何重要意义?
2. 试述线粒体外的物质脱氢是否可产能? 若可以,是通过何种机制?

五、参考答案

（一）A 型题
　1. E　2. D　3. C　4. B　5. C　6. D　7. C　8. D
（二）X 型题
　1. ACE　2. AC　3. AD　4. DE
（三）名词解释
　1. P/O 比值:指每消耗一克原子氧所需消耗的无机磷的克原子数。
　2. 解偶联剂:可使氧化与磷酸化的偶联相互分离的物质,称为解偶联剂。其基本作用是破坏电子传递过程建立的跨内膜的质子电化学梯度,使电化学梯度储存的能量以热能形式释放,ATP 的生成受到抑制。
（四）问答题
　1. 何谓呼吸链,它有何重要意义?
　代谢物脱下的氢通过线粒体内膜多种酶和辅酶所催化的连锁反应逐步传递,最终与氧结合成 H_2O,此过程与细胞呼吸有关,所以将此传递链称为呼吸链。它由四种具有传递电子功能的复合体构成。意义:通过呼吸链,物质代谢过程中产生的 NADH+H^+、$FADH_2$ 才能将氢传递给氧结合成水并在此过程中,偶联 ADP 磷酸化生成 ATP,为机体各种代谢活动提供能量,这是机体能量的主要来源。
　2. 试述线粒体外的物质脱氢是否可产能? 若可以,是通过何种机制?
　线粒体外的物质脱氢也可以产能,NADH 可通过苹果酸天冬氨酸穿梭作用或 α-磷酸甘油穿梭作用将氢带入线粒体。前者存在于肝脏和心肌等组织,可生产 3 分子 ATP,后者存在于肌肉及神经细胞中,可生成 2 分子 ATP。

（朱文渊）

第七节 氨基酸代谢

一、教学内容要求

（一）掌握

1. 蛋白质营养价值、营养必需氨基酸。
2. 氨基酸脱氨基的方式及其特点；α-酮酸的代谢去路。
3. 体内氨的来源和去路。
4. 鸟氨酸循环的步骤、特点与生理意义。
5. 一碳单位的概念、生理功能。
6. 含硫氨基酸代谢，SAM、PAPS 的生理意义；甲硫氨酸循环的生理意义。

（二）熟悉

1. 蛋白质的需要量、氮平衡；蛋白质的腐败作用的概念。
2. 氨基酸代谢概况、氨的转运（丙氨酸-葡萄糖循环、谷氨酰胺的运氨作用）。
3. 氨基酸脱羧基生成胺类的生理功能。

（三）了解

1. 蛋白质消化吸收。
2. 尿素合成的鸟氨酸循环学说、鸟氨酸循环的调节、高氨血症和氨中毒。
3. 芳香族氨基酸的代谢。

二、重点及难点

（一）重点

1. 必需氨基酸的概念及种类，氨基酸的三种脱氨基方式。
2. α-酮酸的代谢去向，氨的来源、转运和代谢去路。
3. 一碳单位的代谢。

（二）难点

1. 尿素的合成、尿素合成的调节。
2. 一碳单位相互转换。

三、内 容 精 要

　　氨基酸除作为合成蛋白质的原料外，还可转变成核苷酸、神经递质、某些激素、NO 等含氮物质。人体内氨基酸主要来自食物蛋白质的消化吸收。各种蛋白质所含氨基酸种类和数量不同，其营养价值不一。体内不能合成而必须由食物供给的氨基酸，称必需氨基酸，共 8 种。食物蛋白质主要在小肠各种蛋白酶的作用下水解生成氨基酸。载体蛋白和 γ-谷氨酰基循环是氨基酸吸收、转运的主要方式。未被消化的蛋白质和氨基酸在大肠下段可发生腐败作用。

　　氨基酸通过转氨基、氧化脱氨基及联合脱氨基等方式脱去氨基生成 α-酮酸和游离的氨。转氨酶与 L-谷氨酸脱氢酶偶联脱氨基是体内大多数氨基酸脱氨基的主要方式。由于这一过程可逆，因此也是体内合成非必需氨基酸的重要途径。骨骼肌等组织中，氨基酸主要通过"嘌呤核苷酸循环"脱去氨基。

　　α-酮酸是氨基酸的碳骨架，可经氨基化生成非必需氨基酸，或转变成糖及脂类，也可氧化供能。

氨是有毒的物质。体内的氨通过丙氨酸、谷氨酰胺等形式转运到肝,大部分经鸟氨酸循环合成尿素,排出体外。尿素合成是一个重要的代谢过程,并受到多种因素的调节。肝功能严重受损时,可产生高氨血症和肝性脑病。体内小部分氨在肾以铵盐形式随尿排出。

一些氨基酸脱羧基后生成胺。胺类物质在体内也有重要的生理功能,如γ-氨基丁酸、组胺、5-羟色胺、牛磺酸等,它们起着激素或神经递质的作用,因此脱羧基也是氨基酸的重要代谢途径。

某些氨基酸在分解代谢过程中可以产生只含有一个碳原子的基团,称为一碳单位,例如甲基、甲烯基、甲炔基、甲酰基、亚氨甲基等。四氢叶酸是一碳单位的运载体,在其代谢中起着重要作用,也是某些药物作用的靶点。一碳单位的主要功用是作为合成嘌呤及嘧啶核苷酸的原料,是联系氨基酸与核酸代谢的枢纽。

含硫氨基酸中甲硫氨酸的主要功能是通过甲硫氨酸循环,提供活性甲基(SAM),参与各种甲基化反应。半胱氨酸经代谢可提供活性硫酸根(PAPS)。

苯丙氨酸和酪氨酸参与儿茶酚胺与黑色素等代谢。苯酮酸尿症、白化病等遗传病与苯丙氨酸或酪氨酸的代谢异常有关。色氨酸代谢可转变生成一碳单位及极少量的尼克酸。精氨酸经一氧化氮合酶催化生成重要的细胞内信号分子一氧化氮。

四、例 题

(一)A型题:请从备选答案中选出1个最佳答案。

1. 氨基酸分解代谢的氨在体内主要的储存形式是（ ）
   A. 尿素
   B. 天冬氨酸
   C. 氨基甲酰磷酸
   D. 丙氨酸
   E. 谷氨酰胺

2. 蛋白质的营养价值的高低取决于（ ）
   A. 氨基酸的种类
   B. 氨基酸的数量
   C. 蛋白质的来源
   D. 必需氨基酸的种类、数量和比例
   E. 蛋白质的含氮量

3. 下列哪一种氨基酸经过转氨基作用生成草酰乙酸（ ）
   A. 谷氨酸
   B. 丙氨酸
   C. 天冬氨酸
   D. 苏氨酸
   E. 赖氨酸

4. 关于线粒体中的CPS-I的叙述下列哪个正确（ ）
   A. 可被UTP抑制
   B. 可被N-乙酰谷氨酸活化
   C. 参与嘌呤的生物合成
   D. 参与嘧啶的生物合成
   E. 催化谷氨酰胺的水解

5. 参与甲硫氨酸循环的维生素是（ ）
   A. 维生素PP
   B. 维生素C
   C. 泛酸
   D. 生物素
   E. 维生素B_{12}

6. 下列α-氨基酸中,与之相应的α-酮酸,是三羧酸循环的中间产物的是（ ）
   A. 丙氨酸
   B. 鸟氨酸
   C. 缬氨酸
   D. 赖氨酸
   E. 谷氨酸

7. 氨由肌肉组织通过血液向肝进行转运的过程是何种循环（ ）
   A. 三羧酸循环
   B. 鸟氨酸循环
   C. 丙氨酸-葡萄糖循环
   D. 甲硫氨酸循环
   E. γ-谷氨酰基循环

8. 氮平衡是指哪种对比关系（ ）
   A. 尿与粪中含氮量与摄入食物中总含氮量的对比关系
   B. 每日摄入的蛋白质量与排出蛋白质量的对比关系
   C. 每日体内分解蛋白质量与合成蛋白质量的对比关系
   D. 尿与粪中含氮化合物总量与摄入含氮化合物总量对比关系
   E. 以上都不对

9. 丙氨酸-葡萄糖循环的作用除转运氨外尚可引起何种变化（ ）
   A. 促进氨基酸转变成糖
   B. 促进非必需氨基酸的合成
   C. 促进鸟氨酸循环
   D. 促进氨基酸转变成脂肪
   E. 促进氨基酸氧化供能

10. 关于转氨酶催化反应的叙述,正确的是（ ）

A. 谷氨酸在转氨基作用中生成谷氨酰胺

B. α-酮戊二酸接受甘氨酸的氨基生成谷氨酸

C. 丙氨酸可将其氨基经以磷酸吡哆醛为辅酶的转氨酶转给 α-酮戊二酸

D. 天冬氨酸可将其氨基经以磷酸吡哆胺为辅酶的转氨酶转给丙酮酸

E. 每一种组成蛋白质的氨基酸都各有其特异的转氨酶

（二）X 型题：请从备选答案中选出 2 个或 2 个以上正确答案。

1. 下列哪些物质合成需要甘氨酸（　　）

A. 谷胱甘肽　　　　B. 鸟嘌呤

C. 血红蛋白　　　　D. 血红素

E. 胆固醇

2. 下列对于联合脱氨基作用的叙述,正确的是（　　）

A. 联合脱氨基作用是体内氨基酸主要脱氨基方式

B. 联合脱氨基作用包含有转氨基的过程

C. 联合脱氨基作用是不可逆的

D. 联合脱氨基作用也是体内合成必需氨基酸的途径之一

E. 嘌呤核苷酸循环也是联合脱氨基的一种方式

3. 直接参与鸟氨酸循环的氨基酸有（　　）

A. 鸟氨酸、瓜氨酸、精氨酸

B. 天冬氨酸

C. 谷氨酸或谷氨酰胺

D. 谷氨酸

E. 苯丙氨酸

4. 参与转氨基作用的酶是（　　）

A. LCAT　　　　B. ALT

C. AST　　　　D. ACAT

E. CPS-Ⅰ

5. 下列叙述哪些是正确的（　　）

A. Asp 中的 C 和 N 原子均参与嘌呤环合成

B. Gly 中的 C 和 N 原子均参与嘌呤环合成

C. Leu 和 Lys 是生酮氨基酸

D. N^5-CH_3-FH_4 是体内甲基的间接供体

E. SAM 是体内甲基的直接供体

（三）名词解释

1. 必需氨基酸　　2. 尿素循环

（四）问答题

1. 血氨有哪些来源和去路?

2. 试述谷氨酰胺生成及分解的意义。

五、参考答案

（一）A 型题

1.E　2.D　3.C　4.B　5.E　6.E　7.C　8.A　9.A　10.C

（二）X 型题

1.ABCD　2.ABE　3.AB　4.BC　5.CDE

（三）名词解释

1. 必需氨基酸：体内需要而不能自身合成,必须由食物供给的氨基酸。体内有 8 种必需氨基酸,即蛋基酸、赖基酸、苏基酸、苯丙基酸、色基酸、缬基酸、亮基酸、异亮基酸。

2. 尿素循环：尿素循环即鸟氨酸循环,是将有毒的氨转变为无毒的尿素的循环。合成尿素是体内氨的主要去路,肝脏是尿素循环的主要器官。

（四）问答题

1. 血氨有哪些来源和去路?

血氨的来源:

（1）体内氨基酸脱氨基作用生成氨,是体内血氨的主要来源。

（2）肠道内产生的氨被吸收入血,它包括:①未被消化的蛋白质和未被吸收的氨基酸经细菌的腐败作用产生;②血中尿素渗入肠道被细菌体内的脲酶分解产生。

（3）肾脏的肾小管上皮细胞内的谷氨酰胺酶水解谷氨酰胺产生氨。

血氨的去路:

（1）在肝脏通过鸟氨酸循环生成尿素,经肾脏排出,是血氨的主要去路。

（2）在肝脏、肌肉、脑等组织经谷氨酰胺合酶作用生成无毒的谷氨酰胺。

2. 试述谷氨酰胺生成及分解的意义。

氨是有毒物质,谷氨酰胺的生成是氨在组织中的解毒方式。大脑骨骼肌、心肌等是生成谷氨酰胺的主要组织谷氨酰胺的合成耐维持中枢神经系统的正常生理活动具有重要作用。谷氨酰胺又是氨在体内的运输形式,经过血液运输在肝、肾及小肠等组织中进一步代谢。谷氨酰胺本身是组成蛋白质的 20 种氨基酸之一,它的酰胺基又是氨的存储形式,是合成嘌呤、嘧啶等含氮化合物的原料。

（章喜明）

第八节 核苷酸代谢

一、教学内容要求

（一）掌握

1. 掌握核苷酸的生理功能。
2. 掌握嘌呤核苷酸从头合成途径的概念及特点。
3. 掌握嘧啶核苷酸从头合成途径的概念。
4. 掌握嘌呤核苷酸补救合成的概念。

（二）熟悉

1. 熟悉从头合成途径的原料及嘌呤及嘧啶碱合成的元素来源。
2. 熟悉嘌呤核苷酸在体内分解代谢的终产物尿酸及其与医学的关系。
3. 熟悉嘌呤核苷酸和嘧啶核苷酸抗代谢物的作用机理及临床意义。

（三）了解

1. 了解核酸的消化与吸收。
2. 了解核苷酸从头合成的过程及调节。
3. 了解核苷酸补救合成所需要的酶及其催化的反应。

二、重点及难点

（一）重点

1. 嘌呤核苷酸从头合成途径的概念及特点。
2. 嘧啶核苷酸从头合成途径的概念及过程。
3. 嘌呤核苷酸在体内分解代谢及其与临床的关系。

（二）难点

1. 嘌呤核苷酸从头合成的调节。
2. 体内嘌呤核苷酸的相互转变。
3. 脱氧核苷酸的生成。

三、内 容 精 要

核苷酸的生理功能：①合成核酸。核苷酸是合成核酸的原料，这是其最主要的生理功能。其中 DNA 的合成原料是 dNTP，而 RNA 的合成原料是 NTP。②体内能量利用的形式。ATP 是细胞的主要能量形式，另外，GTP、UTP 和 CTP 也可提供能量。③组成辅酶。例如腺苷酸可作为多种辅酶（NAD^+、$NADP^+$、FAD、FMN 和 CoASH 等）的组成成分。④参与一些活性中间代谢物的形成。⑤参与代谢和生理调节。

人体内的核苷酸主要由机体细胞自身合成。食物来源的嘌呤和嘧啶很少被机体利用，因此核苷酸不属于营养必需物质。

嘌呤核苷酸代谢可分为合成代谢和分解代谢。

合成代谢：又可分为从头合成和补救合成。从头合成：利用磷酸核糖、甘氨酸、天冬氨酸、谷氨酰胺、一碳单位及 CO_2 等简单物质为原料，经过一系列酶促反应，合成嘌呤核苷酸的过程。从头合成的过程可分为两个阶段，第一阶段是从生成次黄嘌呤核苷酸；第二阶段是从 IMP 生成腺嘌呤核苷酸和鸟嘌呤核苷酸。由 IMP 生成 AMP 的过程同氨基酸代谢过程所讲授的嘌呤核苷酸循环相同。

从头合成的基本特点：①磷酸核糖磷酸是 5-磷酸核糖的活性形式，是嘌呤从头合成的重要中间产物，还可以直接与嘌呤碱生成嘌呤核苷酸。此外，PRPP 可以促进关键酶-酰胺转移酶的活性，是重要的调节物质。②关键酶：PRPP 合成酶和酰胺转移酶，这两个酶可受代谢物反馈调节。③嘌呤核苷酸的从头合成是在磷酸核糖的分子上逐步合成嘌呤核苷酸，此点与嘧啶核苷酸合成不同。

补救合成：利用现成的嘌呤碱或嘌呤核苷合成嘌呤核苷酸的过程。补救合成的意义：①节省能量和原料。②某些器官缺乏嘌呤核苷酸从头合成的酶系，例如脑、骨髓等，这些器官只能进行嘌呤核苷酸的补救合成。所以对这些组织器官来说，补救合成途径具有更重要的生物学意义。

脱氧核苷酸的生成：①脱氧核苷酸一般是在二磷酸核苷的水平上生成。②脱氧胸苷酸的生成是个例外，是在一磷酸核苷水平上由 dUMP 转变生成 dTMP，以后再经磷酸化生成 dTDP 和 dTTP。

嘌呤核苷酸的分解代谢：细胞中核苷酸在核苷酸酶的作用下水解成核苷，核苷经磷酸化酶的作用，分解成自由的碱基及 1-磷酸核糖。嘌呤碱分解的终产物是尿酸，黄嘌呤氧化酶是催化尿酸生成的重要酶。嘌呤代谢异常，尿酸生成过多可导致痛风症。别嘌呤醇的结构与次黄嘌呤相似，可减少尿酸生成，治疗痛风症。

嘌呤核苷酸的抗代谢物：嘌呤核苷酸的抗代谢物是一些嘌呤氨基酸和叶酸的类似物，它们主要以竞争性抑制或"以假乱真"的方式干扰或阻断嘌呤核苷酸的合成代谢，进而阻止核酸及蛋白质的生物合成。

嘧啶核苷酸代谢也包括合成代谢和分解代谢。

合成代谢：可分为从头合成和补救合成。从头合成：利用天冬氨酸、谷氨酰胺、一碳单位及 CO_2 等简单物质为原料，经过一系列酶促反应，合成嘧啶核苷酸的过程。

从头合成的基本特点：①关键酶：氨基甲酰磷酸合成酶Ⅱ。②嘧啶合成时，首先由谷氨酰胺与 CO_2 生成氨基甲酰磷酸，反应由氨基甲酰磷酸合成酶Ⅱ催化。此步与尿素合成中的氨基甲酰磷酸的生成相似，由于反应部位等不同，所以反应产物去向不同。③CTP 由 UTP 转变生成。④嘧啶核苷酸的合成是先合成嘧啶环，然后再与 PRPP 反应生成嘧啶核苷酸。

补救合成途径：利用现成的嘧啶碱或嘧啶核苷合成嘧啶核苷酸的过程。

与嘌呤核苷酸一样，嘧啶核苷酸的抗代谢物是一些嘧啶、氨基酸或叶酸类似物，它们对代谢的影响及抗肿瘤作用与嘌呤抗代谢物相似。

嘧啶核苷酸的分解代谢类似于嘌呤核苷酸分解代谢。嘧啶环的主要分解产物是 NH_3、CO_2、β-丙氨酸和 β-氨基异丁酸。嘧啶环在代谢中水解开环，降解产物均易溶于水，此点与嘌呤碱代谢不同。

四、例 题

（一）A 型题：请从备选答案中选出 1 个最佳答案。

1. 嘌呤核苷酸从头合成时首先生成的是（　　）

　A. GMP　　　　　　B. AMP

　C. IMP　　　　　　D. ATP

　E. GTP

2. dTMP 合成的直接前体是（　　）

　A. dUMP　　　　　B. TMP

C. TDP　　　　　　D. dUDP

E. dCMP

3. 嘌呤核苷酸合成的特点是（　　）

　A. 先合成嘌呤碱，再与磷酸核糖结合

　B. 先合成嘌呤碱，再与氨基甲酰磷酸结合

　C. 在磷酸核糖焦磷酸的基础上逐步合成嘌呤核苷酸

　D. 在氨基甲酰磷酸基础上逐步合成嘌呤核苷酸

E. 不耗能
4. 嘌呤与嘧啶两类核苷酸合成中都需要的酶是
（　　）
　A. PRPP 合成酶　　B. CTP 合成酶
　C. TMP 合成酶　　D. 氨甲酰磷酸合成酶
　E. 磷酸化酶
5. 5-FU 的作用机制为（　　）
　A. 合成错误的 DNA，抑制癌细胞生长
　B. 抑制尿嘧啶的合成，从而减少 RNA 的生物合成
　C. 抑制胞嘧啶的合成，从而抑制 DNA 的生物合成
　D. 抑制胸苷酸合成酶的活性，从而抑制 DNA 的生物合成
　E. 抑制腺嘌呤的合成，从而抑制 DNA 的生物合成

（二）X 型题：在备选答案中选出 2 个或 2 个以上正确答案。
1. 下列哪些反应需要一碳单位参加（　　）
　A. IMP 的合成　　B. IMP 转变成 GMP

　C. UMP 的合成　　D. dTMP 的生成
　E. 都需要
2. 下列哪些是叶酸类似物抑制的反应（　　）
　A. 嘌呤核苷酸从头合成
　B. 嘌呤核苷酸补救合成
　C. 嘧啶核苷酸补救合成
　D. 胸腺嘧啶核苷酸的生成
　E. 都不是
3. 核苷酸可参与合成下列哪些活性中间产物（　　）
　A. UDPG　　　　B. CDP-甘油二酯
　C. SAM　　　　D. 氨基酸-AMP-酶复合物
　E. GSH

（三）名词解释
1. 嘌呤核苷酸从头合成途径
2. 核苷酸的抗代谢物
（四）问答题
试比较嘌呤核苷酸与嘧啶核苷酸从头合成途径的异同点。

五、参 考 答 案

（一）A 型题
　1. C　2. A　3. C　4. A　5. D
（二）X 型题
　1. AD　2. AD　3. ABCD
（三）名词解释
　1. 嘌呤核苷酸从头合成：是指由磷酸核糖、甘氨酸、天冬氨酸、谷氨酰胺、一碳单位及 CO_2 等简单物质为原料，经过多步酶促反应合成嘌呤核苷酸的过程。
　2. 核苷酸的抗代谢物：是指某些嘌呤、嘧啶、叶酸以及某些氨基酸类似物具有通过竞争性抑制或以假乱真等方式，干扰或阻断核苷酸的正常合成代谢，从而进一步抑制核酸、蛋白质合成以及细胞增殖的作用。
（四）问答题
　试比较嘌呤核苷酸与嘧啶核苷酸从头合成途径的异同点。

嘌呤核苷酸与嘧啶核苷酸从头合成过程中在原料、合成特点及反馈调节等方面等异同点如下表所示：

	嘌呤核苷酸	嘧啶核苷酸
原料	甘氨酸、天冬氨酸、谷氨酰胺、一碳单位、CO_2 等简单物质及 5-磷酸核糖	天冬氨酸、谷氨酰胺、一碳单位、CO_2 等简单物质及 5-磷酸核糖
特点	在磷酸核糖分子上逐步加上小分子物质合成嘌呤核苷酸	先合成嘧啶环，再与 PRPP 合成嘧啶核苷酸
调节	合成的嘌呤核苷酸反馈抑制 PRPP 合成酶、酰胺转移酶等起始反应的酶	合成的嘧啶核苷酸反馈抑制 PRPP 合成酶、氨甲酰磷酸合成酶Ⅱ等起始反应的酶

（路　蕾）

第九节　物质代谢的联系与调节

一、教 学 内 容 要 求

（一）掌握
1. 酶的别构调节的概念及其生理意义。

2. 酶的化学修饰调节的概念、特点及其生理意义。

3. 细胞水平的代谢调节：关键酶的概念、重要代谢途经的关键酶及区域分布。

（二）熟悉

1. 物质代谢的特点。

2. 糖、脂、蛋白质三大物质代谢的相互联系。

3. 酶量的调节。

（三）了解

1. 整体调节。

2. 激素水平的代谢调节（第二信使，受体的概念、分类，受体作用的特点）。

3. 组织、器官的代谢特点及联系。

二、重点及难点

（一）重点

1. 变构调节和化学修饰调节及两者特点区别。

2. 关键酶的概念、重要代谢途经的关键酶及区域分布。

（二）难点

1. 三大营养物质代谢的相互转变及相互替代关系；三级水平的代谢调节。

2. 酶合成的诱导与阻遏、激素的调控机制。

三、内 容 精 要

体内各种物质代谢相互联系并相互制约。体内物质代谢的特点：①整体性；②在精细调节下进行；③各组织器官物质代谢各具特征；④代谢物具共同的代谢池；⑤能量生成和除耗以 ATP 为中心；⑥NADPH 提供代谢所需的还原当量。各代谢途释之间可通过共同的中间产物互相联系和转变。糖、脂肪、蛋白质等作为能源物质在供应能最上可相互替代。相互制约，但不能完全互相转变。各组织、器官有独特的代谢方式以完成特定功能。肝是各种物质代谢的中心和枢纽。

机体存在三级水平的代谢调节，包括细胞水平调节、激素水平调节和以中枢神经系统为主导的整体水平调节。细胞水平调节主要通过调节关键酶的活性实现，其中通过改变酶分子的结构，调节酶活性的方式，发生较快。也可通过改变酶的含量影响酶活性，调节缓慢而持久。对酶结构调节包括酶的变构调节及酶蛋白的化学修饰调节。

激素水平调节中，激素与靶细胞受体特异结合，将代谢信号转化为细胞内一系列信号转导级联过程，最终表现出激素的生物学效应。激素可分为膜受体激素及胞内受体激素。整体调节是指神经系统通过内分泌腺间接调节代谢和直接影响组织、器官以调节代谢的方式，使机体代谢相对稳定，适应环境改变。饥饿及应激时通过改变多种激素分泌，整体调节引起体内物质代谢的改变。

四、例 题

（一）A 型题：请从备选答案中选出 1 个最佳答案。

1. 关于机体物质代谢特点的叙述，错误的是（ ）

　A. 各种物质代谢间相互联系成一整体

　B. 各组织器官有不同的功能及代谢特点

　C. 物质代谢不断调节以适应外界环境

　D. 各种合成代谢所需还原当量是 NADH

E. 内源或外源代谢物共同参与物质代谢

2. 有关酶的化学修饰，错误的是（ ）

　A. 一般都存在有活性（高活性）和无活性（低活性）两种形式

　B. 有活性和无活性两种形式在酶的作用下可以互相转变

　C. 化学修饰的方式主要是磷酸化和去磷酸化

D. 一般不需要消耗能量

E. 催化化学修饰的酶受激素调节

3. 糖异生、酮体生成及尿素合成都可发生于(　　)

  A. 心　　　　　　　　B. 肾

  C. 脑　　　　　　　　D. 肝

  E. 肌肉

4. 关于糖、脂类和蛋白质三大代谢之间关系的叙述,正确的是(　　)

  A. 单纯以脂肪为主要供能物质也是无害的

  B. 三羧酸循环是糖、脂肪和蛋白质的三者互变的枢纽,偏食哪种物质都可以

  C. 当糖供不足时,体内主要动员蛋白质供能

  D. 糖可以转变成脂肪,但有些不饱和脂肪酸无法合成

  E. 蛋白质可在体内完全转变成糖和脂肪

5. 饥饿 1~3 天后,下列叙述的机体代谢改变哪项是错误的(　　)

  A. 肝糖原合成加强

  B. 肌肉释放氨基酸加速

  C. 糖原异生作用增强

  D. 脂肪动员加强

  E. 组织中葡萄糖的利用降低

6. 作为糖与脂肪代谢交叉点的物质是(　　)

  A. 6-磷酸葡萄糖　　　B. 磷酸二羟丙酮

  C. 草酰乙酸　　　　　D. 3-磷酸甘油醛

  E. α-酮戊二酸

7. 在肝细胞有充足 ATP 供应时,下列叙述中错误的

是(　　)

  A. 脂肪酸合成加强　　B. 三羧酸循环减少

  C. 呼吸链氧化减弱　　D. 抑制丙酮酸羧化酶

  E. 丙酮酸激酶活性下降

(二)X 型题:请从备选答案中选出 2 个或 2 个以上正确答案。

1. 变构调节的特点包括(　　)

  A. 变构酶多存在调节亚基和催化亚基

  B. 变构剂使酶蛋白构象改变,从而改变酶的活性

  C. 变构剂与酶分子的特定部位结合

  D. 变构调节都产生正效应,即增加酶的活性

  E. 变构酶大多是代谢调节的关键酶

2. 属于细胞酶活性的代谢调节方式有(　　)

  A. 通过膜受体调节　　B. 调节细胞内酶含量

  C. 通过细胞内受体调节　D. 酶的共价修饰

  E. 酶的变构调节

3. 应激可引起的代谢变化有(　　)

  A. 血糖升高　　　　　B. 脂肪动员加强

  C. 蛋白质分解加强　　D. 酮体生成增加

  E. 糖原合成增加

(三)名词解释

1. 变构酶　2. 化学修饰调节

(四)问答题

1. 糖、脂肪、氨基酸三大营养物质在代谢中的相互联系。

2. 试述短期饥饿和长期饥饿时体内物质代谢发生的变化。

五、参 考 答 案

(一)A 型题

  1. D　2. D　3. D　4. D　5. A　6. B　7. D

(二)X 型题

  1. ABDE　2. BDE　3. ABCD

(三)名词解释

  1. 变构酶:指代谢途径中受变构调节的关键酶,常为寡聚酶,有催化亚基及调节亚基。

  2. 化学修饰调节:酶蛋白肽链上某些残基在不同催化单向反应的酶的催化下发生可逆的共价修饰,从而引起酶活性改变,这种调节称为酶的化学修饰调节,以磷酸化和脱磷酸最为常见。

(四)问答题

  1. 糖、脂肪、氨基酸三大营养物质在代谢中的相互联系。

(1)糖代谢与脂肪代谢联系:葡萄糖可转化成脂肪,葡萄糖→磷酸二羟基丙酮→3-磷酸甘油;葡萄糖→丙酮酸→乙酰辅酶 A;葡萄糖→丙酮酸,草酰乙酸,参与柠檬酸-丙酮酸循环将乙酰辅酶 A 输出胞液;乙酰辅酶 A 合成脂肪酸及脂酰辅酶 A;脂酰辅酶 A 转酰基到 3-磷酸甘油生成脂肪。脂肪分解只有甘油可以异生成糖。糖氧化增多,生成的柠檬酸和 ATP 激活乙酰辅酶 A 羧化酶,使大量乙酰辅酶 A 参与合成脂肪酸和脂肪。并抑制脂肪动用氧化。糖供给不足或代谢障碍(如饥饿、糖尿病)时,脂肪大量动员,脂肪酸分解增加,酮体生成增多,可导致酸中毒。乙酰辅酶 A 是合成胆固醇的碳源。

(2)糖代谢与氨基酸代谢联系:组成蛋白质的 20 种氨基酸,有 18 种经脱氨基转变生成的相应的 α-酮酸,可通过三羧酸循环和呼吸链氧化为 H_2O、

CO_2，生成 ATP。也可经糖异生途径生糖。而糖代谢中间物如丙酮酸、草酰乙酸和 α-酮戊二酸等可氨基化生成 12 种非必需氨基酸。

（3）脂肪代谢和氨基酸代谢联系：脂肪中仅甘油部分可异生成葡萄糖，转变为非必需氨基酸。而各种氨基酸碳架氧化可生成乙酰辅酶 A，其可作为碳源参与脂肪酸和胆固醇的合成。丝氨酸、甲硫氨酸等作为原料参与合成磷脂。

2. 试述短期饥饿和长期饥饿时体内物质代谢发生的变化。

短期饥饿 24h 后，肝糖原耗竭，胰岛素分泌减少，胰高血糖素分泌增多，糖异生作用增强以补充血糖，供脑和红细胞利用；饥饿 36h 后，肌肉蛋白开始分解，同时脂肪分解和酮体生成增多；饥饿 48h 后，蛋白质和脂肪成为主要的能量来源。长期饥饿之饥饿 1 周以上，此时蛋白质降解减少，以保证人体正常生理功能，脂肪分解和酮体生成进一步增多，肾脏的糖异生作用明显增强。

（李雅楠）

第十节　DNA 的生物合成

一、教学内容要求

（一）掌握
1. DNA 半保留复制、半不连续性复制的概念。
2. DNA 复制体系涉及的物质及其作用。
3. 复制的基本化学反应及复制的方向。
4. 原核和真核生物 DNA 聚合酶的种类及作用。
5. DNA 复制的保真性依赖三种机制，复制保真性的酶学依据。
6. 逆转录和逆转录酶的概念。逆转录的基本过程。
7. DNA 修复的概念．掌握切除修复的过程。

（二）熟悉
1. 双向复制、复制叉、复制子、突变及基因组的概念。
2. 领头链、随从链和冈崎片段的概念以及半不连续复制形成的原因。
3. DNA 聚合酶的核酸外切酶活性和校读的关系。
4. DNA 拓扑异构酶、解螺旋酶、引物酶、单链 DNA 结合蛋白的作用。
5. 原核生物复制的大致过程。
6. 端粒、端粒酶的概念。
7. 参与真核生物复制需要的蛋白因子。

（三）了解
1. 半保留复制的实验依据及半保留复制的意义；复制时碱基选择的机制。
2. 正超螺旋、负超螺旋的概念及拓扑酶的分类和作用机制。
3. 真核生物复制的起始及端粒酶的作用。
4. 滚环复制和 D 环复制。
5. 逆转录研究的意义。
6. 突变的类型及意义，引发突变的因素，修复的类型。

二、重点及难点

（一）重点
1. 半保留复制的概念，半不连续复制的概念及相关定义（领头链、随从链、冈崎片段）。

2. DNA 复制的所需要的物质及作用。

3. 原核生物的 DNA 生物合成过程。

4. 端粒及端粒酶、逆转录的概念。

5. 突变的定义和突变的分子改变类型。

（二）难点

1. DNA 复制的起始。

2. 双向复制。

3. 端粒酶的作用机制。

4. 复制中的解链和 DNA 分子拓扑学变化。

三、内 容 精 要

DNA 分子在生物体内合成的三种方式:DNA 复制;逆转录合成;修复合成。

复制是遗传物质的代代相传。以母链 DNA 为模板,按碱基配对原则,由 DNA-pol 催化生成磷酸二酯键,使 dNMP 逐一聚合生成 DNA 子链。原核生物有 DNApol Ⅰ、Ⅱ和Ⅲ三种 DNA 聚合酶;真核生物有 α、β、γ、δ、ε 五种 DNA-pol,各有独特的功能。复制还需多种其他酶和蛋白质辅助因子的参与。DNA 复制具有几个共同特点:半保留复制;生长点形成复制叉结构,多数为双向复制;半不连续复制;复制起点由多个短序列组成;不能从头合成,必须有引物,引物一般为RNA。半保留复制是遗传信息准确传代的保证,从 DNA 双螺旋结构理论上可以理解,并通过实验证实。复制的保真性还体现在酶的校读和碱基的选择功能上,复制的半不连续性可理解复制过程中领头链、随从链的区别。复制的双向性阐明复制叉的形成及其延伸、汇合。

原核生物的复制过程已相当清楚,其起始是将 DNA 双链解开成复制叉,复制叉包括了解螺旋酶解开的 DNA 母链双链、引发体上的引物酶催化生成的 RNA 引物和 DNA-pol Ⅲ催化延长中的子链,此外还需 DNA 拓扑异构酶理顺 DNA 链及其超螺旋结构。另外还要有单链 DNA 结合蛋白。复制的延长由引物或延长中的子链提供 3′-OH,供 dNTP 参入生成磷酸二酯键,因此子链总是从 5′向3′方向延伸。DNA 双链走向相反而解链只可能有一个方向,因此延长中的子链有领头链和随从链之分。在电镜下观察到的复制不连续片段称为冈崎片段。复制完成前,RNA 引物须除去,留下的空隙由 DNA-polⅠ催化 dNTP 的聚合而填补,片段之间的缺口由 DNA 连接酶连接使之成为连续的子链。原核生物环状 DNA 是单复制子(复制体),起始点向终止点汇台而终止复制。

真核生物复制发生于细胞周期的 S 期,起始过程需要 DNA-polδ、α 及多种蛋白质因子。细胞周期蛋白及其相应的激酶(CDK)参与真核生物复制的调节。复制的延长和核小体组蛋白的分离和重新组装有关。染色体复制能维持应有的长度,复制的终止需要端粒酶延伸端粒 DNA。

逆转录是 RNA 病毒的复制形式。逆转录过程包括以 RNA 为模板合成单链 DNA、杂化双链上 RNA 的水解以及再以单链 DNA 为模板合成第二条 DNA 链三个步骤。在感染病毒的细胞内,逆转录酶能催化上述三步反应。逆转录酶具有 3 种酶促活性,它以病毒 RNA 为模板,tRNA 为引物,逐步合成双链 cDNA,最后以原病毒形式插入宿主染色体。逆转录现象的发现,是对中心法则的重要发展和补充,拓宽了 RNA 病毒致癌、致病的研究。在基因工程操作上,还可用逆转录酶制备 cDNA。滚环复制是原核生物染色体外的基因组复制方式,D 环复制是真核生物线粒体DNA 的复制方式。噬菌体的滚环复制和线粒体的 D 环复制方式表明,双螺旋 DNA 的两条链不一定同时复制,两条链的复制起点可能处于不同位置。

DNA 遗传信息的突变主要来自 DNA 复制误差和物理、化学因素损伤。DNA 复制过程出现错误是突变发生的原因。从生物的进化、分化来看,突变是有积极意义的。现代医学上重视突变研究,因为遗传病、肿瘤和很多遗传易感性疾病的发生,都与突变密切相关。细胞内存在各种修复措施,使损伤的 DNA 得以复原。主要的修复方式有直接修复、切除修复、重组修复和 SOS 修复等。其中,切除修复最为普遍。

四、例　　题

(一) A 型题:请从备选答案中选出 1 个最佳答案。

1. DNA 以半保留方式进行复制,若一完全被标记的 DNA 分子,置于无放射标记的溶液中复制两代,所产生的 4 个 DNA 分子的放射性状况如何(　　)
   A. 两个分子有放射性,两个分子无放射性
   B. 均有放射性
   C. 两条链中的半条具有放射性
   D. 两条链中的一条具有放射性
   E. 均无放射性

2. 哪一项是复制子的正确概念(　　)
   A. 子链沿着解开的母链生成就是复制子
   B. 一个复制子有一个复制叉
   C. 一个复制叉有两个复制子
   D. 真核生物的复制子都同时起始复制
   E. 原核生物的没有复制子

3. DNA 复制时,序列 5′-TpApGpAp-3′将合成下列哪种互补结构(　　)
   A. 5′-TpCpTpAp-3′　　　　B. 5′-ApTpCpTp-3′
   C. 5′-UpCpUpAp-3′　　　　D. 5′-GpCpGpAp-3′
   E. 3′-TpCpTpAp-3′

4. DNA 复制需要:①DNA 聚合酶Ⅲ,②解链蛋白,③DHA 聚合酶Ⅰ,④DNA 指导的 RNA 聚合酶,⑤DNA 连接酶。其作用的顺序是(　　)
   A. ④③①②⑤　　　　　　B. ②③④①⑤
   C. ④②①⑤③　　　　　　D. ④②①③⑤
   E. ②④①③⑤

5. 复制起始,还未进入延长时,哪组物质已经出现(　　)
   A. 冈崎片段,复制叉,DNA-pol Ⅰ
   B. DNA 外切酶。DNA 内切酶、连接酶
   C. RNA 酶、解螺旋酶、DNA-pol Ⅲ
   D. DnaA 蛋白,引发体,SSB
   E. DNA 拓扑异构酶,DNA-pol Ⅱ,连接酶

6. 紫外线(UV)辐射对 DNA 的损伤主要是使 DNA 分子中一条链上相邻嘧啶碱基之间形成二聚体,其中最易形成的二聚体是(　　)
   A. C—C　　　　　　　　B. C—T
   C. T—T　　　　　　　　D. T—U
   E. U—C

7. 逆转录酶(　　)
   A. 是 Watson 和 Crick 发现的
   B. 全称是依赖 DNA 的 RNA 聚合酶
   C. 简称是核酶
   D. 可以催化杂化双链的 DNA 水解
   E. 可以催化以 RNA 为模板的 dNTP 聚合

8. DNA 复制与转录过程有许多异同点中,描述错误的是(　　)
   A. 转录是只有一条 DNA 链作为模板,而复制时两条 DNA 链均可为模板链
   B. 在复制和转录中合成方向都为 5′→3′
   C. 复制的产物通常大于转录产物
   D. 两过程均需 RNA 引物
   E. 两过程均需聚合酶和多种蛋白因子

9. 关于 DNA 复制中 DNA 聚合酶的错误说法是(　　)
   A. 底物是 dNTP　　　　　B. 必须有 DNA 模板
   C. 合成方向只能是 5′→3′　D. 需要 Mg^{2+} 参与
   E. 使 DNA 双链解开

10. 关于大肠杆菌 DNA 聚合酶Ⅰ的说法正确的是(　　)
    A. 具有 3′→5′核酸外切酶活性
    B. 具有 5′→3′核酸内切酶活性
    C. 是唯一参与大肠杆菌 DNA 复制的聚合酶
    D. dUTP 是它的一种作用物
    E. 可催化引物的合成

(二) X 型题:在备选答案中选出 2 个或 2 个以上是正确的答案。

1. 原核生物和真核生物的 DNA 聚合酶(　　)
   A. 都用 dNTP 作底物
   B. 都需 RNA 引物
   C. 都沿 5′至 3′方向延长
   D. 都有 DNA-pol Ⅰ、Ⅱ、Ⅲ三种
   E. 都是多个亚基组成的聚合体

2. 需要 DNA 连接酶参与的过程有(　　)
   A. DNA 复制　　　　　　B. DNA 体外重组
   C. DNA 损伤修复　　　　D. RNA 逆转录
   E. 转染

3. 将细菌培养在含有放射性物质的培养液中,使双链都带有标记,然后使之在不含标记物的培养液

中生长三代,其结果是(　　)

A. 第一代细菌的 DNA 都带有标记

B. 第二代细菌的 DNA 都带有标记

C. 两股链都无带有标记的子代细菌

D. 两股链都带有标记的子代细菌

E. 以上都不对

4. 原核生物和真核生物中 DNA 聚合酶分别各有多少种,其功能是否完全相同(　　)

A. 均 3 种

B. 均 5 种

C. 3 至 5 种

D. 功能完全相同,均催化 DNA 合成

E. 功能不完全相同

5. 逆转录病毒可能造成的疾病及实验中可能被应用的范围有以下哪些方面(　　)

A. 艾滋病　　　　　　B. 肿瘤

C. 感冒　　　　　　D. 建立 cDNA 文库

E. RT-PCR

（三）名词解释

1. 引发体　2. 随从链

（四）问答题

1. 简述复制保真性的酶学依据。

2. 复制中为什么会出现领头链和随从链?

五、参考答案

（一）A 型题

1. A　2. C　3. A　4. E　5. D　6. C　7. E　8. D　9. E　10. A

（二）X 型题

1. ABC　2. ABC　3. AC　4. CE　5. ABDE

（三）名词解释

1. 引发体:是复制起始时形成的,原核生物的引发体是含有 DnaB(解螺旋酶)、DnaC、DnaG(引物酶)等蛋白质,并结合到 DNA 起始复制区域上的复合体。

2. 随从链:在 DNA 复制中,一股链因为复制的方向与解链方向相反,不能顺着解链方向连续延长,这股不连续复制的链称为随从链。

（四）问答题

1. 简述复制保真性的酶学依据。

复制按照碱基配对规律进行,是遗传信息能准确传代的基本原理。复制保真性的酶学机制:

（1）DNA-pol 的核酸外切酶活性和及时校读:①DNA-pol 的外切酶活性切除错配碱基;并用其聚合活性掺入正确配对的底物。②碱基配对正确,DNA-pol 不表现外切酶活性。

（2）复制的保真性和碱基选择:DNA 聚合酶靠其大分子结构协调非共价(氢键)与共价(磷酸二酯键)键的有序形成,A-T,C-G。DNA 复制的保真性至少要依赖三种机制:①遵守严格的碱基配对规律;②聚合酶在复制延长时对碱基的选择功能;③复制出错时 DNA-pol 的及时校读功能。

2. 复制中为什么会出现领头链和随从链?

DNA 复制是半不连续的,母链 DNA 解开作为模板,子链能沿着母链解开的方向连续复制下去的一股复制链称为领头链。另一股是不能连续而是分段复制的,称为随从链。出现一股连续一股不连续复制的原因是:①由于子链延长的特点是只能从 5′→3′方向延长,也就是说,聚合酶只能从 3′末端催化核苷酸的参与;②同一复制叉上只有一个解链方向,DNA 双链两单链的走向是相反的。因此在沿 3′→5′方向解开的母链上,子链就可沿 5′→3′方向连续延长,而另一股母链沿 5′→3′方向解开,子链就不可能沿 5′→3′方向连续延长,也就是说,由于解链方向与复制延长方向相反而出现随从链。

（赵 青）

第十一节 RNA 的生物合成

一、教学内容要求

（一）掌握

1. 转录的特点、模板链和编码链。

2. 原核生物的 RNA 聚合酶组成及功能。

3. 原核生物转录的起始、延长、终止过程。

4. 真核生物 mRNA 的转录后加工过程。

（二）熟悉

1. 真核生物与原核生物转录过程的异同。

2. tRNA 和 rRNA 的转录后加工过程。

3. 真核生物的 RNA 聚合酶组成及功能。

（三）了解

1. 内含子的概念及功能。

2. mRNA 的编辑。

二、重点及难点

（一）重点

1. 转录特点为不对称转录，其含义包括　第一在 DNA 分子双链上某一区段，一股链用作模板指引转录，另一股链不转录；第二模板链并非永远在同一单链上。

2. 原核生物的 RAN 聚合酶是由 $\alpha_2\beta\beta'\sigma$ 五个亚基组成，RNA 聚合酶和 DNA 的特殊序列——启动子（promoter）结合后，就能启动 RNA 合成。

3. 真核生物 mRNA 的转录后加工包括　①首、尾的修饰，即 5′端形成帽子结构（$m^7GpppGp$-），3′端加上多聚腺苷酸尾巴（poly A tail）；②剪接，将 hnRNA 中的内含子除去，把外显子连接起来。

（二）难点

1. 原核生物转录起始需解决两个问题　①RNA 聚合酶必须准确地结合在转录模板的起始区域。②DNA 双链解开，使其中的一条链作为转录的模板。

2. 原核生物转录终止的作用方式和机制　①依赖 Rho（ρ）因子的转录终止，ρ 因子与 RNA 转录产物结合后，ρ 因子和 RNA 聚合酶都可发生构象变化，从而使 RNA 聚合酶停顿，解螺旋酶的活性使 DNA/RNA 杂化双链拆离，利于产物从转录复合物中释放。②非依赖 Rho 因子的转录终止，形成茎环结构使 RNA 聚合酶变构，转录停顿，使转录复合物趋于解离，RNA 产物释放。

3. 核酶的作用机理。

三、内容精要

转录作用是 DNA 指导的 RNA 合成作用。DNA 分子多为双股链的分子，在转录作用进行时，DNA 双链中只有一条链作为模板，指导合成与其互补的 RNA。此条 DNA 链称为模板链，另一条链称为编码链。编码链的序列与转录本 RNA 的序列基本相同，只是编码链上的 T 在相应部位转录为 U。

原核生物（大肠埃希菌，$E.\ coli$）RNA pol 的全酶由 $\alpha_2\beta\beta'\sigma$ 五个亚基组成。σ 亚基（σ 因子）有辨认转录起始点的功能。σ 亚基在 RNA 合成启动之后即脱离，$\alpha_2\beta\beta'$ 称核心酶。真核生物 RNA pol 目前发现三种，分别称 RNA pol I 、II 、III。它们在细胞内的定位、性质及转录的产物不同。

转录全过程分三个阶段：①转录起始：σ 因子先辨认 DNA 的启动子，RNA pol 全酶与启动子结合，形成转录空泡。在起始点处，生成 RNA 聚合酶-DNA-pppG-pN-OH-3′起始复合物。随后，σ 因子从 RNA pol 上脱落。②转录延长：σ 因子脱落后，核心酶变构、松弛，向模板链下游移动，并催化与 DNA 模板链互补的 NTP 逐个以 3′,5′-磷酸二酯键连接到新生 RNA 链的 3′-OH 端上，合成方向 5′到 3′。③转录终止：核心酶移动到 DNA 模板的转录终止部位，停顿、转录产物 RNA 从转录复合物上脱落下来。

　　真核生物转录生成的 RNA 初级转录产物,需要经过一定程度的加工才具有活性,这一加工过程称转录后修饰。

　　hnRNA 的转录后加工主要包括:①首、尾修饰:5′末端加 7-甲基鸟苷三磷酸鸟苷(5′-m^{7}GpppG)结构,即帽子结构;3′末端形成多聚腺苷酸(poly A)尾。②剪接:就是切除 hnRNA 中的内含子,连接外显子。此过程需要多种核内的小 RNA 和核内蛋白质共同参与完成。

　　tRNA 的转录后加工,包括 5′末端与 3′末端多余核苷酸的切除,内含子剪接,稀有碱基的生成及 3′末端加上 CCA-OH 3′序列。rRNA 的转录后加工,是指初级产物 45S rRNA 经过剪接成为 5.8S、18S、28S 三种有功能的 rRNA。

　　具有催化功能的 RNA 称核酶,它有特殊的二级结构—槌头结构。核酶在酶学、生物进化上有重大理论价值,在研究基因功能,制药和临床治疗等方面有广阔应用前景。

四、例 题

（一）A 型题:请从备选答案中选出 1 个最佳答案。

1. 关于 RNA 的生物合成,哪一项是正确的描述（　　）
　　A. 转录过程需 RNA 引物
　　B. 转录生成的 RNA 都是翻译模板
　　C. 蛋白质在胞浆合成,所以转录也在胞浆中进行
　　D. DNA 双链中一股单链是转录模板
　　E. RNA 聚合酶以 DNA 为辅酶,所以称为依赖 DNA 的 DNA 聚合酶

2. 下列各种碱基互补形式中,哪种的配对最不稳定（　　）
　　A. DNA 双链　　　B. RNA 的发夹结构
　　C. C/G　　　D. A/T
　　E. A/U

3. DNA 指导的 RNA 聚合酶由数个亚基组成,其核心酶的组成是（　　）
　　A. ααββ′　　　B. ααββ′σ
　　C. ααβ′　　　D. ααβ
　　E. αββ′

4. ρ 因子的功能是（　　）
　　A. 结合阻遏物于启动子区
　　B. 增加 RNA 合成速率
　　C. 释放结合在启动子上的 RNA 聚合物
　　D. 参与转录的终止过程
　　E. 允许特定转录的启动过程

5. 允许特定转录的启动过程转录与复制有许多共同点,下列叙述不正确的是（　　）
　　A. 真核生物的转录与复制均在细胞核内进行
　　B. 原料均为高能化合物
　　C. 合成新链的方向均为 5′→3′

　　D. 均需 DNA 为模板
　　E. 两类核酸聚合酶均能从头催化 2 个核苷酸以 3′,5′磷酸二酯键相连

6. 核酶是在研究哪种 RNA 的前体中首次发现的（　　）
　　A. tRNA 前体　　　B. rRNA 前体
　　C. SnRNA　　　D. ScRNA
　　E. hnRNA

7. 下列关于 rRNA 的叙述错误的是（　　）
　　A. 原核 rRNA 由 RNA 聚合酶催化合成
　　B. 真核 rRNA 由 RNA 聚合酶Ⅱ转录合成
　　C. rRNA 占细胞 RNA 总量的 80%～85%
　　D. rRNA 转录后需进行加工修饰
　　E. 染色体 DNA 中 rRNA 基因为多拷贝的

8. 以下反应属于 RNA 编辑的是（　　）
　　A. 转录后碱基的甲基化
　　B. 转录后产物的剪切
　　C. 转录后产物的剪接
　　D. 转录产物中核苷酸残基的插入、删除和取代
　　E. 以上反应都不是

（二）X 型题:请从备选答案中选出 2 个或 2 个以上正确答案。

1. DNA 复制与 RNA 转录的共同点是（　　）
　　A. 合成方向为 5′→3′
　　B. 合成原料为 NTP
　　C. 合成方式为半保留复制
　　D. 需要单链 DNA 做模板
　　E. 需要 DNA 指导的 DNA 聚合酶

2. 转录的不对称性表现在（　　）
　　A. 以 DNA 的一条链为模板,这条链是转录的编码链

B. 各基因的模板链不全在同一条 DNA 链上
C. DNA 的两条链均作为模板，转录方向相反
D. 以染色体 DNA 的一条链为模板
E. 任何一基因 DNA 双链中仅一条链为转录模板

3. 真核生物 mRNA 前体的加工包括（　　）
A. 5′端加帽结构　　　B. 去除内含子
C. 连接外显子　　　　D. 3′端加 CCA-OH
E. 3′端加多聚 A 尾

4. 转录的模板链（　　）
A. 称为 Crick 链
B. 与编码链互补

C. 与产物 RNA 互补
D. 模扳链上有 U，无 T 碱基
E. 用核酸杂交可以确定 DNA 双链中那一股是模板链

（三）名词解释
1. 不对称转录　2. 断裂基因

（四）问答题
1. 简述原核生物 RNA 转录体系及它们在 RNA 合成中的作用。
2. 真核生物 RNA 转录后如何加工修饰？

五、参考答案

（一）A 型题
1. D　2. E　3. A　4. D　5. E　6. B　7. B　8. D

（二）X 型题
1. AD　2. BE　3. ABCE　4. BCE

（三）名词解释
1. 不对称转录：转录时因为①只以 DNA 双链中的一条链为模板进行转录，而另一条链无转录功能；②DNA 双链的多个基因进行转录的模板并不总在同一条 DNA 链上，故又称其为不对称转录。
2. 断裂基因：真核生物的结构基因由若干编码区和非编码区相间排列而成，因编码区不连续，称断裂基因。

（四）问答题
1. 简述 RNA 转录体系及它们在 RNA 合成中的作用。

（1）DNA 两条链其中一条单链：转录模板。
（2）四种核糖核苷酸（NTP）：RNA 合成的原料。
（3）RNA 聚合酶：①σ 因子，辨认 DNA 模板链上转录起始点；②核心酶，催化四种 NTP，以 DNA 为模板按碱基配对原则形成 3′，5′磷酸二酯键，生成 RNA 链。
（4）Rho 因子，结合转录产物 RNA，协助转录产物从转录复合物中释放。

2. 真核生物 RNA 转录后如何加工修饰？
hnRNA 为 mRNA 前体—5′端加 m⁷Gppp-帽子结构，3′端加 polyA 尾结构，去掉内含子，拼接外显子。
tRNA 前体—3′端加-CCA 结构；中间剪接；修饰形成稀有碱基。
rRNA 前体—剪切，如 45S→5.8S、18S、28S，与蛋白质结合。

（戴建威）

第十二节　蛋白质的生物合成

一、教学内容要求

（一）掌握
1. mRNA、tRNA、rRNA 在翻译过程中的作用和相互配合关系。
2. 遗传密码的主要特点。
3. 掌握氨酰-tRNA 合成酶的反应机制和校对机制。
4. 核蛋白体循环。

（二）熟悉
1. 遗传密码表的用法。
2. 原核生物的肽链合成过程。

3. 原核生物通过 SD 序列识别起始密码子的机制。

4. 真核生物 mRNA 的帽子结构和多聚腺苷酸尾巴结构对翻译的重要性。

5. 蛋白质翻译后的修饰和靶向输送。

（三）了解

1. 原核、真核生物翻译起始的异同。

2. 蛋白质生物合成与医学的关系。

二、重点及难点

（一）重点

1. mRNA 如何作为翻译的直接模板,tRNA 携带氨基酸及识别密码子。

2. 遗传密码的特点表现出方向性、连续性、简并性、通用性、摆动性。

3. 氨基酰-tRNA 合成酶对两种底物氨基酸和 tRNA 都有高度特异性识别作用,并具有水解酯键的催化作用,发挥酶的校正活性。

（二）难点

1. 以蛋白质生物合成所需的条件为主线,将真核生物和原核生物的蛋白质生物合成过程作比较。

2. 如何保证核酸到蛋白质遗传信息传递的准确性。

3. 从核蛋白体释放出的新生多肽链不具备蛋白质生物活性,必须经过不同的翻译后复杂加工过程才转变为天然构象的功能蛋白。分泌性蛋白质合成后需要经过复杂机制,定向输送到最终发挥生物功能的细胞靶部位。

三、内 容 精 要

蛋白质的生物合成也称为翻译。其合成原料是 20 种氨基酸。mRNA 是指导多肽链合成的模板,在 mRNA 阅读框架内,每相邻 3 个核苷酸组成 1 个三联体的遗传密码子,编码一种氨基酸。遗传密码的特性为:方向性、连续性、简并性、摆动性和通用性。tRNA 是蛋白质合成过程中的结合体分子。tRNA 分子中有两个关键部位是氨基酸的结合位点和密码子的结合位点,这两点表明 tRNA 是既可携带特异的氨基酸、又可特异地识别 mRNA 遗传密码的双重功能分子。通过 tRNA 的接合作用使氨基酸能够按 mRNA 信息的指导"对号入座",保证核酸到蛋白质遗传信息传递的准确性。tRNA 与氨基酸的结合由氨基酰-tRNA 合成酶催化,此过程称为氨基酸的活化。rRNA 和多种蛋白质构成的核蛋白体是合成多肽链的场所。原核生物核蛋白体上的 P 位、A 位分别结合肽酰-tRNA、氨基酰-tRNA,卸载-tRNA 从 E 位排出。除上述 RNA 外,还包括参与氨基酸活化及肽链合成起始、延长和终止阶段的多种蛋白质因子、其他蛋白质、酶类以及 ATP、GTP 等供能物质与必要的无机离子等。

在翻译过程中,核蛋白体从开放阅读框架的 5'-AUG 开始向 3'端阅读 mRNA 上 的三联体遗传密码子,而多肽链的合成是从 N 端向 C 端,直至终止密码子出现。整个翻译过程分为起始、延长和终止三个阶段。翻译的起始阶段是指 mRNA、起始氨基酰-tRNA 分别与核蛋白体结合而形成翻译起始复合物的过程。在原核生物中,mRNA 和甲酰甲硫氨酰-tRNA 先后与核蛋白体结合,组装形成翻译起始复合物。起始因子 IF-1、IF-2、IF-3 参与这一过程。起始复合物形成后由 fMet-tRNA$_i^{fMet}$ 占据 P 位,而 A 位空留,准备第二个氨基酸-tRNA 的进入。真核生物起始过程与原核生物相似,但核蛋白体小亚基是先结合甲硫氨酰-tRNA,再结合 mRNA。肽链延长的过程是在核蛋白体上连续循环进行的,故称为核蛋白体循环。每次循环分三个阶段:进位、成肽和转位。循环一次,肽链增加一个氨基酸残基,直至肽链合成终止。真核生物肽链延长过程和原核基本相似,只是反应体系和因子组成不同。翻译的终止涉及两个阶段:首先,终止反应本身需要识别终止密码子(UAA、UAG、UGA),并从最后一个肽酰-tRNA 中释放肽链;其次,终止后反应需要释放tRNA 和 mRNA,核蛋白体大、小亚基解离。终止过程需要的蛋白质因子称为释放因子(RF)。原核生物有三种 RF,即 RF-1、RF-2 和 RF-3。真核生物的释放因子称为 eRF。

翻译后加工是指新合成的无生物活性多肽链转变为有天然构象和生物功能蛋白质的过程。主要包括多肽链折叠为天然的三维构象、肽链一级结构的修饰、肽链空间结构的修饰等。几类蛋白质参与多肽链折叠为天然的三维构象过程:①分子伴侣是细胞中一类保守蛋白质,可识别肽链的非天然构象,促进各种功能域和整体蛋白质的正确折叠。分子伴侣至少包括两大家族,热激蛋白 70 家族和热激蛋白 60 家族;②蛋白二硫键异构酶(PDI)催化蛋白质形成正确二硫键连接;③肽-脯氨酰顺反异构酶(PPI)促进多肽链在各脯氨酸折弯处形成正确折叠。肽链一级结构的加工包括去除 N 端的甲硫氨酸,个别氨基酸的共价修饰,二硫键的形成,多蛋白的加工,以及蛋白质前体中不必要肽段的切除等。空间结构的加工包括亚基聚合、辅基连接和共价连接疏水脂链等。蛋白质的靶向输送是将合成的蛋白质前体跨过膜性结构,定向输送到特定细胞部位发挥功能的复杂过程。真核细胞胞液合成的分泌蛋白、线粒体蛋白、核蛋白,前体肽链中都有特异信号序列,它们引导蛋白质各自通过不同过程进行靶向输送。分泌蛋白的输送需先进入内质网。

某些药物和生物活性物质能抑制或干扰蛋白质的生物合成。多种抗生素通过抑制蛋白质生物合成发挥杀菌、抑菌作用。白喉毒素、干扰素等作用的实质,也是通过特异的靶点干扰或抑制蛋白质的生物合成。

四、例 题

(一)A 型题:请从备选答案中选出 1 个最佳答案。

1. 遗传密码的简并性是指( )
   A. 一个密码适用于一个以上的氨基酸
   B. 一个氨基酸可被多个密码编码
   C. 密码与反密码可以发生不稳定配对
   D. 密码的阅读不能重复和停顿
   E. 密码具有通用特点

2. 多数氨基酸都有两个以上密码子,下列哪组氨基酸只有一个密码子( )
   A. 苏氨酸、甘氨酸 B. 脯氨酸、精氨酸
   C. 丝氨酸、亮氨酸 D. 色氨酸、蛋氨酸
   E. 天冬氨酸、天冬酰胺

3. S-D 序列决定( )
   A. 翻译的速度
   B. 蛋白质合成起始的准确性
   C. 多肽链合成的终止速度
   D. 多肽链合成方向
   E. 多肽链合成的起始速度

4. 密码子的第三个核苷酸与反密码子的哪个核苷酸可出现不稳定配对( )

   A. 第一个 B. 第二个
   C. 第三个 D. 第一个或第二个
   E. 第二个或第三个

5. 关于 tRNA 的叙述,下列哪项是错误的( )
   A. 有反密码子,能识别 mRNA 分子的密码
   B. 有氨基酸臂携带氨基酸
   C. 一种 tRNA 能携带多种氨基酸
   D. 一种氨基酸可由数种特定的 tRNA 运载
   E. 20 种氨基酸都各有其特定的 tRNA

6. 核蛋白体循环是指( )
   A. 翻译过程的起始阶段
   B. 翻译过程的肽链延长阶段
   C. 40S 起始复合物的形成
   D. 80S 核糖体的解聚与聚合两阶段
   E. 翻译过程的终止

7. 蛋白质合成过程的调控,主要发生在( )
   A. 启动阶段 B. 终止阶段
   C. 肽链延长阶段 D. 整个合成过程中
   E. 氨基酸活化

8. 对蛋白质的靶向输送的叙述中错误的是( )
   A. 各靶向输送蛋白有特异输送信号

B. 信号主要为 N 端特异氨基酸序列

C. 信号序列都使蛋白转移分泌出细胞

D. 信号序列决定蛋白靶向输送特性

E. 各修饰反应与靶向输送过程同步

9. 信号肽的作用是(　　)

A. 保护 N-端的蛋氨酸残基

B. 引导多肽链进入内质网腔

C. 保护蛋白质不被水解

D. 维持蛋白质的空间构象

E. 传递蛋白质之间的信息

(二) X 型题：请从备选答案中选出 2 个或 2 个以上正确答案。

1. 遗传密码的特性有(　　)

A. 低等生物和人类共用一套密码

B. 不为任何氨基酸编码的密码子有 3 个

C. 密码子和反密码子辨认时有时不严格的配对称为简并性

D. 所有碱基突变都可导致框移突变

E. 64 组密码可编码 20 种氨基酸

2. 与蛋白质生物合成有关的蛋白因子有(　　)

A. 起始因子　　　　　　B. σ 因子

C. ρ 因子　　　　　　　D. 延长因子

E. 终止因子

3. 蛋白质生物合成的延长反应包括下列哪些(　　)

A. 起始　　　　　　　　B. 进位

C. 转位　　　　　　　　D. 成肽

E. 转化

4. 对热休克蛋白促进蛋白质折叠具体机制的叙述正确的是(　　)

A. HSP70 的 ATP 酶活性需要 HSP40 激活

B. HSP40 结合多肽并导向 HSP70GDP 复合物

C. HSP40-HSF70-ADP-多肽复合物不稳定

D. GrpE 是促进 ATP/ADP 交换的交换因子

E. HSP70 结合肽段释出后进行正确折叠

(三) 名词解释

1. 密码的摆动性　2. 多聚核蛋白体

(四) 问答题

1. 请讨论蛋白质合成的高度保真性与哪些机制相关。

2. 遗传密码有哪些基本特性？

五、参　考　答　案

(一) A 型题

　1. B　2. D　3. B　4. A　5. C　6. B　7. A　8. C

9. B

(二) X 型题

　1. AB　2. ADE　3. BCD　4. ADE

(三) 名词解释

　1. 密码的摆动性：mRNA 上的密码子与 tRNA 上的反密码子相互辨认。大多数情况是遵从碱基配对规律的。但也可出现不严格的配对。这种现象就是遗传密码的摆动性。主要表现为密码子第三位碱基与反密码子第一碱基不严格互补，但不影响翻译的正确性。

　2. 多聚核蛋白体：是由 1 个 mRNA 分子与一定数目的单个核蛋白体结合而成的串珠状排列。每个核蛋白体可以独立完成一条肽链的合成，所以在多聚核蛋白体上同时进行多条肽链的合成，结果加速蛋白质的合成速度，提高模板 mRNA 的利用率。

(四) 问答题

　1. 请讨论蛋白质合成的高度保真性与哪些机制相关。

首先保证氨基酸与 tRNA 分子正确结合，氨基酰-tRNA 合成酶起了非常重要的作用，一方面酶对两种底物氨基酸和 tRNA 都有高度特异性，催化两者结合形成氨基酰-tRNA；另一方面酶又具有校读功能，可将氨基酰-tRNA 错误产物酯键水解，再催化形成正确产物。密码子与反密码子正确配对及延长因子 EF-Tu 在促进氨基酰-tRNA 进位时有校读功能，可将正确氨基酰-tRNA 取代错者；核蛋白体对氨基酰-tRNA 的进位具有校正功能；部分能量消耗用于翻译的保真性。

　2. 遗传密码有哪些基本特性？

(1) 方向性：阅读方向是 5′→3′。

(2) 连续性：密码子间无标点，既无间隔又不重叠。

(3) 简并性：除色氨酸和蛋氨酸只有 1 个密码子外，其余氨基酸都有 2~6 个密码子为其编码。

(4) 通用性：不同生物共用一套密码，从病毒、原核生物到人类几乎都使用相同的遗传密码。

(5) 摆动性：密码子的第 3 位碱基与反密码子的第 1 位碱基的配对不严格遵循碱基互补原则。

(王晓华)

第十三节 基因表达调控

一、教学内容要求

（一）掌握

1. 基因、基因组、基因表达的概念。
2. 共有序列、阻遏蛋白、激活蛋白和 CAP 的概念。掌握基因转录激活调节的基本要素。
3. 原核基因操纵子的概念、结构和功能,乳糖操纵子的负性、正性、协调调节。
4. 真核基因调控顺式作用元件和反式作用因子的概念、种类。真核转录因子结构特点。

（二）熟悉

1. 基因时间、空间性,基因表达方式。
2. RNA 聚合酶活性的调节。DNA-蛋白质、蛋白质-蛋白质相互作用。
3. 阻遏蛋白的负调控,cAMP 介导的 CAP 的正调控。
4. 真核基因组结构特点和真核基因表达调控特点。

（三）了解

1. 基因表达调控的生物学意义。
2. RNApol Ⅱ 转录终止调节、转录后水平的调节和翻译后水平的调节。
3. RNApol Ⅰ 和 RNApol Ⅲ 转录的调节。

二、重点及难点

（一）重点

1. 原核生物基因操纵子的概念、结构和功能。
2. 顺式作用元件,反式作用因子,启动子或启动序列、增强子、沉默子。

（二）难点

1. 真核生物基因组结构特点。
2. 乳糖操纵子的负性、正性、协调调节。

三、内容精要

　　基因表达包括基因转录及翻译的过程。还包括 rRNA、tRNA 编码基因转录过程,某一特定基因的表达随感染(病毒或细菌)或发育、生长(多细胞生物)的时间顺序发生,这就是基因表达的时间特异性。多细胞生物基因表达的时间特异性又称阶段特异性。在多细胞生物个体发育、生长不同阶段,各种基因产物在不同组织空间表达多少不同,这就是基因表达的空间特异性,又称组织特异性。基因表达的方式有组成性表达及诱导/阻遏区分。某些基因产物对生命全过程都是必需的或必不可少的。这类基因在一个生物个体的几乎所有细胞中持续表达,称为管家基因,管家基因表达方式称基本的基因表达。另有一些基因表达随外环境信号变化,有些基因对环境信号应答时被激活,基因表达产物增加,这种基因表达方式称为诱导;有些基因对环境信号应答时被抑制,基因表达产物水平降低,这种基因表达方式称为阻遏。

　　原核生物、单细胞生物调节基因的表达是为适应环境、维持生长和细胞分裂。多细胞生物调节基因的表达除为适应环境,还有维持组织器官分化、个体发育的功能。基因表达调控是在多级水平上进行的复杂事件。其中,转录起始是基因表达的基本控制点。基因转录激活调节基本要素为:DNA 序列、调节蛋白、DNA-蛋白质/蛋白质-蛋白质相互作用以及这些因素对 RNA 聚合酶活性的影响。

操纵子是大多数原核基因调控的模式 E. coli 的乳糖操纵子含 Z、Y 及 A 三个结构基因、一个操纵序列 O、一个启动序列 P 及一个调节基因 I。I 基因编码一种阻遏蛋白,可与 O 序列结合,使乳糖操纵子处于阻遏状态,介导负性调节。在启动序列 P 上游还有一个分解代谢物基因激活蛋白(CAP)结合位点。在有 cAMP 存在时,CAP 结合在 lac 启动序列附近的 CAP 位点,可刺激 RNA 转录活性,介导正性调节。

真核基因表达调控机制与原核不同,具有自己的结构特点。如真核细胞内含有多种 RNA 聚合酶,处于转录激活状态的染色质结构会发生明显变化等。真核基因转录激活受顺式作用元件与反式作用因子相互作用调节。真核基因顺式作用元件按功能特性分为启动子、增强子及沉默子。真核基因启动子由 RNA 聚合酶结合位点及其周围的一组转录控制组件组成。增强子是远离转录起始点,决定基因的时间空间特异性表达,增强启动子转录活性的 DNA 序列,其发挥作用的方式通常与方向、距离无关。真核转录调节因子简称转录因子(TF),按功能特性可分为基本转录因子和特异转录因子。所有转录因子至少包括两个不同的结构域:DNA 结合域和转录激活域。此外,很多转录因子还包含一个介导蛋白质-蛋白质相互作用的结构域。真核 RNA 聚合酶 II 不能单独识别、结合启动子,需依赖基本转录因子和特异转录激活因子的存在,基因转录激活过程就是形成稳定的转录起始复合物的过程。

四、例　题

(一) A 型题:请从备选答案中选出 1 个最佳答案。

1. 基因表达调控可在多级水平上进行,但其基本控制点是(　　)

   A. 基因活化　　　　　B. 转录起始

   C. 转录后加工　　　　D. 翻译

   E. 翻译后加工

2. 一个操纵子通常含有(　　)

   A. 数个启动序列和一个编码基因

   B. 一个启动序列和数个编码基因

   C. 一个启动序列和一个编码基因

   D. 两个启动序列和数个编码基因

   E. 数个启动序列和数个编码基因

3. Lac 操纵子的阻遏蛋由(　　)

   A. Z 基因编码　　　　B. Y 基因编码

   C. A 基因编码　　　　D. I 基因编码

   E. 以上都不是

4. 顺式作用元件是指(　　)

   A. 非编码序列

   B. TATA 盒

   C. GC 盒

   D. 具有调节功能的特异 DNA 序列

   E. 具有调节功能的蛋白质

5. 关于启动子的叙述下列哪一项是正确的(　　)

   A. 开始被翻译的 DNA 序列

   B. 开始转录成 mRNA 的 DNA 序列

   C. 开始结合 RNA 聚合酶的 DNA 序列

   D. 产生阻遏物的基因

   E. 阻遏蛋白结合的 DNA 序列

6. 基因表达中的诱导现象是指(　　)

   A. 阻遏物的生成

   B. 细菌利用葡萄糖作碳源

   C. 细菌不用乳糖作碳源

   D. 由底物的存在引起酶的合成

   E. 低等生物可以无限制地利用营养物

7. 转录前起始复合物是指(　　)

   A. RNA 聚合酶与 TATAAT 序列结合

   B. RNA 聚合酶与 TATA 序列结合

   C. 各种转录因子与 DNA 模板、RNA 聚合酶结合

   D. σ 因子与 RNA 聚合酶结合

   E. 阻遏物变构后脱离操纵基因复合物

8. 操纵序列是(　　)

   A. 诱导物结合部位　　B. σ 因子结合部位

   C. 辅阻遏物结合部位　D. DDRP 结合部位

   E. 阻遏蛋白结合部位

(二) X 型题:请从备选答案中选出 2 个或 2 个以上正确答案。

1. 真核基因表达调控特点是(　　)

A. 正性调控占主导
B. 负性调控占主导
C. 转录与翻译分隔进行
D. 转录与翻译偶联进行
E. 伴有染色体结构变化

2. 在 Lac 操纵子中起调控作用的是(　　)

A. I 基因　　　　　　B. P 序列
C. Y 基因　　　　　　D. O 序列
E. Z 基因

3. 在乳糖操纵子机制中起正性调节的因素是(　　)

A. 阻遏蛋白去阻遏　　B. cAMP 水平升高

C. 葡萄糖水平升高　　D. cAMP 水平降低
E. 葡萄糖水平降低

4. 乳糖操纵子的诱导剂是(　　)

A. 葡萄糖　　　　　　B. IPTG
C. β-半乳糖苷酶　　　D. 透酶
E. 乳糖

（三）名词解释

1. 管家基因　2. 反式作用因子

（四）问答题

1. 简述原核操纵子的结构要素。
2. 简述乳糖操纵子的结构及调控原理。

五、参考答案

（一）A 型题

1. B　2. B　3. D　4. D　5. C　6. D　7. C　8. E

（二）X 型题

1. ACE　2. AD　3. ABE　4. BE

（三）名词解释

1. 管家基因：在一个生物个体的几乎所有细胞中持续表达的基因通常被称为管家基因。

2. 反式作用因子：又称为分子间作用因子，是指能够直接或间接与顺式作用元件结合，调控特异基因转录的一类调节蛋白。

（四）问答题

1. 简述原核操纵子的结构要素。

操纵子结构是原核生物的基本转录单位，由调控区和信息区组成：信息区是由功能相关的结构基因串连在一起，信息区上游的调控区包括启动序列和操纵序列两部分所构成。启动序列是 RNA 聚合酶结合并启动转录的特异性 DNA 序列；操纵序列是

特异性的阻遏物结合区。

2. 简述乳糖操纵子的结构及调控原理。

乳糖操纵子含 Z、Y 及 A 三个结构基因，分别编码 β-半乳糖苷酶、透酶和乙酰基转移酶，还有一个操纵序列 O、一个启动序列 P 及一个调节基因 I。I 基因具有独立的启动序列（PI），编码一种阻遏蛋白，后者与 O 序列结合，使操纵子受阻遏而处于关闭状态。在启动序列 P 上游还有一个分解（代谢）物基因激活蛋白（CAP）结合位点。当没有乳糖存在时，Lac 操纵子处于阻遏状态。当有乳糖存在时，乳糖经 β-半乳糖苷酶催化转变为半乳糖，与阻遏蛋白结合，使蛋白质构象变化，Lac 操纵子即可被诱导。当没有葡萄糖及 cAMP 浓度较高时，cAMP 与 CAP 结合，CAP 结合在 Lac 启动序列附近的 CAP 位点，可使 RNA 转录活性增强；当有葡萄糖存在时，cAMP 浓度降低，cAMP 与 CAP 结合受阻，因此 Lac 操纵子表达下降。

（王燕菲）

第十四节　癌基因、抑癌基因与生长因子

一、教学内容要求

（一）掌握

1. 原癌基因（细胞癌基因）、病毒癌基因和抑癌基因的概念。
2. 癌基因激活的机制。

（二）熟悉

1. 癌基因的分类、命名。常见抑癌基因的种类。
2. 常见抑癌基因的作用机制。

3. 癌基因的激活与抑癌基因的抑制在肿瘤发生过程的作用。

（三）了解

1. 癌基因的产物与功能。

2. 常见生长因子的作用机制。

二、重点及难点

（一）重点

1. 癌基因激活的机制及其与肿瘤发生的关系。

2. 抑癌基因的抑制在肿瘤发生过程的作用。

（二）难点

1. 癌基因及其表达产物的分类和功能。

2. 抑癌基因的作用机制。

三、内 容 精 要

癌基因可分为病毒癌基因和细胞癌基因,前者包括 DNA 肿瘤病毒的转化基因和 RNA 肿瘤病毒的癌基因,而细胞癌基因又称为原癌基因,因为它是病毒癌基因的原型,一般认为病毒癌基因源于细胞癌基因。病毒癌基因能使宿主细胞发生恶性转化,形成肿瘤。正常的细胞癌基因为生命活动所必需,调节细胞的正常生长与分化。当细胞癌基因的表达失控,或因结构改变而致表达产物的活性改变时,才可导致细胞转化,进而形成肿瘤,此种情况叫做癌基因的激活。癌基因的激活的大体上有以下几种方式:①获得强启动子或增强子;②基因重排或染色体易位;③基因扩增;④基因点突变等。肿瘤的发生与发展往往涉及多种癌基因的激活及协同作用。

已发现的细胞癌基因一般是与正常细胞生长增殖、分化和凋亡密切相关的非常保守的、生物不可或缺的基因。它们的表达产物或是生长因子、生长因子受体,或是小分子 G 蛋白、蛋白激酶,或是转录因子,总之都是各种信号转导途径中的关键分子,具有非常重要的生理功能。正因如此,在正常情况下它们的表达是受到严密而精细的调控的。

抑制基因是一类生长控制基因或负调控基因,它与负责调节生长的原癌基因协调表达以维持细胞正常生长、增殖与分化。当抑制基因发生缺失或突变,而丧失功能时,将会导致细胞的恶性转化。某些抑癌基因,例如 P53 基因,突变后不仅丧失抑癌作用,而且还可促进肿瘤的发生,即变成了癌基因。

生长因子是细胞合成与分泌的一类多肽物质,它作用于靶细胞受体,将信息传递至细胞内部,促进细胞生长、增殖。细胞原癌基因的表达产物有的就是生长因子或生长因子受体。原癌基因突变或异常激活,可能使表达的某些生长因子发生结构改变、或表达过量,而导致细胞生长、增殖失控。

四、例 题

（一）A 型题:请从备选答案中选出 1 个最佳答案。

1. 关于病毒癌基因的叙述,错误的是（　　）

    A. 主要存在于 RNA 病毒中

    B. 在体外能引起细胞转化

    C. 可随机整合入宿主细胞基因组

    D. 又称原癌基因

    E. 感染宿主细胞能引起恶性转化

2. 不属于癌基因产物的是（　　）

    A. 化学致癌物　　　　B. 生长因子类似物

    C. 生长因子膜受体　　D. 核内转录因子

    E. 酪氨酸蛋白激酶

3. 有关抑癌基因的叙述,正确的是( )
   A. 具有抑制细胞增殖的作用
   B. 与癌基因表达无关
   C. 其缺失与细胞增殖和分化无关
   D. 不存在于人类正常细胞
   E. 肿瘤细胞出现时才表达
4. 有关 rb 基因的描述,错误的是( )
   A. 活性型 RB 蛋白能促进细胞分化
   B. 是一种抑癌基因
   C. 其作用与 E_2F 转录因子有关
   D. 其编码蛋白为 P53
   E. 突变后可导致肿瘤发生
5. 关于生长因子的叙述,错误的是( )
   A. 属于细胞外信号分子
   B. 有的肿瘤细胞以自分泌方式促进自身增殖
   C. 为多肽类物质
   D. 其受体均分布于细胞膜上
   E. 有的癌基因表达生长因子的受体

(二) X 型题:请从备选答案中选出 2 个或 2 个以上正确答案。
1. 正常基因的异常表达可致( )
   A. 细胞形态改变
   B. 细胞癌变
   C. 异常表型
   D. 细胞结构与生物活性改变
   E. 细胞坏死
2. 野生型 p53 基因( )
   A. 是癌基因
   B. 是抑癌基因
   C. 其产物具有"基因卫士"的称号
   D. 突变后成癌基因
   E. 突变后成抑癌基因
(三) 名词解释
1. 病毒癌基因　2. 生长因子
(四) 问答题
试述肿瘤的发生与癌基因和抑癌基因的关系。

五、参考答案

(一) A 型题
  1. D　2. A　3. A　4. D　5. D
(二) X 型题
  1. ABCD　2. BCD
(三) 名词解释
  1. 病毒癌基因:是存在于病毒基因组中的癌基因,它不编码病毒的结构成分,对病毒复制无作用,但其表达产物可以使受感染的宿主细胞发生恶性转化。
  2. 生长因子:是细胞分泌的具有调节与促进细胞生长和增殖的多肽类物质。
(四) 问答题
  试述肿瘤的发生与癌基因和抑癌基因的关系。
  主要关系有:①病毒感染宿主细胞,病毒癌基因常通过逆转录,再整合入宿主细胞基因组并表达。②理化因素和生物因素引起癌基因异常表达:逆转录病毒感染宿主细胞,逆转录病毒的启动子或增强子插入宿主细胞原癌基因附近或内部,激活原癌基因或增强原癌基因表达;化学致癌物或物理因素导致原癌基因突变,而表达变异的蛋白质,可促使细胞癌变。③抑癌基因缺失或突变,导致其无法表达或表达的异常蛋白丧失功能,从而失去抑癌作用。④抑癌基因突变成为具有促癌作用的癌基因,如野生型 p53 基因是抑癌基因,其表达产物具有防止基因突变的细胞癌变。而突变型 p53 基因则成为癌基因,其表达产物能与野生型 P53 蛋白结合,使野生型 P53 蛋白丧失功能,从而促使细胞癌变。

(黄　炜)

第十五节　细胞信息转导

一、教学内容要求

(一) 掌握
1. 受体的概念、分类及其化学本质。受体作用的特点。
2. 细胞信息传递的一些基本知识(如第二信使、受体、配体、G 蛋白、腺苷酸环化酶、磷脂酶

C、蛋白激酶 A、蛋白激酶 C、蛋白激酶 G、钙调蛋白、酪氨酸蛋白激酶等)。

　　3. 信息传递进入细胞内的两种传递方式。

　　4. 膜受体介导的信息传递方式:cAMP-蛋白激酶途径和 Ca^{2+}-蛋白激酶途径。

　　5. 胞内受体介导的信息传递途径。

(二) 熟悉

　　1. 4 种主要受体的结构特点,主要是 G 蛋白偶联受体。

　　2. 受体活性的调节。

　　3. 膜受体介导的其他信息传递途径。

(三) 了解

　　1. 细胞内信息物质种类、细胞间信息物质的概念。

　　2. 细胞间信息物质的分类及其特点。

　　3. 信息传递途径的交互联系特点。

　　4. 信息传递的异常与疾病的关系。

二、重点及难点

(一) 重点

　　1. 受体类型及其作用的特点。

　　2. 细胞膜受体介导的信息传递途径:cAMP-蛋白激酶途径和 Ca^{2+}-依赖性蛋白激酶途径。

　　3. 细胞信息传递的概念(如第二信使、受体、配体、G 蛋白、腺苷酸环化酶、磷脂酶 C、蛋白激酶 A、蛋白激酶 C、蛋白激酶 G、钙调蛋白、酪氨酸蛋白激酶等)。

(二) 难点

　　1. G 蛋白的结构及功能。

　　2. cAMP-蛋白激酶途径和 Ca^{2+}-依赖性蛋白激酶途径。

三、内容精要

　　细胞信号转导是多细胞生物对环境应答引起生物学效应的重要过程。信息转导过程包括:特定的细胞释放信息物质→信息物质经扩散或血液循环到达靶细胞→与靶细胞的受体特异性结合→受体对信号进行转换并启动靶细胞信使系统→靶细胞产生生物学效应。目前已知的细胞间信息物质的化学本质有蛋白质和肽类、氨基酸及其衍生物、类固醇激素、脂酸衍生物和气体分子等。

　　细胞膜和细胞内存在细胞间化学信号的受体,分别接受脂溶性和水溶性化学信号。受体与配体结合具有高专一性、高亲和性、可饱和性及可逆性等特点。

　　细胞内众多分子参与信号转导。主要的细胞内生物化学变化是小分子第二信使的浓度和分布的变化和蛋白质构象的变化。蛋白激酶和蛋白磷酸酶、GTP 结合蛋白是两大类最重要的信号转导通路开关分子。细胞信号转导通路的结构基础是蛋白质复合物,蛋白质相互作用的基础是 SH_2、SH_3 等蛋白质相互作用结构域,多种衔接蛋白和支架蛋白是构成蛋白质复合物的重要分子。

　　细胞膜受体介导的信息转导是本节讨论的重点内容。离子通道型膜受体是化学信号与电信号转换器,介导多种神经递质信号。七跨膜受体通过 G 蛋白的活化传递信号,故又称为 G 蛋白偶联受体。重要的 GPCR 信号通路有 AC-cAMP-PKA 和 PLC-IP_3/DC-PKC 等,第二信使的变化是 GPCR 信号通路的共同特征。单跨膜受体依赖于酶的催化作用传递信号,酶活性可以存在于受体本身,也可以存在于直接与受体结合的分子。PTK-Grb$_2$-Ras-MAPK 信号通路可以被多种生长因子受体活化;白细胞介素利用 JAK-STAT 通路影响基因表达;NF-κB 通路主要涉及机体的防御反应;TGF-β 受体具有蛋白丝氨酸/苏氨酸激酶活性,通过 Smad 磷酸化转导信号。

细胞内信号转导过程具有迅速产生并迅速终止、级联放大、复杂的交叉联系的特点,全面阐明这些错综复杂的调节网络是生命科学研究的重要任务。

信号转导机制研究在医学发展中的意义主要体现在两个方面:一是对发病机制的深入认识;二是为新的诊断和治疗技术提供靶位。

四、例 题

(一) A 型题:请从备选答案中选出 1 个最佳答案。

1. 下列哪项不是受体与配体结合的特点( )
   A. 高度特异性 　　　　B. 非共价键结合
   C. 可饱和性 　　　　　D. 高度亲和力
   E. 不可逆性

2. 下列哪种受体是催化型受体( )
   A. 干扰素受体 　　　　B. 生长激素受体
   C. 胰岛素受体 　　　　D. 甲状腺素受体
   E. 活性维生素 D$_3$ 受体

3. 既能抑制腺苷酸环化酶,又能激活磷酸二酯酶的激素是( )
   A. 胰高血糖素 　　　　B. 肾上腺素
   C. 促肾上腺皮质激素 　D. 胰岛素
   E. 以上都不是

4. 其磷酸化能被激活的 PKA 所催化的氨基酸主要是( )
   A. 甘氨酸 　　　　　　B. 酪氨酸
   C. 酪氨酸/甘氨酸 　　 D. 甘氨酸/丝氨酸
   E. 苏氨酸/丝氨酸

5. 胰岛素受体可具下列哪种酶活性( )
   A. 蛋白激酶 A 　　　　B. 蛋白激酶 C
   C. 蛋白激酶 G 　　　　D. 酪氨酸蛋白激酶
   E. Ca^{2+}-CaM 激酶

6. 下列哪项不属于跨膜信号转导( )

　　A. 儿茶酚胺的信号转导
　　B. NO 的信号转导
　　C. 胰岛素的信号转导
　　D. 表皮生长因子的信号转导
　　E. 肿瘤坏死因子的信号转导

(二) X 型题:请从备选答案中选出 2 个或 2 个以上正确答案。

1. 激动型 G 蛋白被激活后可直接激活( )
   A. 腺苷酸环化酶 　　　B. 鸟苷酸环化酶
   C. 蛋白激酶 A 　　　　D. 蛋白激酶 G
   E. 蛋白激酶 C

2. 与配体结合后,自身具有酪氨酸蛋白激酶活性的受体是( )
   A. 生长激素受体 　　　B. 胰岛素受体
   C. 表皮生长因子受体 　D. 干扰素受体
   E. 血小板衍生生长因子受体

3. G 蛋白介导的信号转导途径有( )
   A. 鸟苷酸环化酶途径 　B. 腺苷酸环化酶途径
   C. 磷脂酶途径 　　　　D. 酪氨酸蛋白激酶途径
   E. 胞内受体信号转导途径

(三) 名词解释

1. G 蛋白　2. 细胞内受体(核受体)

(四) 问答题

举例说明不同刺激引起相同的病理反应。

五、参 考 答 案

(一) A 型题
　　1. E　2. C　3. D　4. E　5. D　6. B

(二) X 型题
　　1. AB　2. BCE　3. BC

(三) 名词解释

1. G 蛋白:即鸟苷酸结合蛋白是一类位于细胞膜胞浆面、能与 GDP 或 GTP 结合的外周蛋白,由 α、β、γ 三个亚基组成。以三聚体存在并与 GDP 结合

者为非活化型。当 α 亚基与 GTP 结合并导致 βγ 二聚体脱落时则变成活化型,作用于膜受体的不同激素通过不同的 G 蛋白介导影响质膜上某些离子通道或酶的活性,继而影响细胞内第二信使浓度和后续的生物学效应。

2. 细胞内受体(核受体):细胞内受体分布于胞浆或核内,本质上都是配体调控的转录因子,均在核内启动信号转导并影响基因转录,统称核受体。

（四）问答题

如心肌肥大的发病过程中,心肌负荷过重引起的机械刺激,神经体液调节产生的去甲肾上腺素、血管紧张素等化学刺激,可通过不同的信号转导蛋白的传递,引起 MAPK 活化,再通过 MAPK 下游的转导途径,导致相同的病理反应——心肌肥大。

（赵　青）

第十六节　血液的生物化学

一、教学内容要求

（一）掌握

1. 正常人血浆蛋白的总浓度。
2. A/G 比值的概念及意义。
3. 盐析法、电泳法对血浆蛋白质进行分类。
4. 红细胞糖代谢的特点,及其几种代谢产物的生理功能。
5. 血红素合成的基本原料、合成场所及限速酶。

（二）熟悉

1. 血浆蛋白的功能。
2. 2,3-BPG 对血红蛋白运氧的调节功能。
3. 非蛋白含氮化合物及非蛋白氮的概念。

（三）了解

1. 血液的组成,血浆的主要成分。
2. 血浆蛋白的性质。

二、重点及难点

（一）重点

1. 血浆蛋白的分类、性质和功能。
2. 红细胞糖代谢的特点,及其几种代谢产物的生理功能。
3. 血红素合成的反应阶段及调节。

（二）难点

1. 红细胞的代谢特点,及其几种代谢产物的生理功能。
2. 血红素合成步骤,合成调节。

三、内容精要

按血浆蛋白质的来源,可以将血浆蛋白质分为两大类,一类是血浆功能蛋白质,对于血浆的功能必不可少。另一类血浆蛋白是在细胞组织更新或遭受破坏时漏入血浆的。成熟红细胞除质膜和胞浆外,无其他细胞器,其代谢比一般细胞单纯。糖酵解:血循环中的红细胞每天大约从血浆摄取约 30g 葡萄糖。绝大部分经糖酵解通路和 2,3-二磷酸甘油酸旁路进行代谢。糖酵解是红细胞获得能量的唯一途径,每 1mol 葡萄糖经酵解生成乳酸的过程中,净产生 2molATP 和 2molNADH+H^+。红细胞的糖酵解途径还存在侧支循环—2,3-二磷酸甘油酸旁路。2,3-二磷酸甘油酸旁路仅占糖酵解的 15%~50%,由于 2,3-二磷酸甘油酸(2,3-BPG)的生成大于分解,造成红细胞内 2,3-BPG 升高。红细胞内 2,3-BPG 虽然也能供能,但主要功能是调节血红蛋白的运氧功能。

磷酸戊糖途径:红细胞内少量葡萄糖经由磷酸戊糖途径代谢。红细胞内磷酸戊糖途径的代谢过程与其他细胞相同,主要功能是产生 NADPH 和 H^+。红细胞内糖代谢的生理意义:

(1) ATP 的功能。①维持红细胞膜上钠泵(Na^+-K^+-ATPase)的正常运转。钠泵通过消耗 ATP,将 Na^+ 泵出、K^+ 泵入红细胞以维持红细胞的离子平衡以及细胞容积和双凹盘状形态。②维持红细胞膜上钙泵(Ca^{2+}-ATPase)的正常运行,将红细胞内的 Ca^{2+} 泵入血浆以维持红细胞内的低钙状态。③维持红细胞膜上脂质与血浆脂蛋白中的脂质进行交换。缺乏 ATP 时,脂质更新受阻,红细胞的可塑性降低,易于破坏。④用于谷胱甘肽、NAD^+ 的生物合成。⑤用于葡萄糖的活化,启动糖酵解过程。

(2) 2,3-BPG 是调节血红蛋白(Hb)运氧功能的重要因素。

(3) NADH 和 NADPH 的功能:NADH 和 NADPH 是红细胞内重要的还原当量,它们具有对抗氧化剂、保护细胞膜蛋白、血红蛋白和酶蛋白的巯基等不被氧化,从而维持红细胞的正常功能。由于氧化作用,红细胞内经常产生少量高铁血红蛋白(MHb),MHb 中的铁为三价,不能带氧。但红细胞内有 NADH-高铁血红蛋白还原酶和 NADPH-高铁血红蛋白还原酶,催化 MHb 还原成 Hb。另外,GSH 和抗坏血酸也能直接还原 MHb。红细胞内 MHb 只占 Hb 总量的 1% ~ 2%。血红蛋白是红细胞中最主要的成分,由珠蛋白和血红素组成。血红素不但是它的辅基,也是肌红蛋白、细胞色素、过氧化物酶等的辅基。血红素主要在骨髓的红细胞和网织红细胞中合成。血红素的生物合成:合成血红素的基本原料是甘氨酸、琥珀酰 CoA 和 Fe^{2+}。合成的起始和终止阶段均在线粒体内进行,而中间阶段在胞浆内进行。合成过程可分为四个步骤:①δ-氨基-γ-酮戊酸(ALA)的生成:在线粒体内,由琥珀酰辅酶 A 与甘氨酸缩合生成 δ-氨基-γ-酮戊酸(ALA)。催化此反应的酶是 ALA 合酶,其辅酶是磷酸吡哆醛。此酶是血红素合成的限速酶。②胆色素原的生成,在胞液进行。③尿卟啉原与粪卟啉原的生成,也在胞液中进行。④血红素的生成:线粒体中进行。血红素的合成受多种因素的调节,其中最主要的调节步骤是 ALA 的生成。ALA 合酶是血红素合成体系的限速酶,受血红素的别构抑制调节。此外,血红素还可以阻抑 ALA 合酶的合成。如果血红素的合成速度大于珠蛋白的合成速度,过多的血红素可以氧化成高铁血红素,后者对 ALA 合酶也具有强烈抑制作用。某些类固醇激素:能诱导 ALA 合酶,从而促进血红素的生成。促红细胞生成素:促红细胞生成素主要在肾合成,缺氧时即释放入血。促红细胞生成素是红细胞生成的主要调节剂,可同原始红细胞的膜受体结合,加速有核红细胞的成熟。血红素的氧化产物高铁血红素能促进血红蛋白的合成。

四、例　题

(一) A 型题:请从备选答案中选出 1 个最佳答案。

1. 当纤维蛋白原被凝血酶水解后,其所带电荷发生下列哪种改变(　　)

　　A. 负电荷增加　　　　B. 负电荷减少

　　C. 正电荷增加　　　　D. 正电荷减少

　　E. 正、负电荷都增加

2. 下列关于血浆清蛋白的叙述哪一项是正确的(　　)

　　A. 是均一的蛋白质

　　B. 在生理 pH 条件下带正电荷

　　C. 分子量小,故在维持血浆胶渗压中不起主要作用

D. 在碱性介质中电泳时比所有球蛋白泳动快

E. 半饱和硫酸铵溶液中可析出沉淀

3. 红细胞内抗氧化物主要是(　　)

　　A. GSH　　　　　　　B. NAD^+

　　C. $NADP^+$　　　　　D. FAD

　　E. FMN

4. 催化血浆 Fe^{2+} 氧化为 Fe^{3+} 的酶是(　　)

　　A. 细胞色素氧化酶　　B. 过氧化物酶

　　C. 辅酶 Q　　　　　　D. 铜蓝蛋白

　　E. 细胞色素 C

5. 缺乏什么酶会引起卟啉尿症(　　)

　　A. 尿卟啉原 I 合成酶

　　B. 尿卟啉原 III 合成酶

C. 尿卟啉原Ⅳ脱羧酶
D. 粪卟啉原Ⅲ氧化脱羧酶
E. 原卟啉原Ⅸ氧化酶

6. 库存血不仅需要加入抗凝剂，还要加入葡萄糖，其作用是（　　）
   A. 维持红细胞内外的渗透压
   B. 氧化供能以维持钠泵运转
   C. 供给患者所需能量
   D. 防谷胱甘肽氧化
   E. 抑制细菌生长

（二）X 型题：在备选答案中选出2个或2个以上是正确的答案。

1. 当 Hb 的一个 α 亚基与 O_2 结合后，引起 Hb 的构象与功能改变，表现在（　　）
   A. 其他亚基与 O_2 结合能力增加

B. 与 H^+ 结合能力降低
C. 与 CO_2 结合能力降低
D. 与有机磷酸酯的结合能力降低
E. 与铁的结合力降低

2. 关于2,3-二磷酸甘油酸的叙述正确的有（　　）
   A. 在红细胞中含量很多
   B. 它可调节血红蛋白的携氧机能
   C. 它可稳定血红蛋白结构
   D. 其分子中含有一个高能磷酸键
   E. 肝脏中特有

（三）名词解释
1. 非蛋白氮　2. 2,3-BPG 旁路

（四）问答题
常用哪些方法来分离血浆蛋白质？

五、参考答案

（一）A 型题
1. B　2. D　3. A　4. D　5. B　6. B

（二）X 型题
1. ABCD　2. ABC

（三）名词解释
1. 非蛋白氮：指血液中非蛋白质类含氮化合物主要有尿素、肌酸、肌酐、尿酸、胆红素和氨等，它们中的氮总称为非蛋白氮。
2. 2,3-BPG 旁路：成熟红细胞的糖酵解过程中，由 1,3-BPG 生成 2,3-BPG，再转变成 3-磷酸甘油酸又回到糖酵解的反应过程。

（四）问答题
常用哪些方法来分离血浆蛋白质？
（1）凝胶过滤层析：层析柱内填充带有网孔的凝胶颗粒，根据清蛋白分子量，选用合适大小网孔的凝胶，将血液加于柱顶端，以其所含的清蛋白球蛋白为例，清蛋白分子小进入凝胶孔内，球蛋白分子量大于网孔的分离上限，不进入孔内而直接流出，清蛋白因在孔内被滞留随后流出，从而清蛋白与球蛋白得以分离，而血液中含有的其他杂蛋白同理因其与清蛋白的分子大小的差异，可以与清蛋白分离，最终得到纯化的清蛋白。

（2）盐析：硫酸铵等中性盐因能破坏蛋白质在溶液中稳定存在的两大因素，故能使蛋白质发生沉淀，不同蛋白质分子颗粒大小不同，亲水程度不同，盐析所需要的盐浓度也不同，从而将蛋白质得以分离。如用硫酸铵分离纯化清蛋白，在半饱和的硫酸铵溶液中，球蛋白即可从血清中沉淀析出而除掉，再加硫酸铵溶液至饱和，则清蛋白沉淀析出，从而清蛋白可以分离出来，再用透析，除去清蛋白中所含的硫酸铵，清蛋白即可被纯化。

（戴建威）

第十七节　肝的生物化学

一、教学内容要求

（一）掌握
1. 生物转化作用的概念。
2. 胆汁酸的肠肝循环及生理意义。
3. 胆红素在肝脏、肠道中的转变和胆红素的肠肝循环。

（二）熟悉

1. 肝脏在物质代谢中的作用。

2. 参与生物转化的酶类及反应类型。

3. 胆汁的主要成分及胆汁酸的种类。

4. 胆红素的来源、生成、在血中的运输和排泄。

（三）了解

1. 影响生物转化作用的因素。

2. 血清胆红素与黄疸。

二、重点及难点

（一）重点

1. 生物转化概念、反应类型。

2. 胆汁酸的分类及功能,胆色素代谢。

（二）难点

1. 生物转化结合反应。

2. 胆色素代谢。

三、内容精要

肝是人体中最大的腺体,具有多种代谢功能,还有分泌、排泄及生物转化功能。肝通过糖原的生成与分解、糖的异生来维持血糖浓度稳定。肝在脂类的消化、吸收、运输、分解与合成中均起重要作用。肝是体内合成磷脂与胆固醇的重要器官。肝将胆固醇转化为胆汁酸,协助脂类消化、吸收,并发挥其处理体内胆固醇的重要功能。肝能合成 VLDL、HDL 以及 LCAT,参与脂肪与胆固醇的运输。肝是氧化脂(肪)酸产生酮体的器官。除 Y 球蛋白外,几乎所有的血浆蛋白质均来自肝。这些蛋白质在血液中发挥其功能。

肝也是处理血浆蛋白质(除清蛋白外)的重要器官。肝是除分支氨基酸外所有氨基酸分解代谢的重要器官,是处理氨基酸分解代谢产物的重要场所。氨主要在肝内合成尿素。肝在吸收、储存、运输和代谢维生素方面起重要作用。肝将维生素 D 转化为 25-羟维生素 D,并合成维生素 D 结合蛋白。肝是许多激素灭活的场所。

各种非营养性物质(包括内源性与外源性)主要在肝脏进行改造,增加其溶解度,以利于通过肾脏及胆道系统排出体外。肝生物转化作用分两相反应:第一相反应包括氧化、还原和水解反应;第二相反应是结合反应,主要与葡萄糖醛酸、硫酸和酰基等结合。

胆汁是肝细胞分泌的液体,除含胆汁酸和一些酶有助消化作用外,其他多属排泄物。胆汁酸在肝细胞内由胆固醇转化而来,是肝清除体内胆固醇的主要形式。胆固醇 7α-羟化酶是胆汁酸生成的限速酶,与胆固醇合成的关键酶 HMGCoA 还原酶均受胆汁酸和胆固醇的调节。肝细胞合成的胆汁酸称为初级胆汁酸,包括胆酸与鹅脱氧胆酸。脱氧胆酸与石胆酸是初级胆汁酸在肠道中受细菌作用生成的次级胆汁酸。胆汁酸包括游离型胆汁酸与结合型胆汁酸两种,结合型胆汁酸是胆汁酸与甘氨酸或牛磺酸在肝内结合的产物。大部分初级胆汁酸与次级胆汁酸经肠肝循环而再被利用,以补充体内合成的不足,满足对脂类消化吸收的生理需要。

胆色素是铁卟啉化合物在体内的主要分解代谢产物,包括胆红素、胆绿素、胆素原和胆素。胆红素主要来自单核—吞噬细胞系统对红细胞的破坏,在血红素加氧酶的催化下由血红素生成。胆红素在血液中主要与清蛋白结合(称游离胆红素)而运输。游离胆红素可以自由通过血窦面的肝细胞膜。在肝细胞内,胆红素主要与配体蛋白结合并被转运到内质网,在此被转化成葡萄糖醛酸胆红素(结合胆红素)。后者经胆管排入小肠。在肠道中,胆红素被还原成胆素原。少部分胆素原被肠黏膜吸收入肝,其中大部分又被排入肠道,形成胆素原的肠肝循环;小部分胆素原经肾排入尿中。肠道中的胆素原在肠道下段接触空气被氧化为黄褐色的胆素。胆素原和胆素分别是几种胆素原和胆素的总称。

血红素加氧酶是诱导酶,许多刺激均可诱导其生物合成。反应生成的 CO 作为细胞间和细胞内信号分子,具有调节血管舒缩的作用和神经递质作用;胆红素是强有力的抗氧化剂,可有效地清除体内的氧自由基。另一方面,胆红素由于其特殊的空间构象,呈脂溶性,对神经细胞有毒性作用。与清蛋白结合的游离胆红素不能通过细胞膜,从而限制其细胞毒性作用。正常时由于肝对胆红素的强大摄取、结合、转化与排泄作用,血浆中胆红素的含量甚微。凡使血浆胆红素浓度升高的因素均可引起黄疸。临床上常见的有溶血性黄疸、肝细胞性黄疸和阻塞性黄疸。各种黄疸均有其独特的生化检查指标。

四、例 题

(一) A 型题:请从备选答案中选出 1 个最佳答案。

1. 肝脏进行生物转化时葡萄糖醛酸的活性供体是(　　)

　　A. UDPGA　　　　　　B. UDPG

　　C. ADPG　　　　　　D. CDPG

　　E. TDPG

2. 未结合胆红素为(　　)

　　A. 直接胆红素

　　B. 肝胆红素

　　C. 重氮试剂反应直接阳性

　　D. 能随尿排出

　　E. 能通过细胞膜对脑有毒性作用

3. 胆汁酸的合成过程中需哪种物质(　　)

　　A. 胆红素　　　　　　B. 胆固醇

　　C. 胆绿素　　　　　　D. 胆素原

　　E. 胆素

4. 磺胺类药物在肝脏内灭活下列哪项叙述正确(　　)

　　A. 灭活后生成物溶解度升高,易随尿液排出

　　B. 通过硫酸结合反应灭活

　　C. 灭活后生成物易于在碱性尿液中析出

　　D. 灭活反应为乙酰化反应

　　E. 服用磺胺类药物时尽量避免与碱性药物共用

5. 下面关于体内生物转化作用的叙述哪一项是错的(　　)

　　A. 对体内非营养物质的改造

　　B. 使非营养物生物活性降低或消失

　　C. 可使非营养物溶解度增加

　　D. 使非营养物从胆汁或尿液中排出体外

　　E. 结合反应主要在肾脏进行

6. 血中胆红素的主要运输形式是(　　)

　　A. 胆红素-清蛋白

　　B. 胆红素-Y 蛋白

　　C. 胆红素-葡萄糖酸醛酯

　　D. 胆红素-氨基酸

　　E. 胆素原

(二) X 型题:请从备选答案中选出 2 个或 2 个以上正确答案。

1. 下列哪些是形成胆结石的原因(　　)

　　A. 肝合成胆汁酸能力下降

　　B. 消化道丢失胆汁酸过多

　　C. 肠肝循环中肝摄取胆汁酸过少

　　D. 胆汁中胆固醇浓度过低

　　E. 胆汁酸中胆固醇浓度过高

2. 参与生物转化的酶有(　　)

　　A. 细胞色素 aa_3　　　　B. 细胞色素 P_{450}

　　C. 转甲基酶　　　　　D. 加单氧酶

　　E. 醛脱氢酶

3. 下面关于体内生物转化作用的叙述正确的是(　　)

　　A. 对体内非营养物质的转化

　　B. 使非营养物质生物活性降低或消失

　　C. 可使非营养物质溶解度增加

　　D. 使非营养物质从胆汁或尿液中排出体外

　　E. 结合反应主要在肾脏进行

(三) 名词解释

1. 第二相反应　2. 结合胆红素

(四) 问答题

试述胆红素的来源和去路。

五、参考答案

（一）A 型题

1. A　2. E　3. B　4. D　5. E　6. A

（二）X 型题

1. ABCE　2. BCDE　3. ABCD

（三）名词解释

1. 第二相反应：即生物转化的结合反应，是指非营养物质与极性更强的物质结合的反应，如葡萄糖醛酸结合反应、硫酸结合反应。

2. 结合胆红素：在肝内质网中与葡萄糖醛酸结合的胆红素称为结合胆红素。它水溶性大，易从尿中排出。

（四）问答题

试述胆红素的来源和去路。

来源：（1）70% 以上来源于衰老红细胞破坏释放的血红蛋白。

（2）其他来自铁卟啉酶类。

去路：（1）胆红素入血后与清蛋白结合成血胆红素（游离胆红素）而被运输。

（2）被肝细胞摄取的胆红素与 Y 蛋白、Z 蛋白结合后被运到内质网在葡萄糖醛酸基转移酶催化下生成胆红素葡萄糖醛酸酯，称肝胆红素（结合胆红素）。

（3）肝胆红素随胆汁进入肠道，在肠道细菌作用下生成无色胆素原，大部分胆素原随粪便排出，小部分胆素原经门静脉被重吸收入肝，大部分又被肝细胞分泌入肠，构成胆素原的肠肝循环。

（4）重吸收的胆素原少部分进入体循环，经肾由尿排出。

（章喜明）

第十八节　维　生　素

一、教学内容要求

（一）掌握

1. 维生素的概念、分类。
2. B 族维生素与辅酶的关系及功能。

（二）熟悉

1. 脂溶性维生素的生理功能。
2. B 族维生素的化学结构特点、性质与生理功能。
3. 维生素 C 的化学结构特点、性质与生理功能。
4. 维生素的缺乏症。

（三）了解

1. 重要的微量元素——钙、镁、铜、铁、硒、碘的代谢与生理功能。
2. 脂溶性维生素的来源、化学本质。

二、重点及难点

（一）重点

B 族维生素与辅酶的关系及功能。

（二）难点

维生素与辅酶在代谢中的作用。

三、内容精要

维生素（vitamin）是人体正常生命活动所必需的一组小分子有机营养物质，机体不能合成或者合成量不足,必须由食物供给,缺乏时会引起维生素缺乏症。

根据其溶解性,维生素分为脂溶性和水溶性两大类。脂溶性维生素有维生素 A、D、E 和 K。维生素 A 主要来自动物性食品,植物体内不含维生素 A,但红萝卜、红辣椒中含 β-胡萝卜素,被人体吸收后可转变为维生素 A。维生素 A 的生理功能:维持正常视觉,缺乏时可引起夜盲症;维持上皮组织的健全和完整;促进生长发育等。维生素 A 缺乏还可引起上皮角化和眼干燥症。维生素 D 为类固醇类衍生物,具有抗佝偻病的作用。种类较多,以维生素 D_2、维生素 D_3 较为重要。维生素 D_3 主要存在于肝、牛奶及蛋黄中,鱼肝油中含量最丰富。人体内的胆固醇可转变为维生素 D_3,植物油中的麦角固醇可转变为维生素 D_2。维生素 D_3 的生理功能:促进钙磷吸收,调节钙磷代谢,促进骨骼正常发育;缺乏时可引起儿童佝偻病或成人软骨病。维生素 E 又称生育酚,是苯骈二氢吡喃的衍生物,主要存在于植物油中,具有抗不孕症、抗氧化作用。维生素 K 是 2-甲基-1,4 萘醌的衍生物,具有促进凝血酶原的合成,并使凝血酶原转变为凝血酶的功能。

水溶性维生素主要包括 B 族维生素和维生素 C,它们多作为酶的辅酶或辅基的组成成分,在物质代谢中起重要作用。维生素 B_1 又称硫胺素,在体内以焦磷酸硫胺素(TPP)形式存在,是丙酮酸脱羧酶和 α-酮戊二酸脱羧酶的辅酶,参与 α-酮酸的氧化脱羧;还是转酮酶的辅酶,参与糖代谢;促进年幼动物的生长发育;保护神经系统。维生素 B_1 缺乏易患脚气病。维生素 B_2 是核糖醇和二甲基异咯嗪的缩合物,又称核黄素,在生物体内以黄素单核苷酸(FMN)和黄素腺嘌呤二核苷酸(FAD)的形式存在,是多种氧化还原酶(黄素蛋白)的辅基,缺乏时,易患口舌炎、唇炎、眼角膜炎等。维生素 PP 也称抗癞皮病维生素,包括尼克酸(烟酸)和尼克酰胺(烟酰胺)。维生素 PP 在体内主要以烟酰胺形式存在,其辅酶形式有两种:NAD^+(辅酶Ⅰ)和 $NADP^+$(辅酶Ⅱ),都是脱氢酶的辅酶,缺乏时出现癞皮病的症状。维生素 B_6 包括三种物质:即吡哆醇、吡哆醛和吡哆胺,在体内这三种物质可以互相转化;其辅酶形式:磷酸吡哆醛、磷酸吡哆胺,它们之间也可以相互转变,是转氨酶的辅酶。泛酸又称遍多酸,其辅酶形式是辅酶 A(简写为 CoASH 或 CoA),是酰基转移酶的辅酶。叶酸(维生素 B_{11})亦称蝶酰谷氨酸,在体内的活性形式是四氢叶酸(FH_4),是甲酰基、羟酰基、甲基等一碳单位的载体,在核苷酸代谢及某些氨基酸合成中起着重要的作用,人体缺乏叶酸时,影响血细胞的发育和成熟,易造成巨幼红细胞贫血症。维生素 B_{12} 结构复杂,含有金属元素钴,故又称钴胺素,是唯一含有金属元素的维生素。它主要来源于动物性食物,其生理功能是参与体内一碳单位的代谢,缺乏时,可发生巨幼红细胞贫血症。生物素是由噻吩和尿素相结合的骈环并带有戊酸侧链的化合物,其生理功能是羧化酶辅酶的组成成分,参与体内的固定和羧化过程。维生素 C 又称抗坏血酸,化学本质是六碳的不饱和多羟基内酯化合物,既具有较强的酸性,又具有较强的还原性。维生素 C 参与体内的羟化反应,是羟化酶的辅酶,缺乏时可引起"坏血病"。

四、例　　题

(一) A 型题:请从备选答案中选出 1 个最佳答案。

1. 关于维生素 D 的错误叙述是(　　)

　　A. 为类固醇衍生物

　　B. 可由维生素 D 原转变而来

　　C. 都存在于动物肝中

　　D. 重要的有维生素 D_3 和维生素 D_2

　　E. 本身无生物学活性

2. 维生素 PP 作为降低血中胆固醇药物的机理是(　　)

　　A. 抑制胆固醇的合成

　　B. 抑制胆固醇的吸收

　　C. 抑制胆固醇的合成原料乙酰辅酶 A 的合成

　　D. 抑制胆固醇的转运

　　E. 抑制脂肪组织中脂肪酸的动员

3. 叶酸在体内的活性形式是(　　)

　　A. FH_2　　　　　　　　B. TPP

　　C. FH_4　　　　　　　　D. FMN

　　E. 二氢硫辛酸

4. 关于脂溶性维生素的叙述,正确的是(　　)

　　A. 未被吸收部分可随尿液排出

B. 参与辅酶的构成

C. 体内需要量很大

D. 与清蛋白结合运输

E. 过多或过少均会引起疾病

5. 下列辅酶或辅基中哪一种含有硫胺素（　　　）

　　A. FAD　　　　　　　　B. FMN

　　C. TPP　　　　　　　　D. NAD$^+$

　　E. CoASH

6. 脚气病是由于缺乏哪种维生素所引起的（　　　）

　　A. 维生素 B$_1$　　　　　B. 维生素 PP

　　C. 维生素 B$_2$　　　　　D. 维生素 E

　　E. 叶酸

（二）X 型题：请从备选答案中选出 2 个或 2 个
　　以上正确答案。

1. 下列哪些物质在酶促反应中传递氢（　　　）

　　A. FH$_4$　　　　　　　　B. 抗坏血酸

C. NADH+H$^+$　　　　　　D. NADPH+H$^+$

E. FMN

2. 在酶促反应中可传递氢的辅酶（基）是（　　　）

　　A. NADH+H$^+$　　　　　B. FAD

　　C. FMN　　　　　　　　D. FH$_4$

　　E. CoA

3. 维生素缺乏症的主要原因有（　　　）

　　A. 吸收障碍　　　　　　B. 摄入量不足

　　C. 机体合成减少　　　　D. 长期服用某种药物

　　E. 需要量增加

（三）名词解释

1. 维生素　2. 水溶性维生素

（四）问答题

长期服用抗生素，应该注意补充哪些维生素？为
什么？

五、参 考 答 案

（一）A 型题

　　1. C　2. E　3. C　4. E　5. C　6. A

（二）X 型题

　　1. CDE　2. ABC　3. ABDE

（三）名词解释

　　1. 维生素：维生素是一类维持机体正常生理
功能所必需的营养素，是人体不能合成或合成量甚
少，必须由食物供给的一组低分子有机化合物。这
类物质既不是构成机体的组织成分，也不能氧化供
能，但在调节物质代谢和维持正常生理功能等方面
起重要作用。摄入不足或缺乏时可引起相应的缺
乏症。

　　2. 水溶性维生素：包括 B 族维生素及维生素
C，它们在结构上与脂溶性维生素不同，可溶于水，
不溶于脂类溶剂，称为水溶性维生素。

（四）问答题

　　长期服用抗生素，应该注意补充哪些维生素？
为什么？

　　应该注意补充维生素 K、叶酸和生物素。因为：
这三种维生素都可以由肠道内的细菌合成，一般不
会出现缺乏症。长期服用抗生素会抑制肠道细菌生
长，造成肠道菌群失调，使其合成的维生素减少。所
以长期服用抗生素后应该注意补充这些维生素，以
免造成维生素缺乏，导致出现相应的缺乏症。

（陈新美）

第二章 生物化学技术原理

第一节 离心技术

随着生物化学、分子生物学和生物工程的发展,离心技术(centrifugal technique)已在科研、生产中广泛应用。特别是超速离心技术已经成为分离、纯化和鉴别各种生物大分子的重要手段之一。离心技术是借助于离心机旋转所产生的离心力,根据物质颗粒的沉降系数、质量、密度及浮力等因素的不同,而使物质分离、纯化和浓缩的技术。常用的将固液混合体系中的两相分离开的方法有两种:其一是过滤,其二就是离心。离心技术早在19世纪末人们就开始用手摇离心机来分离蜂蜜和牛奶,20世纪初发明了超速离心机。由于超速离心法比较温和,分离的样品量大,应用范围广,是目前生物学、医学、制药工业等领域中最常用的技术之一。

一、基本原理

(一) 离心力与相对离心力

1. 离心力 一个固体物质颗粒,在一定角速度下的液相介质中做圆周运动时,会受到一个向外的离心力的作用。当离心机转子以一定的角速度 ω(弧度/秒)旋转,颗粒的旋转半径为 r(cm)时,离心力(F_c)等于离心加速度($\omega^2 r$)与颗粒质量的乘积,即:

$$F_c = m\omega^2 r$$

其中 ω(弧度/秒)是旋转角速度;r(半径,cm)表示离心力场中某一点到转轴间的水平距离;m 是质量,以 g 为单位。

旋转角速度 ω 也可以用离心机每分钟的转速(revolutions per min,rpm)表示,每转一周的弧度为 2π,即:$\omega = \dfrac{2\pi \times \text{rpm}}{60}$

则

$$F_c = m \times \frac{(2\pi \times \text{rpm})^2 \times r}{3600} = \frac{4\pi^2 (\text{rpm})^2 r}{3600}$$

2. 相对离心力 由于各种离心机转子的半径或者离心管至旋转轴中心的距离不同,所受离心力发生变化,因此在文献中,常用"相对离心力"或"数字×g"表示离心力。相对离心力(relative centrifugal force,RCF)是指在离心力场,作用于颗粒的离心力相当于地球重力的倍数,单位是重力加速度常数 g(980cm/s^2)或×g,即

$$\text{RCF}(g) = \frac{\omega^2 r}{980}$$

$\because$

$$\omega = \frac{2\pi \times \text{rpm}}{60}$$

$\therefore$

$$\text{RCF}(g) = \frac{4\pi^2 (\text{rpm})^2 r}{3600 \times 980} = 1.119 \times 10^{-5} \times (\text{rpm})^2 \times r$$

由上式可见,只要给出旋转半径 r(转轴中心至离心管远端的距离,单位为 cm),则 RCF 和 rpm 之间可以相互换算。但是由于转头的形状及结构的差异,使每台离心机的离心管从管口至管底的各点与旋转轴之间的距离是不一样的,即沉降颗粒在离心管中所处的位置不同,所受的

离心力也不同。所以在计算时规定旋转半径均用平均半径 r_{av} 代替：

$$r_{av} = (r_{min} + r_{max})/2$$

一般情况下,低速离心时以每分钟转速 rpm 表示,高速离心时用相对离心力 g 或 ×g 表示。相对离心力与每分钟转速的关系可根据上式计算,测得离心半径和每分钟转速,代入上式即可求出 RCF。

为了便于进行转速和相对离心力之间的换算,Dole 和 Cotzias 制作了旋转半径(r)、相对离心力(RCF)和转速(rpm)之间关系的转换列线图(图 2-1),从图上查得所需的转速或 RCF。图示法比公式法计算方便,由图中两点数值点连线的延长线,即得与第三者的交点,此即为所求第三者的数值。

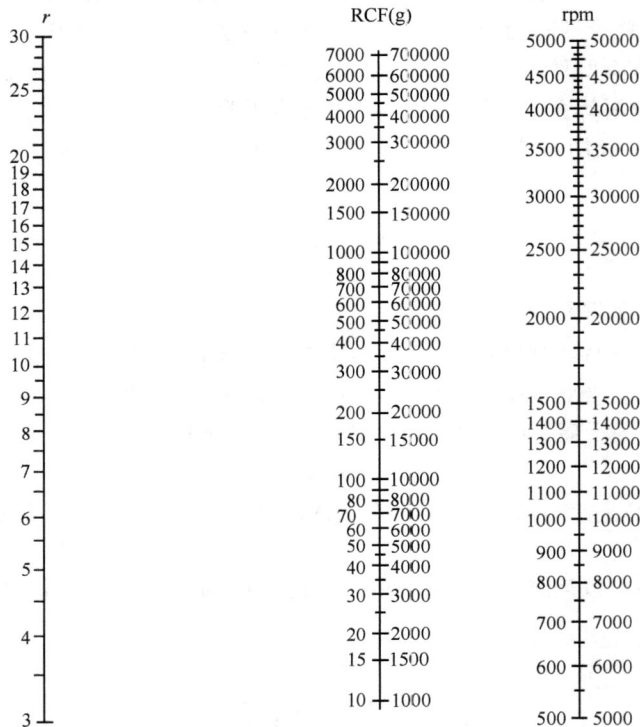

图 2-1　旋转半径(r)、相对离心力(RCF)和转速(rpm)之间关系的转换列线图

(二) 沉降速度

沉降速度(sedimentation velocity)是指在离心力场的作用下,单位时间内颗粒下沉运动的距离。沉降速度与离心力场强及分子量成正比,还与颗粒及溶剂的性质有关。可依据被分离物的物理特性常数,用 Stocke 落体定律进行计算：

$$V = \frac{2}{9}\left(\frac{D-d}{\eta}\right)Gr^2$$

其中,V 表示粒子沉降速度,D 表示粒子的比重,d 表示溶剂的比重,η 表示溶剂的黏度,r 表示粒子半径,G 表示重力常数。

从上式可知,粒子沉降速率正比于粒子半径的平方,正比于粒子比重与溶剂比重之差;当粒子比重等于溶剂比重时,沉降速率为零;当溶剂的黏度增加时,沉降速率下降;当离心力场增加时,沉降速率增加。

（三）沉降系数

沉降系数（sedimentation coefficient，S）指单位离心力作用下，物质颗粒沉降的速度。

$$S = \frac{沉降速度}{单位离心力} = \frac{dr/dt}{\omega^2 r}$$

其中 t 表示时间（秒），变化的时间用时间的微分 dt 表示；r 表示运动粒子到离心机转轴中心的距离（厘米）。

沉降系数（S）的单位应该是：$\frac{cm/s}{cm/s^2} = s$，即单位是秒（s）。

沉降系数（S）实际上时常在 10^{-13} 秒左右，实用中这个单位太大了，为了纪念 Svedberg 对离心技术所做出的贡献，把 10^{-13} 秒作为一个 Svedberg 单位（用 S 来表示），即 $1S = 10^{-13}s$。

沉降系数是一个很有用的参数，常用来描述生物大分子的大小，如 18SrRNA、23SrRNA。也可利用沉降系数计算物质的分子量，计算公式如下：

$$M = RTS/D(1-\upsilon\rho)$$

其中 M 表示分子量，R 表示气体常数（8.314J/mol·K），D 表示扩散系数，ρ 表示介质的密度，T 表示绝对温度，S 表示沉降系数，υ 表示蛋白质的微分比容（即每克蛋白质的体积，以 ml 计）。

（四）沉降时间

沉降时间（sedimentation time）指的是使一种球形颗粒从某一介质的弯月面沉降到离心管底部所需要的时间。若已知某种颗粒的沉降系数时，可通过下式估算沉降时间。

$$t = \frac{1}{S}\left(\frac{\ln R_2 - \ln R_1}{\omega^2}\right)$$

式中：t 表示样品颗粒完全沉降到离心管底的时间，也叫澄清时间（s）；R_1 表示离心转轴中心到样品溶液弯月面之间的距离；R_2 表示离心转轴中心到离心管底内壁的距离；ω 表示离心机角速度；S 是沉降系数。

把 $\left(\frac{\ln R_2 - \ln R_1}{\omega^2}\right)$ 用常数 K 表示，则 $t = K/S$。

通常，离心机的转子出厂时都已标上最大转速时的 K 值，由此可求出的低速时的转速。如已知粒子的沉降系数为 $80S$ 的 Polysome，采用的转子的 K 因子是 323，那么预计沉降到管底的离心时间是 $t = K/S = 4h$，利用此公式预估的离心时间，对水平式转子最合适；对固定角式转子而言，实际时间将比预估时间来得快些。此外，文献或厂家所给 K 值均从离心管腔顶部而不是从液面计算的，故实际 K 值比理论 K 值小。

二、离心方法

用超速离心技术分离物质一般分制备离心和分析离心两种方法。制备离心常用的方法有沉淀离心、差速沉淀离心、密度梯度离心和连续流离心等。制备离心法可用来分离细胞、亚细胞结构或生物大分子。分析用超速离心常用的有沉降速度法、沉降平衡法及等密度区带离心法。分析性离心主要用于样品的定性定量分析，下面重点介绍制备离心法。

（一）沉淀离心

沉淀离心（pelleting）技术是目前应用最广的一种离心方法。一般是指介质密度约 1g/ml，选择一种离心速度，使悬浮溶液中的悬浮颗粒在离心力的作用下完全沉淀下来，这种离心方式称之为沉淀离心。根据颗粒大小来确定沉降所需要的离心力。主要适宜于细菌等微生物、细胞和细胞器等生物材料,离心密度在 $1.08 \sim 1.12 g/ml$;病毒和染色体 DNA 等,离心密度在 $1.18 \sim 1.31 g/ml$。沉降速度与离心力和颗粒大小有关。

(二) 差速沉淀离心

差速沉淀离心(differential centrifugation)又叫分级分离法。装有不均一粒子的离心管在离心机中高速旋转时,大小、密度不同的粒子将以各自的沉降速率移向离心管的底部。在开始离心时,不同质量的颗粒均匀分布于整个离心管中,如果设计一定的转速和离心时间,沉降速率最大的组分将首先沉淀在离心管底部,沉降速率中等及较小的组分继续留在上清液中。将上清液转移至另一离心管中,提高转速并掌握一定的离心时间,就可以获得沉降速率中等的组分。如此分次操作,就可以在不同转速及时间组合条件下,实现沉降速率不同的各个组分的分离。

通常每次离心得到的沉淀都不是均一的,这是因为一定的离心速度和离心时间中,不可能完全单一的将一种质量的颗粒沉淀下来,常混杂了一部分沉降速率稍小一些的颗粒。所以需要将沉淀再均匀的悬浮于溶剂中,以开始的沉淀条件再进行离心。如此反复高速、低速离心交替进行,直至达到所需颗粒的纯度为止。在整个离心过程中,离心速度和离心时间要选择得当,这种方法分辨率不高,对颗粒质量差别较小的物质难以得到满意的分离效果,适用于沉降系数(S)在一个至几个数量级的混合样品的分离;且此方法收得率也很低,但对病毒和细胞组分的分离效果很好。差速离心操作比较麻烦,其得率和纯度不可能做到二者兼得,这是因为 S 值小的物质是均匀分布在溶液中的,在 S 值大的物质沉淀的过程中位于离心管底部的 S 值小的物质被埋在 S 值大的物质下面。所以每次得到的沉淀物都不是纯品,但其纯度随着离心次数的增加而提高,得率随着离心次数的增加而降低。所以差速离心一般用于粗级分离而不用于精细分离。

差速沉淀离心也可以达到分级分离的目的。其方法是在样品与离心管底之间制作一个可阻止小颗粒通过的"空层",空层一般由密度较高的蔗糖溶液充当,这样在离心过程中比空层密度低的颗粒就会停留在空层界面上,而比空层大的颗粒则沉淀在管底,由此达到分级分离的目的。

(三) 密度梯度离心

凡是使用密度梯度介质离心的方法均称之为密度梯度离心(density gradient centrifugation),或称为区带离心。密度梯度离心比差速离心法复杂,但具有很好的分辨能力,可以同时使混合样品中沉降系数相差在 10% ~ 20% 的几个组分分开,得到的产品纯度也较高。由于密度梯度本身具有很好的抗对流、抗扰动作用。在密度梯度离心中,由于梯度的存在,沉淀的样品会被压实,对物质样品的结构和形状起到了保护作用。

密度梯度离心主要有两种类型,一种是根据颗粒的不同沉降速度而分层的,称之为速率区带离心;另一种是根据颗粒不同密度而分层的,称为等密度区带离心。

1. 速率区带离心(rate zonal centrifugation) 速率区带离心是根据在密度连续地呈阶梯变化的梯度介质溶液中,大小不同、形状不同的颗粒沉降速度不同建立起来的分离方法,主要用于分离沉降系数(S)很接近的物质,如细胞内细胞器或细胞核的分离。采用连续增高的溶剂系统,使离心后各物质颗粒能按其各自的比重平衡在相应密度的溶剂中。常用的分离介质有蔗糖、甘油、聚蔗糖。介质的梯度需预制备,梯度为不连续梯度。速率区带离心法的特点是样品颗粒的最小密度必须大于离心介质梯度的最大密度,而且必须在区带到达离心管底部以前停止离心。

把不同质量大小的颗粒混合液加在事先装进离心管中密度梯度介质液柱的顶部,在离心过程中质量最大的颗粒向离心管底移动,形成一定宽度的区带,较轻颗粒形成第二分离区带。而后又依次出现更轻质量颗粒的区带。不同质量的颗粒在离心力作用下在梯度介质中呈分离的区带状沉降,每一区带颗粒的特征是具有同一沉降速度。根据分离物质的特性,可设计相应的离心介质密度梯度。

介质密度梯度的制备有两种方法:手工法和仪器法。手工法是将不同密度的梯度液分别从高密度到低密度装入离心管形成不连续的离心介质梯度。室温(20~25℃)条件下垂直静置2~3h,因重力作用及扩散作用形成连续近线性密度梯度离心介质。仪器法直接用密度梯度形成—收集仪制备梯度。

速度区带离心介质的选择:蔗糖是用来形成密度梯度最常用的溶质,浓度不同的蔗糖溶液具有不同的密度和黏度,温度升高可使其密度和黏度降低,根据蔗糖的浓度和样品的密度,选择适当的蔗糖梯度可用于蛋白质和核酸等的分离,应用时可参考有关的数据。甘油溶液作为密度梯度离心的介质,其特点是:密度较低且高浓度时黏度增加。两倍于蔗糖溶液浓度时才具有与蔗糖溶液相同的密度。主要用于一些特殊物质的离心,如利用甘油的稳定性研究酶活力。Metrizamide(商品名)在相同浓度情况下其密度比蔗糖高,黏度比蔗糖低,是比蔗糖理想的一个密度梯度离心介质。但由于核酸在其中的浮力密度低、具有紫外吸收、能闪烁淬灭以及价格昂贵的缺点,因此几乎不用在速度区带离心中,而主要用于等密度离心。Ficoll比蔗糖溶液密度低但黏度高,常用于细胞、细胞器和膜上颗粒的离心。Ficoll与Metrizoate钠盐按一定比例混合可用来离心纯化淋巴细胞。

预制离心密度梯度介质的作用有两个:一是支撑样品,二是防止离心过程中产生的对流对已形成区带的破坏作用,但是样品液的密度一定要大于密度梯度介质的最大密度,否则就不能使样品各组分得到有效分离。也正因如此,速率区带离心时间不能过长,必须在沉降速率最大的样品区带沉降到离心管底部之前就停止离心,不然,样品中所有的组分都共沉下来,不能达到分离的目的。因此要使密度梯度离心获得较满意的效果,在密度梯度离心时必须注意两点:第一,在制备梯度介质时,必须考虑颗粒的密度大于介质密度的最大值;第二,必须控制好离心时间,要在所需样品到达管底之前停止离心。

速率区带离心法依据样品中各组分沉降速率的差别而使其互相分离,离心过程中,各组分的移动是相互独立的。因此,S值相差很小的组分也能得到很好的分离,这是差速离心法做不到的,同时分离效果只与被分离物质的大小有关,与介质的密度无关。该方法可用于分离与介质密度相当的细胞,细胞器、DNA和蛋白质,但速率区带离心不适于大量制备实验。

2. 等密度区带离心(isopycnic centrifugation) 等密度区带离心是一种测定粒子浮力密度的静电力学方法,是根据颗粒密度的差异进行分离的。因此选择相应的介质密度和使用合适的密度范围是非常重要的。等密度区带离心中介质的密度范围正好包括所有待分离颗粒的密度。样品可以加在制成的密度梯度介质的上面,也可以与密度梯度介质混合在一起,待离心后自然形成梯度。样品中组分在这种梯度介质中,经过离心,最终将停留在与其浮力密度相等的区域内,形成一个区带。颗粒密度和介质密度达到平衡时,所形成的颗粒区带就停止运动,延长离心时间对离心效果无明显影响。等密度离心对颗粒的分离完全是由颗粒的密度所决定的,另外,等密度区带离心也可以使用不连续梯度,通常是样品的密度介于任两层梯度之间,或使其与某层的密度梯度相同。这样,在离心之后可以在两层之间或某层梯度介质中分离样品。不连续梯度可以缩短离心时间。

此方法的特点:样品混合物颗粒的最大密度比密度梯度离心介质的最大密度小,样品混合物颗粒的最小密度比该梯度最小密度大。被分离混合物在陡峭的密度梯度介质中离心沉降,经过一段时间离心,样品中不同密度的颗粒移动到与之相同的密度梯度区域而停止运动。从而不同密度的颗粒分布在不同的梯度区域。分部收集不同密度的溶液,即可得到被分离的样品颗粒。

等密度梯度介质的制备一般通过离心的方法制备。其方法是将高浓度盐溶液离心,借助离心力的作用盐离子依次向管底沉降,形成从液面到管底密度逐步升高的梯度,当溶质沉降的速度和扩散速度达到平衡时,在某一转速下形成稳定的盐溶液密度梯度。

常用的密度梯度介质有高浓度盐溶液和 Metrizamide,多用于核酸分子的分离纯化。氯化铯密度梯度主要用于 DNA 的分级分离,硫酸铯密度梯度主要用于 RNA 的分级分离,三氯乙酸铯密度梯度用来分离单、双链 RNA,并能把 RNA 与 DNA 和蛋白质分开。三氯乙酸铯和碘化钾密度梯度都能把 DNA-RNA 杂交体从 DNA 和 RNA 中分离出来。三氯乙酸铯和碘化钠密度梯度均可用来分离蛋白质,特别是核蛋白。蔗糖和甘油不适合作为等密度梯度的介质,这是因为核酸的浮力密度比高密度的蔗糖或甘油的最大密度高。

(四) 连续流离心

连续流离心(continuous flow centrifagation)是在离心力的作用下,连续向连续流转头内加入样品溶液,颗粒在离心力的作用下发生沉降,上清液受注入样品溶液的压力不断溢出,最终获得所需颗粒。此法适用于溶液稀、体积大的样品溶液离心,这样可以减少开机时间,提高效率。可用于发酵工业化规模生产的细胞和培养液的分离,也可用于分离不同生长周期的细胞。

三、离心机的类型、主要构造及使用注意事项

离心机从 19 世纪末就开始在实验室使用,最初是以手摇为驱动力,到了 1912 年开始使用电机驱动,并作为商品进行规模生产。如今离心机已被广泛应用于工业生产和科学研究之中。现在可以根据不同要求制造出不同用途的离心机,随着离心速度的提高其构造也越来越复杂,科技含量、自动化程度也在不断地提高。最早最简单的离心机是由一个电机和一组管架组成的,直径不过十几厘米,高 6~7cm,重约 1kg,转速为 200r/min。而现在制造的离心机不仅具有很高的离心力,而且还具有性能稳定、容量大、恒温、恒压等优点。一台高性能的制备型离心机,机身的重量就达数百千克乃至近千千克。而超速离心机要在强大的离心力场中工作,还需要有很高的安全系数和高精确度的自控能力。离心机的精密构件和复杂程度给离心机的制造带来了一系列的技术难题,包括制造工艺、精密仪器、自动控制、真空技术和制冷技术等方面。此外,还涉及光学、电学、力学、材料科学、机械学、计算机科学等学科。一台高性能的超速离心机体现了科学技术的综合水平,目前只有少数几个国家能够生产。

(一) 离心机的类型

1. 按转速分类　离心机根据转速的大小分为低速、高速和超速离心机。由于转速太高会产生大量的热量,因而高速及超速离心机都附有制冷装置,以降低转子室温度;同时为减少摩擦,还附有抽真空装置,使转子在真空条件下运转。

低速离心机:转速为 8000r/min 以下,相对离心力为 10 000g 以下;主要用于分离细胞、细胞碎片及培养基残渣等颗粒物,也用于粗结晶的较大颗粒的分离。

高速离心机:转速为 10 000~25 000r/min,相对离心力为 10 000~100 000g;主要用于分离各种沉淀物、细胞碎片和较大的细胞器等。为了防止高速离心过程中温度升高而使酶等生物分子变性失活,有些高速离心机设有冷冻装置,所以叫做冷冻离心机。

超速离心机:转速为 25 000~80 000r/min,最大相对离心力为 500 000g;为了防止温度升高和降低空气阻力和摩擦,超速离心机设有冷冻和真空系统。主要用于生物大分子、细胞器和病毒等的分离、纯化、鉴定、分析。

2. 按离心机的用途分类　小型离心机:小型离心机一般是指体积较小的台式离心机,转速可以从每分钟数千转到每分钟数万转,相对离心力由数千到数十万,离心管的容量由数百微升到数十毫升。小型离心机多用于小量快速的离心。为适应目前分子生物学研究的需要,有的厂

商又推出了带有制冷装置的小型离心机。

制备型大容量低速离心机:制备型离心机一般是离心的体积较多,机型体积较大的落地式离心机。最大转速为6000r/min左右,最大离心力在6000g左右,最大容量可达数千毫升。大多数离心机均设有制冷系统。

高速冷冻离心机:高速冷冻离心机与大容量低速离心机相近,二者之间的主要差异在于前者的离心速度比后者高,并设有制冷系统。高速冷冻离心机的最大速度在18 000~21 000r/min,最大离心力在50 000g左右,可以更换转头调整离心容量。

超速离心机:超速离心机具有很大的离心力,最大速度可达100 000r/min,最大离心力可达800 000g,超速离心机可以进行小量制备,最大容量可达数百毫升。适用于蛋白质、核酸和多糖等生物大分子的制备。

分析型离心机:分析型离心机是主要用于生物大分子的定性、测定生物大分子的分子量、估计样品的纯度、检测生物大分子构象的变化和定量分析等的超速离心机。最大转速在80 000r/min,最大离心力可达800 000g以上。

连续流离心机:连续流离心机主要用于处理类似于发酵液等特大体积、浓度较稀的样液。最大离心速度与高速冷冻离心机相近。

(二) 离心机的主要构造

主要介绍制备性超速离心机。转速越高的离心机其构造越复杂,当离心机转速大于20 000r/min时,由于转速太高会产生大量的热量,因此需低温真空装置。另外,转速很高时应配有足以能耐受高速下形成的非常高的离心力场的高强度转头。离心机还必须具有有效的装甲防护,以防转头破碎时碎片飞出。

1. 离心室　离心室是转头在真空、低温下进行高速运转的地方。由二层钢筒组成。内层有防腐性钢材制作,用来防止溢出样品液的腐蚀。外层由10mm左右厚的钢板作为装甲防护。两筒间有给离心室制冷的蒸发管。

2. 驱动系统　超速离心机的驱动装置多数由水冷或风冷电动机通过精密齿轮箱变速,或通过皮带变速,也有通过变频马达与转头轴连接而产生变速。通过变阻器和带有旋速计的控制器对转头的转速进行选择。此外还有过速保护系统,用来防止转速超过转头最大规定转速时引起的转头撕裂或爆炸。

3. 温度控制和真空系统　离心室内的温度控制由安装在转头下面的红外线射量感受器直接、连续监测转头的温度,从而保证灵敏、准确的温度控制。温度控制系统由制冷压缩机、冷凝器、干燥过滤器、膨胀阀、蒸发管等组成。

4. 转头　制备性超速离心机的转头因离心管腔或样品腔的容积,形状分为许多规格,可根据分离目的、分离方法、转速、样品量等选择不同的转头。此外,每个转头都有一定的使用限度。转头是离心机的重要组成部分,一般有数十种不同容量和性能的转头供用户选择。按旋转时离心管中心线与离心机转轴间的夹角大小,离心机转头通常分为两大类:角式转头和甩平式转头。角式转头是指转头的离心管腔与转轴之间的角度在20°~45°,其特点是容量大,转速高。甩平式转头是可活动的离心管套用钉鞘固定于主体上,静止时垂直悬挂,当转头在离心力的作用下转速达到约600r/min时达到90°水平位置,适用于密度梯度离心,主要优点是离心管始终处于重力和离心力两者合力的作用下,不管转头加速还是减速都不产生样品扰动的现象。高速离心机和超速离心机的每个转头都规定了一定的使用限度,即运转次数(与转速无关)和运转时间(最大速度下)。如果转头使用达到了规定极限还要使用,其最大额定速度值应降低10%,方可保证安全。在管理方面,每个转头必须单独建立档案,记录使用的次数和在最大转速下使用的时间。另外,转头上标定的最大额定转速是有条件的,实际使用时应遵守规定。离心管及其管帽是转头的重要附件。制造离心管的材料主要有特种玻璃、塑料和不锈钢三类,应根据材质性质及离心试验要求选用。

分析型超速离心机的转头是椭圆形的,此转头通过一个有柔性的轴连接到一个超速的驱动装置上。转头在冷冻而真空的腔中旋转。转头上有 2~6 个装离心杯的小室,扇形的离心杯可以上下透光。离心机中装有一个光学系统,在整个离心期间都能通过紫外吸收或折射率的变化监测离心杯中沉降着的物质。在预定的时间可以拍摄沉降物质的照片。在分析室中物质沉降的情况下,在重颗粒和轻颗粒之间形成的界面就像一个折射的透镜,结果在检测系统的照相底板上产生了一个"峰",由于沉降不断进行,界面向前推进,因此峰也随之移动。从峰移动的速度可以得到有关物质沉降速度的指标。

5. 系统　操作系统由开关、旋钮、指示灯、指示仪表等组成,各系统控制均由操作系统完成。

(三) 离心机的使用注意事项

离心设备,尤其是大型离心机是实验室耗资较大的一项仪器。若使用不当,不仅会损坏仪器,造成财产损失,而且还可能会造成安全事故。因此,使用时必须小心谨慎,并注意正确操作。普通离心机也要按照要求进行操作,预防发生意外事故。现将离心过程中需注意的一些共同问题简述如下:

1. 平衡离心管,对称的装入转头　超速离心机转子是镶置在一根很细的轴上,因此对称位置的离心管和其内容物必须事先在天平上平衡,其重量之差不得超过各种离心机说明书上所规定的范围。有套筒的离心管应带套筒一起平衡。离心管套筒严禁在不同离心机之间混用(特别是不同型号离心机)。当转头只是部分装载时,离心管必须互相对称地放在转头中,以便使负载均匀地分布在转头的周围。

2. 选择合适的离心管和转头　根据待离心的溶液性质及体积选择合适的离心管。装载液体时要按各种离心机操作说明进行。无盖离心管不能装的太满。密封的或有盖离心管常要求装满,以免离心管变形。根据转速选择转子,当转速超过所用转子额定转速 2.5% 时,转子会爆炸! 一般转子下面装有限速环。转子在使用前要放入冰箱中预冷。离心后,转子用温水洗涤并干燥,一般可用水洗,去污剂应使用随机所带的中性去污剂。不可将转子放在去污剂中洗涤,洗后用水冲净去污剂,再用蒸馏水冲净。擦干后,用吹风机吹干(也可放在室温下干燥)。长期不用时,要涂一层上光蜡保护。转子应防止与其他物品碰撞,避免造成伤痕。如发现有被腐蚀的迹象或伤痕,转子不应再用!

3. 超速离心机带有自动控制操作系统,设定离心速度(或离心力、角速度)、离心时间、温度、真空度等参数后,开启开关,离心机自动开启真空泵、冷冻机待达到设定的温度、真空度等参数后转速上升达到设定转速后,记录时间,达到离心时间后自动停机,减速装置自动开启。

4. 离心机应有专人保管及使用　使用过程中不得随意离开,随时观察其仪表工作是否正常,注意声音有否异常,离心过程中发现不正常噪声或振动,应立即停止离心,切断电源。用后注意停水,停电。

【思考题】

1. 相对离心力 RCF 的物理意义及单位是什么?

2. 何谓沉降系数,有何意义?

3. 常用制备型离心方法有哪些? 简述原理。

4. 离心机的使用有哪些操作注意事项?

(陈新美)

第二节　蛋白质的制备

　　以蛋白质和结构与功能为基础,从分子水平上认识生命现象,已经成为现代生物学发展的主要方向,研究蛋白质,首先要得到高度纯化并具有生物活性的目的物质。蛋白质的制备一般分为以下四个阶段:选择材料和预处理,细胞的破碎及细胞器的分离,提取和纯化,浓细、干燥和保存。

一、原材料的选择和处理

　　早年为了研究的方便,尽量寻找含某种蛋白质丰富的器官从中提取蛋白质。但目前经常遇到的多是含量低的器官或组织且量也很小,如下丘脑、松果体、细胞膜或内膜等原材料,因而对提取要求更复杂一些。原料的选择主要依据实验目的定,微生物、植物和动物都可作为制备蛋白质的原材料,一般要注意种属的关系,事前调查制备的难易情况。

(一) 微生物

　　由于微生物具有种类多、繁殖快、培养简便、诱变容易和不受季节影响等优点,因此,它已成为制备蛋白质的主要材料之一。对于微生物,应注意它的生长期,在微生物的对数生长期,酶和核酸的含量较高,可以获得高产量,以微生物为材料时有两种情况:

　　一是微生物菌体分泌到培养基中的代谢产物和胞外酶等。当选用的微生物接种于适当的培养液培养一段时间后,用离心法收集到的上清液,即可用于制备胞外酶和某些辅基等有效成分。

　　二是收集菌体,破碎细胞后利用菌体含有的生化物质,如蛋白质、核酸和胞内酶等。收集到的菌体可制备成冻干粉,低温保存。

(二) 植物组织

　　植物材料必须经过去壳,脱脂并注意植物品种和生长发育状况不同,其中所含蛋白质的量变化很大,另外与季节性关系密切。由室内栽培或野外采集的植物材料,若是植物的叶片(如菠菜、芹菜的),需用清水洗净方可使用,或置 0~4℃ 冰箱储藏,可在 10h 内使用;若是植物的种子,则需泡胀或粉碎后才可使用。如材料中含油脂较多时,也要进行脱脂处理。

(三) 动物脏器

　　动物组织必须选择有效成分含量丰富的脏器组织为原材料,先进行绞碎、脱脂等处理。

　　1. 冰冻　从刚宰杀之牲畜得到的脏器(脑组织、心脏等)要迅速剥去脂肪和筋皮等结缔组织,立即冲洗干净。若不马上抽提、纯化时,应及时移至 -10℃ 冰库(可短时间保存)或 -70℃ 低温冰箱储存(可数月不变质)。

　　脏器中常含有较多的脂肪,该物质不仅容易氧化酸败,导致原料变质,而且还会影响纯化操作和制品得率。脱脂操作可在提纯前进行,也可在提纯过程中进行,具体实施应视材料而定。一般脱脂的方法有:人工剥去脏器外的脂肪组织;浸泡在脂溶性的有机溶剂(如丙酮、乙醚)中脱脂;采用快速加热(50℃左右)、快速冷却的方法,使熔化的油滴冷却后凝聚成油块而被除去;利用油脂分离器使油脂与水溶液得以分离。

　　2. 干燥　对于像脑下垂体一类小组织,可置丙酮液中脱水,干燥后磨粉储存备用。对于含耐高温有效成分(如肝素)的肠黏膜,可在沸水中蒸煮处理,烘干后能长期保存。

　　对预处理好的材料,若不立即进行实验,应冷冻保存,对于易分解的生物大分子应选用新鲜材料制备。

二、细胞的破碎

分离提纯某一种蛋白质时,首先要把蛋白质从组织或细胞中释放出来并保持原来的天然状态,不丧失活性。所以要采用适当的方法将组织和细胞破碎。组织细胞的破碎方法很多,有机械方法、物理方法、化学方法和生物化学方法等。在破碎前,材料常需要预处理,要剔除结缔组织及脂肪组织。除了提取细胞外成分,对细胞内及多细胞生物组织中的蛋白质的分离提取均须先将细胞破碎,使其充分释放到溶液中。

不同实验规模、不同实验材料和实验要求,使用的破碎方法和条件也不同。不同生物体或同一生物体不同的组织,其细胞破坏难易不一,使用方法也不完全相同。一些坚韧组织,如肌肉及心组织等需预先绞碎再制成匀浆,植物的根茎等常需要强烈的搅拌或研磨作用,才能把其组织细胞破坏。而比较柔软的组织如动物的胰、肝、脑等一般较柔软,用普通的玻璃匀浆器磨研即可达到完全破坏细胞的目的。

细胞破碎技术是指利用外力破坏细胞膜和细胞壁,使细胞内容物包括目的产物成分释放出来的技术,是分离纯化细胞内合成的非分泌型生化物质(产品)的基础。

微生物细胞和植物细胞外层均为细胞壁,细胞壁里面是细胞膜,动物细胞没有细胞壁,仅有细胞膜。通常细胞壁较坚韧,细胞膜脆弱,易受渗透压冲击而破碎,因此细胞破碎的阻力主要来自于细胞壁。不同细胞壁的结构和组成不完全相同,故细胞壁的机械强度不同,细胞破碎的难易程度也就不同。

(一) 细胞破碎的阻力

1. 细菌　几乎所有细菌的细胞壁都是由肽聚糖(peptidoglycan)组成,它是难溶性的聚糖链(glycan chain),借助短肽交联而成的网状结构,包围在细胞周围,使细胞具有一定的形状和强度。短肽一般由四或五个氨基酸组成,如 *L*-丙氨酰-*D*-谷氨酰-*L*-赖氨酰-*D*-丙氨酸。而且短肽中常有 *D*-氨基酸与二氨基庚二酸存在。破碎细菌的主要阻力是来自于肽聚糖的网状结构,其网结构的致密程度和强度取决于聚糖链上所存在的肽键的数量和其交联的程度,如果交联程度大,则网结构就致密。

2. 酵母菌　酵母细胞壁的最里层是由葡聚糖的细纤维组成,它构成了细胞壁的刚性骨架,使细胞具有一定的形状,覆盖在细纤维上面的是一层糖蛋白,最外层是甘露聚糖,由 1,6-磷酸二酯键共价连接,形成网状结构。在该层的内部,有甘露聚糖-酶的复合物,它可以共价连接到网状结构上,也可以不连接。与细菌细胞壁一样,破碎酵母细胞壁的阻力主要决定于壁结构交联的紧密程度和它的厚度。

3. 真菌　真菌的细胞壁主要存在三种聚合物,葡聚糖(主要以 β-1,3 糖苷键连接,某些以 β-1,6-糖苷键连接),几丁质(以微纤维状态存在)以及糖蛋白。最外层是 α-葡聚糖和 β-葡聚糖的混合物,第 2 层是糖蛋白的网状结构,葡聚糖与糖蛋白结合起来,第 3 层主要是蛋白质,最内层主要是几丁质,几丁质的微纤维嵌入蛋白质结构中。与酵母和细菌的细胞壁一样,真菌细胞壁的强度和聚合物的网状结构有关,不仅如此,它还含有几丁质或纤维素的纤维状结构,所以强度有所提高。

4. 植物细胞　对于已生长结束的植物细胞壁可分为初生壁和次生壁两部分。初生壁是细胞生长期形成的。次生壁是细胞停止生长后,在初生壁内部形成的结构。目前,较流行的初生细胞壁结构是由 Lampert 等提出的"经纬"模型,依据这一模型,纤维素的微纤丝以平行于细胞壁平面的方向一层一层敷着在上面,同一层次上的微纤丝平行排列,而不同层次上则排列方向不同,互成一定角度,形成独立的网络,构成了细胞壁的"经",模型中的"纬"是结构蛋白(富含羟脯氨酸的蛋白),它由细胞质分泌,垂直于细胞壁平面排列,并由异二酪氨酸交联成结构蛋白网,径向的微纤丝网和纬向的结构蛋白网之间又相互交联,构成更复杂的网络系统。半纤维素和果胶等胶体则填充在网络之中,从而使整个细胞壁既具有刚性又具有弹性。在次生壁中,纤维素和半纤维素含量比初生壁增加很多,纤维素的微纤丝排列得更紧密和有规则,而且存在木质素(酚类组分的聚合物)的沉积。因此次生壁的形成提高了细胞壁的坚硬性,使植物细胞具有很高的机械强度。

(二)细胞破碎的技术

经典的细胞蛋白质分离纯化流程由下述主要步骤组成:清洗组织或细胞;裂解细胞;离心除去膜组分等获得可溶性蛋白质(目的蛋白是膜蛋白时用去垢剂处理);通过离心、层析、电泳等方法进一步纯化,得到产物蛋白。

细胞破碎前,组织一般用缓冲盐液洗去残留血液和污染物;培养细胞通常用缓冲盐液混悬后离心,除去残留培养液等。细胞破碎获得的抽提物称为匀浆。匀浆根据不同需要可以在12 000r/min离心10min到100 000r/min 离心1h 范围内离心。沉淀主要含有膜组分等,弃去。上清含有目的蛋白称为粗提物。如果粗提物有漂浮颗粒,可用纱布或玻璃纤维滤去后再进一步纯化。

目前已发展了多种细胞破碎方法,以便适应不同用途和不同类型的细胞壁破碎。

1. 机械法 主要通过机械切力的作用使组织细胞破碎的方法,常用的器械有组织捣碎机、匀浆器、研钵和研磨、压榨器等。

(1)组织捣碎机:将材料配成稀糊状液,放置于筒内约1/3体积,盖紧筒盖,将调速器先拨至最慢处,开动开关后,逐步加速至所需速度。一般用于动物组织、植物肉质种子、柔嫩的叶芽等,转速可高达10 000r/min 以上。由于旋转刀片的机械切力很大,制备一些较大分子如核酸则很少使用。

(2)匀浆器:先将剪碎的组织置于管中,再套入研杆来回研磨,上下移动,即可将细胞研碎。匀浆器的研钵磨球和玻璃管内壁之间间隙保持在十分之几毫米距离。制作匀浆器的材料,除玻璃外,还可以用硬质塑料、不锈钢、人造荧光树脂等。此法细胞破碎程度比高速组织捣碎机为高,适用于量少和动物脏器组织。

存在的问题:较易造成堵塞的团状或丝状真菌,较小的革兰阳性首以及有些亚细胞器,质地坚硬,易损伤匀浆阀,也不适合用该法处理。

(3)研钵:多用于细菌或其他坚硬植物材料,研磨时常加入少量石英砂,玻璃粉或其他研磨剂,以提高研磨效果。

(4)细菌磨:是一种改良了的研磨器,比研钵具有更大的研磨面积,而且底部有出口。操作时先把细菌和研磨粉调成糊状,每次加入一小勺,研磨20~30s 即可将细菌细胞完全磨碎。

近年来,随着一些新的细胞破碎的仪器设备的普及和推广,使细胞破碎的技术有了较大的发展。具体方法包括:

高压匀浆破碎法(homogenization):高压匀浆器是常用的设备,它由可产生高压的正向排代泵(positive displacenemt pump)和排出阀(discharge valve)组成,排出阀具有狭窄的小孔,其大小可以调节。细胞浆液通过止逆阀进入泵体内,在高压下迫使其在排出阀的小孔中高速冲出,并射向撞击环上,由于突然减压和高速冲击,使细胞受到高的液相剪切力而破碎。在操作方式上,可以采用单次通过匀浆器或多次循环通过等方式,也可连续操作。为了控制温度的升高,可在进口处用干冰调节温度,使出口温度调节在20℃左右。在工业规模的细胞破碎中,对于酵母等难破碎的及浓度高或处于生长静止期的细胞,常采用多次循环的操作方法。

振荡珠击破碎法(shaking bead):将等体积的小量组织样品与高密度的ZircoBeads 放入可密封的2ml 螺旋盖微量管中,再加入缓冲液与稳定成分到1.5ml 的体积,用6500 振荡机高速上下振动 8s,休息 8s,再振动 8s 即可。此方法是目前最快且一次可处理最多样品的方法。一台机器最多可以在 1 天处理 2400 支样品。对小量且多样的人很方便。

高速搅拌珠研磨破碎法(fine grinding):研磨是常用的一种方法,它将细胞悬浮液与玻璃小珠、石英砂或氧化铝等研磨剂一起快速搅拌,使细胞获得破碎。在工业规模的破碎中,常采用高速珠磨机。

2. 物理法　　主要通过各种物理因素使组织细胞破碎的方法。在生化制备中常用的方法有:

(1) 反复冻融法(freezing and thawing):将细胞放在低温下冷冻(约$-15℃$),然后在室温中融化,反复多次而达到破壁作用。由于冷冻,一方面能使细胞膜的疏水键结构破裂,从而增加细胞的亲水性能,另一方面胞内水结晶,形成冰晶粒,引起细胞膨胀而破裂。对于细胞壁较脆弱的菌体,可采用此法。

特点:此法适用于组织细胞,多用于动物性材料,对微生物细胞作用较差。

(2) 急热骤冷法:将材料投入沸水中,维持 $85\sim90min$,至水浴中急速冷却,此法可用于细菌及病毒材料。

(3) 超声波破碎法(ultrasonication):超声波破碎法利用超声波振荡器发射的 $15\sim25kHz$ 的超声波探头处理细胞悬浮液。超声波振荡器有不同的类型,常用的为电声型,它是由发生器和换能器组成,发生器能产生高频电流,换能器的作用是把电磁振荡转换成机械振动。超声波振荡器以可分为槽式和探头直接插入介质两种,一般破碎效果后者比前者好。

频率一般选在 $10\sim200kHz$,功率 $200\sim500W$ 范围,处理时间有数分钟至数十分钟不等,处理过程中注意冷却。此法多用于微生物材料,如用大肠杆菌制备各种酶,常选用 $50\sim100$ 毫克菌体/毫升浓度,频高于 $15\sim20kHz$ 的超声波在高强度声能输入下可以进行细胞破碎。其破碎机理:可能与空化现象引起的冲击波和剪切力有关。超声破碎的效率与声频、声能、处理时间、细胞浓度及首种类型等因素有关。

特点:操作简单,重复性较好,节省时间。

存在问题:超声波破碎在实验室规模应用较普遍,处理少量样品时操作简便,液量损失少,但是超声波产生的化学自由基团能使某些敏感性活性物质变性失活。而且大容量装置声能传递,散热均有困难,应采取相应降温措施。对超声波敏感和核酸应慎用。空化作用是细胞破坏的直接原因,同时会产生活性氧,所以要加一些巯基保护剂。

3. 化学及生物化学法

(1) 渗透压冲击破碎法(osmotic shock):渗透压冲击是较温和的一种破碎方法,将细胞放在高渗透压的溶液中(如一定浓度的甘油或蔗糖溶液),由于渗透压的作用,细胞内水分便向外渗出,细胞发生收缩,当达到平衡后,将介质快速稀释,或将细胞转入水或缓冲液中,由于渗透压的突然变化,胞外的水迅速渗入胞内,引起细胞快速膨胀而破裂。

(2) 自溶法:在一定 pH 和适当的温度下,利用组织细胞内自身的酶系统将细胞破碎的方法。此过程需较长时间,常用少量防腐剂如甲苯、氯仿等防止细胞的污染。

(3) 酶溶破碎法(enzyme lysis):利用溶解细胞壁的各种水解酶,如溶菌酶、纤维素酶、蜗牛酶、半纤维素酶、脂酶等,将细胞壁分解,再利用渗透压冲击等方法破坏细胞膜,进一步增大胞内产物的通透性,使细胞内含物释放出来。溶菌酶(lysozyme)适用于革兰阴性菌细胞的分解,应用于革兰阳性菌时,需辅以 EDTA 使之更有效地作用于细胞壁。有些细菌对溶菌酶不敏感,加入少量巯基试剂或 8mol 尿素处理后,使之转为对溶菌酶敏感而溶解。真核细胞的细胞壁不同于原核细胞,需采用不同的酶。

(4) 表面活性剂破碎法(detergents):如十二烷基硫酸钠、氯化十二烷基吡啶等。

(5) 化学破碎法(chemical treatment):采用化学法处理可以溶解细胞或抽提胞内组分。常用酸、碱、表面活性剂和有机溶剂等化学试剂,如肿瘤细胞可采用去氧胆酸钠等将细胞膜破坏。

各种组织和细胞的常用裂解方法列于表2-1。

(三)细胞器蛋白的分离

制备某一种生物大分子需要采用细胞中某一部分的材料,或者为了纯化某一特定细胞器上的生物大分子,防止其他细胞组分的干扰,细胞破碎后常将细胞内各组分先行分离,对于制备一些难度较大需求纯度较高的生物大分子是有利的。各类生物大分子在细胞内的分布是不同的。DNA几乎全部集中在细胞核内。RNA则大部分分布于细胞质。各种酶在细胞内分布也有一定位置。因此制备细胞器上的生物大分子时,预先须对整个细胞结构和各类生物大分子在细胞内分布有所了解。

表2-1 各种组织和细胞的常用裂解方法

细胞破碎方法	组织种类
旋刀式匀浆	大多数动、植物组织
手动式匀浆	柔软的动物组织
超声	细胞混悬液
高压匀浆	细菌、酵母、植物细胞
研磨	细菌、植物细胞
高速珠磨	细胞混悬液
酶溶	细菌、酵母
去垢剂渗透	组织培养细胞
有机溶剂渗透	细菌、酵母
低渗裂解	红细胞、细菌
冻融裂解	培养细胞

细胞经过破碎后,在适当介质中进行差速离心。利用细胞各组分质量大小不同,沉降于离心管内不同区域,分离后即得所需组分。细胞器的分离制备、介质的选择十分重要。最早使用的介质是生理盐水。因它容易使亚细胞颗粒发生聚集作用结成块状,沉淀分离效果不理想,现一般改用蔗糖、Ficoll(一种蔗糖多聚物)或葡萄糖-聚乙二醇等高分子溶液。

具体细胞器的分离方法选用:

1. 细胞膜的分离　细胞膜又称质膜,分离细胞膜有助于研究生物膜的结构与功能。一般说,红细胞膜与线粒体膜的制备用差速离心法即可,其他细胞膜的分离可根据膜组分的密度大小不同,采用梯度离心后,分布于指定区域,可分离得到纯制品。

2. 线粒体的分离　线粒体普遍存在于真核细胞中,它是细胞呼吸的主要场所,细胞活动所需能量主要依靠在线粒体内进行氧化所产生的能,线粒体的分离主要靠差速分离。

3. 线粒体膜分离　线粒体膜分离方法主要是密度梯度离心。

4. 聚核糖体的分离　核糖体是由核糖酸和蛋白质组成的核糖核酸蛋白颗粒,附着在粗面内质网的称固着核糖体,分散在细胞内的称游离核糖体,数个或数十个核蛋白体聚在一起称为聚核糖体,一般用差速离心法可分离出聚核糖体。

5. 微粒体分离　微粒体是一种脂蛋白所包围的囊泡,含核糖核酸、蛋白质和脂类,分离微粒体的方法是利用分级离心法,去掉细胞核和线粒体后,经超速离心而制备。

6. 细胞核的分离　不同组织来源的细胞经匀浆后,可用分级离心等方法将细胞核进行分离纯化。

(四)包涵体与蛋白质复性

利用包涵体与细胞碎片的密度差,用离心法将包涵体与细胞碎片和可溶性蛋白质分开,获得了干净的包涵体,再对包涵体溶解复性。这样首先就摆脱了大量的杂蛋白、核酸、热原、内毒素等杂质,使后面的分离纯化简单了。从这个角度上讲,包涵体的形成对分离纯化亦有好处。

三、蛋白的抽提

大部分蛋白质都可溶于水、稀盐、稀酸或碱溶液,少数与脂类结合的蛋白质则溶于乙醇、丙酮、丁醇等有机溶剂中,因此,可采用不同溶剂提取分离和纯化蛋白质及酶。

（一）水溶液提取法

稀盐和缓冲系统的水溶液对蛋白质稳定性好、溶解度大、是提取蛋白质最常用的溶剂,通常用量是原材料体积的 1～5 倍,提取时需要均匀的搅拌,以利于蛋白质的溶解。提取的温度要视有效成分性质而定。一方面,多数蛋白质的溶解度随着温度的升高而增大,因此,温度高利于溶解,缩短提取时间。但另一方面,温度升高会使蛋白质变性失活,因此,基于这一点考虑提取蛋白质和酶时一般采用低温(5℃以下)操作。为了避免蛋白质提以过程中的降解,可加入蛋白水解酶抑制剂(如二异丙基氟磷酸、碘乙酸等)。

提取液的 pH 和盐浓度的选择:

1. pH　蛋白质、酶是具有等电点的两性电解质,提取液的 pH 应选择在偏离等电点两侧的 pH 范围内。用稀酸或稀碱提取时,应防止过酸或过碱而引起蛋白质可解离基团发生变化,从而导致蛋白质构象的不可逆变化,一般来说,碱性蛋白用偏酸性的提取液提取,而酸性蛋白质用偏碱性的提取液。

2. 盐浓度　稀浓度的盐可促进蛋白质的溶解,称为盐溶作用。同时稀盐溶液因盐离子与蛋白质部分结合,具有保护蛋白质不易变性的优点,因此在提取液中加入少量 NaCl 等中性盐,一般以 0.15mol/L 浓度为宜。缓冲液常采用 0.02～0.05mol/L 磷酸盐和碳酸盐等渗盐溶液。

（二）有机溶剂提取法

一些和脂质结合比较牢固或分子中非极性侧链较多的蛋白质和酶,不溶于水、稀盐溶液、稀酸或稀碱中,可用乙醇、丙酮和丁醇等有机溶剂,它们具的一定的亲水性,还有较强的亲脂性、是理想的提脂蛋白的提取液。但必须在低温下操作。丁醇提取法对提取一些与脂质结合紧密的蛋白质和酶特别优越,一是因为丁醇亲脂性强,特别是溶解磷脂的能力强;二是丁醇兼具亲水性,在溶解度范围内不会引起酶的变性失活。另外,丁醇提取法的 pH 及温度选择范围较广,也适用于动植物及微生物材料。

微生物的白质抽提相对简单,细菌,酵母菌等在离心收集菌体之后破碎细胞,其细胞内的可溶性蛋白即可溶解于缓冲液中。而一些进行组织培养的细胞,要求相对严一些。动物细胞或组织的蛋白质抽提步骤如下:

1. 培养的贴壁动物细胞的蛋白质抽提步骤

（1）从贴壁细胞培养瓶中小心倾去培养液。

（2）预冷的 PBS 清洗贴壁的细胞 2 次,小心倾去 PBS。

（3）配置含抑制剂的蛋白质抽提试剂(1ml 抽提试剂中加入 5μl 蛋白酶抑制剂混合液,5μl PMSF 和 5μl 磷酸酶混合液)。

（4）细胞瓶中加入预冷的含抑制剂的蛋白质抽提试剂(10^7 个细胞中加入 1ml 抽提试剂;5× 10^6 个细胞中加入 0.5ml 抽提试剂),轻轻摇动 5min。

（5）用一预冷的橡胶和塑料细胞刮将培养瓶壁上贴壁细胞刮下来,转移细胞悬浮液到离心管中,冰浴下摇动 15min 进行裂解。

（6）裂解液于预冷的离心机中 14 000r/min 离心 15min。弃去沉淀,上清液立刻转移入新的离心管中保存待用。

2. 培养的悬浮动物细胞的蛋白质抽提步骤。

（1）2500r/min 离心 10min 沉淀悬浮的细胞,弃去上清液。

（2）预冷的 PBS 悬浮沉淀细胞,2500r/min 离心 10min 沉淀细胞,去上清。

（3）配置含抑制剂的蛋白质抽提试剂(1ml 抽提试剂中加入 5μl 蛋白酶抑制剂混合液,5μl PMSF 和 5μl 磷酸酶混合液)。

（4）加入含抑制剂的预冷蛋白质抽提试剂（10^7 个细胞中加入 1ml 抽提试剂；$5×10^6$ 个细胞中加入 0.5ml 抽提试剂）。

（5）轻轻摇动混合 15min 进行裂解。

（6）裂解液于预冷的离心机中 14 000r/min 离心 15min。弃去沉淀，上清液立刻转移入新的离心管中保存待用。

3. 哺乳动物组织的蛋白质抽提步骤

（1）组织称重，切小块放入管中。

（2）配置含抑制剂的蛋白质抽提试剂（1ml 抽提试剂中加入 $5\mu l$ 蛋白酶抑制剂混合液，$5\mu l$ PMSF 和 $5\mu l$ 磷酸酶混合液）。

（3）加入预冷的含抑制剂的蛋白质抽提试剂（250mg 组织中加入 1ml 抽提试剂）。

（4）用匀浆器每次 30s 低速匀浆，每次匀浆间隔冰浴 1min，至组织完全裂解。

（5）裂解液于预冷的离心机中 14 000r/min 离心 15min。上清液立刻转移入新的离心管中保存待用。

四、蛋白质的浓缩

生物大分子在制备过程中由于各种原因而使样品变得很稀，为了保存和鉴定的目的，往往需要进行浓缩。常用的浓缩方法有：

（一）透析袋浓缩法

利用透析袋浓缩蛋白质溶液是应用最广的一种。将要浓缩的蛋白溶液放入透析袋（无透析袋可用玻璃纸代替），结扎，把高分子（6000～12 000）聚合物如聚乙二醇（PEG）、聚乙烯吡咯、烷酮等或蔗糖撒在透析袋外即可。也可将吸水剂配成 30%～40% 浓度的溶液，将装有蛋白液的透析袋放入即可。吸水剂用过后，可放入温箱中烘干或自然干燥后，仍可再用。

使用聚乙二醇（PEG）吸收剂时，先将生物大分子溶液装入半透膜的袋里，外加聚乙二醇覆盖置于 4℃下，袋内溶剂渗出即被聚乙二醇迅速吸去，聚乙二醇被水饱和后要更换新的直至达到所需要的体积。

（二）冷冻干燥浓缩法

这是浓缩蛋白质的一种较好的办法，它即使蛋白质不易变性，又保持蛋白质中固有的成分。它是在冰冻状态下直接升华去除水分。具体做法是将蛋白液在低温下冰冻，然后移置干燥器内（干燥器内装有干燥剂，如 $NaOH$、$CaCl_2$ 和硅胶等）。密闭，迅速抽空，并维持在抽空状态。数小时后即可获得含有蛋白的干燥粉末。干燥后的蛋白质保存方便，应用时可配成任意浓度使用。也可采用冻干机进行冷冻干燥。

（三）吹干浓缩法

将蛋白溶液装入透析袋内，放在电风扇下吹。空气的流动可使液体加速蒸发，铺成薄层的溶液，表面不断通过空气流；或将生物大分子溶液装入透析袋内置于冷室，用电扇对准吹风，使透过膜外的溶剂不易蒸发，从而达到浓缩目的，此法简单，但速度慢，且温度不能过高，最好不要超过 15℃。不适于大量溶液的浓缩。

（四）超滤膜浓缩法

此法是利用微孔纤维素膜通过高压将水分滤出，而蛋白质存留于膜上达到浓缩目的。有两种方法进行浓缩：一种是用醋酸纤维素膜装入高压过滤器内，在不断搅拌之下过滤；另一种是将蛋白液装入透析袋内置于真空干燥器的通风口上，负压抽气，而使袋内液体渗出。

（五）凝胶浓缩法

选用孔径较小的凝胶，如 Sephadex-G_{25} 或 G_{50}，将凝胶直接加入蛋白溶液中。根据干胶的吸水量和蛋白液需浓缩的倍数而称取所需的干胶量。放入冰箱内，凝胶粒子吸水后，通过离心除去。

（六）浓缩胶浓缩法

浓缩胶是一种高分子网状结构的有机聚合物，具有很强的吸水性能。每克干胶可吸水120~150ml。它能吸收低分子量的物质，如水、葡萄糖、蔗糖、无机盐等，适宜浓缩 10 000 分子量以上的生物大分子物质。浓缩后，蛋白质的回收率可达 80%~90%。比浓缩胶应用方便，直接加入被浓缩的溶液中即可。必须注意，浓缩溶液的 pH 应大于被浓缩物质的等电点，否则在浓缩胶表面产生阳离子交换，影响浓缩物质的回收率。

（七）沉淀法

硫酸铵沉淀法利用高浓度盐将蛋白质析出（盐析）。选择硫酸铵是因为盐析有效性高，pH 范围广，溶解度高，溶液散热少，经济。

另外还有丙酮沉淀法、三氯醋酸沉淀法等，试验要求的仪器简单，但是常导致蛋白质变性。

免疫沉淀法得有特异性抗体，专一性强。

五、蛋白质的超滤

在蛋白质的制备技术中，超滤主要用于蛋白质的脱盐、脱水和浓缩等，并具有成本低，操作方便，条件温和，能较好地保持蛋白质的活性，回收率高等优点。

（一）超滤的影响因素

1. 料液流速　提高料液流速虽然对减轻浓差极化、提高透过通量有利，但需要提高料液压力，增加耗能。一般紊流体系中流速控制在 1~3ml/min。

2. 操作压力　超滤膜透过通量与操作压力的关系取决于膜和凝胶层的性质。超滤过程为凝胶化模型，膜透过通量与压力无关，这时的通量成为临界透过通量。实际操作压力应在极限通量附近进行，此时的操作压力为 0.5~0.6MPa。

超滤过程中只有当工作压力达到一定程度，才能使液料中的小分子透膜分离。工作压力太小时，滤液的产量小，不能满足正常的生产。而工作压力太大时，会增加极化层的厚度，抵消增压的增速效果，同时也会把沉积在膜上的沉积层压实，难以被冲刷，膜孔很快被堵塞，影响超滤效果，此外，每一种超滤膜均有其耐压范围，使用时应在这个范围内进行。

3. 温度　操作温度主要取决于所处理的物料的化学、物理性质。由于高温可降低料液的黏度，增加传质效率，提高透过通量，因此应在允许的最高温度下操作。

温度升高时可部分克服分子间的作用力，降低黏度。同时也影响膜的工作性能，增加通透性。温度过高也会影响超滤膜的寿命。

4. 运行周期　随着超滤过程的进行，在膜表面逐渐形成凝胶层，使透过通量下降，当通量达到某一最低数值时，就需要进行冲洗，这段时间成为运行周期。运行周期的变化与清洗情况有关。

5. 进料浓度　随着超滤过程的进行。主题液流的浓度逐渐增加。此时黏度变大，使凝胶层厚度增加，从而影响透过通量。因此对主体液流应定出最高允许浓度。

料液浓度直接影响滤速。超滤的通量与浓度的对数呈直线关系。一般来讲，随着料液浓度的增高，料液的黏度会升高，超滤时形成极化层的时间会缩短，从而使超滤的速度降低、效率也降低。因此在超滤时应注意控制料液的浓度。

6. 料液的预处理　为了提高膜的透过通量,保证超滤膜的正常稳定运行,根据需要应对料液进行预处理。预处理效果好坏,直接影响超滤膜的污染程度,系统的生产能力以及超滤膜的使用寿命。预处理一般采用高速离心法、微滤法、调 pH、热处理、冷藏法或多种方法组合进行。近年来发展起来的絮凝剂法可去除提取液中的鞣质、色素、果胶等有机大分子不稳定物质。

7. 膜的清洗　膜必须进行定期冲洗,以保持一定的透过量,并能延长膜的使用寿命。一般在规定的料液和压力下,在允许的 pH 范围内,温度不超过 60℃ 时,超滤膜可使用 12～18 个月。如膜清洗不佳,回使膜的寿命缩短。

8. 超滤膜孔径大小　超滤膜孔径大小的选择应与药液中目标成分的大小相一致。孔径过大,则分离效果不好,杂质含量过高,影响澄明度和稳定性。孔径过小,有效成分通透率较低,损失较大。

9. 洗脱量　洗脱量的多少影响滤液中目标成分的含量。洗脱量太少,则留在浓缩液中的目标成分会较多,损失较大;洗脱量太大时,虽然回收率增加,但有可能需要后处理或使原有的后处理工序时间延长,应注意协调它们之间的关系。

(二) 离心超滤管

通过离心力,使溶液中的小分子溶液和溶剂透过超滤膜,被收集在滤过液收集瓶中,而大分子的蛋白质则被超滤膜截流在样品浓缩管中。该方法的特点是操作简便,只需要高速离心机,无需其他特殊设备,速度快,可以相当地有效浓缩样本,而且可以部分去除样本溶液中的盐、去垢剂等可溶性小分子,有利于更换缓冲体系。

离心超滤管的使用非常简单,按照样品量和目标分子量选择适当的离心超滤管,加入待浓缩的样品溶液,按照超滤离心管指示离心速度和时间离心,最后回收滤管中截留的样品溶液。

为了得到最高的回收率,所选滤膜的截留分子量建议选择所需截留分子大小的 1/3 左右,不超过目标分子量的一半。因为超滤膜上孔径是平均孔径,膜上的孔并非均匀,离心高压下也可能渗漏,因此截留孔径越小,流速越慢但截留比例更大。

如果样本浓度低体积大,可选择较小容积的离心超滤管多次重复加样离心。如果同时需要脱盐和去除可溶小分子杂质,可将待浓缩样品稀释到离心超滤管最大容积再离心,重复 2 次可除去 99% 盐。

要注意避免过长时间或者过速离心,避免过度浓缩,最终体积越小,越容易因表面吸附而损失回收率。

(三) 超滤膜及超滤装置

超滤装置是在一个密闭的容器中进行,以压缩空气为动力,使样液形成内压,容器底部设有坚固的膜板。小于膜板孔径直径的小分子,受压力的作用被挤出膜板外,大分子被截留在膜板之上。

在超滤开始时,由于溶质分子均匀地分布在溶液中,超滤的速度比较快。但是,随着小分子的不断排出,大分子被截留堆积在膜表面,浓度越来越高,自下而上形成浓度梯度,这时超滤速度就会逐渐减慢,这种现象称为浓度极化现象。为了克服浓度极化现象,增加流速,常用的有以下几种超滤装置:

1. 无搅拌式超滤　这种装置比较简单,只是在密闭的容器中施加一定压力,使小分子和溶剂分子挤压出膜外,无搅拌装置浓度极化较为严重,只适合于浓度较稀的小量超滤。

2. 搅拌式超滤　搅拌式超滤是将超滤装置位于电磁搅拌器之上,超滤容器内放入一支磁棒。在超滤时向容器内施加压力的同时开动磁力搅拌器,小分子溶质和溶剂分子被排出膜外,大分子向滤膜表面堆积时,被电磁搅拌器分散到溶液中。这种方法不容易产生浓度极化现象,提高了超滤的速度。这是蛋白质制备实验中最常用的超滤装置。

3. 中空纤维超滤 由于膜板式超滤装置,截留面积有限,中空纤维超滤是在一支空心柱内装有许多的,中空纤维毛细管,两端相通,管的内径一般在 0.2mm 左右,有效面积可以达到 $1cm^2$。每一根纤维毛细管像一个微型透析袋,极大地增大了渗透的表面积,提高了超滤的速度。

六、蛋白质的透析

(一) 原理

蛋白质用盐析法沉淀分离后,需脱盐才能获得纯品,脱盐常用的方法为透析法。在蛋白质的制备过程中,除盐、除少量有机溶剂、除去生物小分子杂质和浓缩样品等都要用到透析的技术。透析已成为生物化学实验室最简便最常用的分离纯化技术之一。

蛋白质在溶液中因其胶体质点直径较大,不能透过半透膜,而无机盐及其他低分子物质可以透过,故利用透析法可以把经盐析法所得的蛋白质提纯,即把蛋白质溶液装入透析袋内,透析袋可用玻璃纸、火棉胶、动物膜、羊皮纸等制成,将袋口用线扎紧,然后将此透析袋浸入水或缓冲液中进行透析,样品溶液中的大分子量的蛋白质被截留在袋内,而盐和小分子物质不断扩散透析到袋外,直到袋内外两边的浓度达到平衡为止。通过不断更换袋外蒸馏水或缓冲液,直至袋内盐分透析完为止。保留在透析袋内未透析出的样品溶液称为"保留液",袋(膜)外的溶液称为"渗出液"或"透析液"。

透析的动力是扩散压,扩散压是由横跨膜两边的浓度梯度形成的。透析的速度反比于膜的厚度,正比于欲透析的小分子溶质在膜内外两边的浓度梯度,还正比于膜的面积和温度,通常是 4℃透析,升高温度可加快透析速度。

(二) 操作

透析膜用得最多的还是用纤维素制成的透析膜,目前常用的是透析管,截留分子量 MwCO (即留在透析袋内的生物大分子的最小分子量,缩写为 MwCO)通常为 1 万左右。

商品透析袋制成管状,其扁平宽度为 23～50mm 不等。为防干裂,出厂时都用 10%的甘油处理过,并含有极微量的硫化物、重金属和一些具有紫外吸收的杂质,它们对蛋白质和其他生物活性物质有害,用前必须除去。可先用 50%乙醇煮沸 1h,再依次用 50%乙醇、0.01mol/L 碳酸氢钠和 0.001mol/L EDTA 溶液洗涤,最后用蒸馏水冲洗即可使用。实验证明,50%乙醇处理对除去具有紫外吸收的杂质特别有效。使用后的透析袋洗净后可存于 4℃蒸馏水中,若长时间不用,可加少量 NaN_2,以防长菌。洗净晾干的透析袋弯折时易裂口,用时必须仔细检查,不漏时方可重复使用。

新透析袋如不作如上的特殊处理,则可用沸水煮 5～10min,再用蒸馏水洗净,即可使用。使用时,一端用橡皮筋或线绳扎紧,也可以使用特制的透析袋夹夹紧,由另一端灌满水,用手指稍加压,检查不漏,方可装入待透析液,通常要留 1/3～1/2 的空间,以防透析过程中,透析的小分子量较大时,袋外的水和缓冲液过量进入袋内将袋涨破。含盐量很高的蛋白质溶液透析过夜时,体积增加 50%是正常的。为了加快透析速度,除多次更换透析液外,还可使用磁子搅拌。透析的容器要大一些,可以使用大烧杯、大量筒和塑料桶。小量体积溶液的透析,可在袋内放一截两头烧圆的玻璃棒或两端封口的玻璃管,以使透析袋沉入液面以下。

七、蛋白质的干燥及储存

生物大分子制备得到产品,为防止变质,易于保存,常需要干燥处理,最常用的方法是冷冻干燥和真空干燥。真空干燥适用于不耐高温,易于氧化物质的干燥和保存,整个装置包括干燥器、冷凝器及真空干燥原理外,同时增加了温度因素。在相同压力下,水蒸气气压随温度下降而下降,故在低温低压下,冰很容易升华为气体。操作时一般先将待干燥的液体冷冻到冰点以下使之变成固体,然后在低温低压下将溶剂变成气体而除去。此法干后的产品具有疏松、溶解度好、保持天然结构等优点,适用于各类生物大分子的干燥保存。

　　生物大分子的稳定性与保存方法的很大关系。干燥的制品一般比较稳定,在低温情况下其活性可在数日甚至数年无明显变化,储藏要求简单,只要将干燥的样品置于干燥器内(内装有干燥剂)密封,保持0~4℃冰箱即可,液态储藏时应注意以下几点。

　　1. 样品不能太稀,必须浓缩到一定浓度才能封装储藏,样品太稀易使生物大分子变性。

　　2. 一般需加入防腐剂和稳定剂,常用的防腐剂有甲苯、苯甲酸、氯仿、百里酚等。蛋白质和酶常用的稳定剂有硫酸铵糊、蔗糖、甘油等,如酶也可加入底物和辅酶以提高其稳定性。此外,钙、锌、硼酸等溶液对某些酶也有一定保护作用。

　　3. 储藏温度要求低,大多数在0℃左右冰箱保存,有的则要求更低,应视不同物质而定。

(王燕菲)

第三节　蛋白质分离纯化技术

　　随着人类基因组计划(human genome project, HGP)DNA 全序列测定的完成,生命科学研究已进入后基因组研究,也称之为功能基因组研究。与核酸相比蛋白质的结构更具有独特的复杂性,它是由 20 个不同性质的氨基酸交互排列而成,不仅数量多,而且相互间差异大。由此给蛋白质的分离、纯化和鉴定带来了较大的难度。其次,蛋白质和核酸类物质通常是与自然界存在的诸多不同化合物相互混合,或者是不同蛋白质之间相互组合在一起出现的,加之它们稳定性较差、含量相对偏低,这使提取分离过程变得更加困难、艰巨。另外具有生物活性的蛋白质分子都有复杂的空间构象,而维系这种独特三维结构主要靠非共价键,提取过程中过酸、过碱、高温、剧烈震荡等都可能导致空间构象发生变化及生物活性丧失。因此,分离纯化是一项严格、细致、复杂的工艺过程,涉及物理、化学、生物学等多方面的知识和技术。

一、材料的选择和预处理

(一)材料选择

　　生物材料的选择直接关系到有效成分的得率,所谓有效成分是指欲纯化的某种单一的蛋白质,除它以外的其他物质则统称杂质。在动植物和微生物材料中,有效成分的含量一般较少,且大多数对酸、碱、高温等敏感,易被微生物分解,离开其天然生存环境后不稳定。不同来源的生物材料有效成分的含量不一样,如制备胃蛋白酶只能选用胃为原料;免疫球蛋白只能从血液或富含血液的胎盘组织提取;透明质酸酶由睾丸提取等。即使是同种生物材料,选用的部位和生长期不同,有效成分的含量也不同。如提取胸腺素时必须采自幼龄动物,因幼年动物的胸腺比较发达,而老龄后胸腺逐渐萎缩;肝细胞生长因子是从肝细胞分化最旺盛阶段的胎儿、胎猪或胎牛的肝中获得的。若用成年动物必须经过肝脏部分切除手术后,才能获得富含肝细胞生长因子的原料;凝乳酶只能以哺乳期的小牛、仔羊的第四胃为材料,成年牛、羊胃均不适用。但实际工作中,以上条件不一定同时具备,如含量丰富但来源困难,当含量、来源都比较理想,分离纯化方法却繁琐不易操作。因此,选择生物材料时,必须全面分析,综合考虑,抓住主要有利条件决定取舍。只有选择合适的组织器官提取目的产物才能较好地排除杂质干扰,获得较高的得率,保证产品的质量。

总之,选择生物材料的一般原则是:有效成分含量高,稳定性好,来源丰富易得,制备工艺简便易行,成本费用低,有综合利用价值的新鲜生物材料。

(二) 材料预处理

选择到合适的生物材料后,通常要进行预处理,否则所需的有效成分会因各种原因致其部分甚至全部被破坏,从而影响得率。例如,从猪肠黏膜提取肝素时,如果用新鲜材料,每公斤小肠可得肝素钠 50 000~60 000U。如将材料置 25℃以上的室温存放约 1h,肝素钠的含量会显著下降。这是因为猪小肠内的大量微生物不停地繁殖,有的会产生降解肝素的酶系。因此,动物原料采集后要立即处理,去除结缔组织、脂肪组织等,速冻以避免腐败、变质及微生物污染。植物原料要择时采集,去除不需要的部分,有用部分保鲜处理。微生物原料,必须及时将菌体细胞与培养液分开,进行保鲜处理。若选择的材料难于立即使用时则必须采用适当的方法保存,及时移至 -20℃ 冰箱(短时间)或 -70℃ 低温冰箱(数月)储存,冷冻保存可降低化学反应速度,抑制酶和微生物的作用,减少有效成分的破坏。或者干燥处理,如使用丙酮能使组织细胞脱水去脂,经干燥制成丙酮粉,不仅减少酶失活,还可使蛋白质与脂质分开,有利于有效成分的分离提取。

二、纯化方案的设计

纯化方案是指在纯化某一物质过程中,根据实际情况将几种分离纯化方法有机地互补联用、灵活调节的总称。因此,只有精心设计一个合理、实用、周密的纯化方案,才能在操作时有的放矢、事半功倍,以达到纯度高、得率高的目的。

设计纯化方案时,首先要了解原料性质、确定物质组成,其次根据有效成分与杂质之间理化性质的差异,选择相应的分离方法和确定适宜的条件。现有的纯化方法是在下面几种性质的基础上而建立起来的。①利用分子大小的差异;②利用溶解度的差异;③利用解离性质的不同;④利用有效成分与杂质之间在两个相中的分配系数不同;⑤根据对配体亲和力的差异性;⑥利用稳定性上的差异。依据这些原则,通常应当选用先粗处理、快速、有利于缩小样品体积的方法,而后使用精确、费时和需样品量少的方法。

虽然分离方法种类繁多,其基本原理各具特色,操作程序繁简不一、利弊得失,有多有少(表2-2)。但是,只要认真分析有效成分的特性和结构以及所用材料的特点,从诸多分离方法中反复比较,仔细筛选,合理组成一个纯化方案,就能从成分复杂、相互混合的抽提液中提取纯化出所需的单一有效成分。

表 2-2　几种主要分离方法的比较

方法	原理	优点	缺点	应用范围
沉淀法	蛋白质的盐析作用	操作简便、成本低廉、对蛋白质或酶有保护作用,重复性较好	分辨力差,纯化倍数低,蛋白质沉淀中混杂大量盐分	蛋白质或酶的分级沉淀和结晶
吸附法	化学、物理吸附	操作简便	易受离子干扰	生命大分子物质的分离脱色和去热源分离、鉴定生化物质
分配层析法	两种溶剂相中的溶解效应	分辨力强、重复性较好、能分离微量物质	影响因子多	
离子交换法	离子基团的交换反应	分辨力强、分离量大	费时间、耗酸碱	可电离的生化物质
凝胶过滤法	分子筛的排阻效应	分辨力强,不会引起蛋白质或酶的变性	成本高	分子质量有明显差别可溶性物质

续表

方法	原理	优点	缺点	应用范围
亲和层析法	分离物与配体之间有特殊亲和力	分辨力很强	一种配体只用于一类分离物,局限性大	生命大分子物质
聚焦层析法	等电点和离子交换作用	分辨率高	试剂昂贵	蛋白质或酶类
亲和电泳法	交叉免疫电泳时,分子间相互作用	对糖蛋白有特异亲和力,不需要制备抗体	一种凝集素只能与相应的糖蛋白反应	糖蛋白

对于设定的纯化方案每一步都要将收集到的溶液进行有效成分的含量测定,并将各自的比活性(活性单位数/毫克蛋白)、纯化倍数(每步的比活性/粗抽提液的比活性)和收得率(每步的总活性/粗抽提液总活性×100%)计算出来。这样视纯化倍数的大小,收得率的高低,就能初步确定每种分离方法的应用价值。一般认为,凡是在特定实验中能较快增大纯化倍数和较缓慢降低收得率的方法均属于有应用价值的。反之,则应用价值不大,也不宜采用。

三、纯 化 方 法

(一) 沉淀法

沉淀法是将有效成分转化为难溶物,以沉淀形式从溶液中分离出来,它是纯化生命大分子物质常用的一种经典方法。该法操作简单、成本低廉,一般包括盐析沉淀、有机溶剂沉淀和选择性沉淀等类型。

1. 基本原理 沉淀法也称溶解度法。基本原理是根据各种物质的结构差异(如蛋白质分子表面疏水基团和亲水基团之间比例的差异等)来改变溶液的某些性质(如 pH、极性、离子强度、金属离子等),就能使抽提液中有效成分的溶解度发生变化。因此,选择适当的溶液就能使欲分离的有效成分呈现最大溶解度,而使杂质呈现最小溶解度,或者相反,有效成分呈现最小溶解度,而杂质呈现最大溶解度。然后经过适当处理,即可达到从抽提液中分离有效成分的目的。

2. 制备方法

(1) 盐析法:蛋白质在低盐浓度下的溶解度随盐浓度的增高而上升(盐溶),但当盐浓度升高到一定程度时,其溶解度又呈现不同程度的下降,并逐渐析出,这一过程称为蛋白质的盐析。盐析的发生是由于盐浓度增高到一定数值时,使水合作用降低,进而导致蛋白质分子表面电荷逐渐被中和,水化膜相继被破坏,最终引起蛋白质分子间相互聚集并从溶液中析出。盐析法一般是采用分级沉淀法,硫酸铵是盐析时最常用的盐类,特别是在大规模生产时基本上是唯一可选择的中性盐。这是因为它具有以下优点:①硫酸铵在水中有很高的溶解度,而且溶解度受温度的影响很小;②沉淀中的硫酸铵可以在将沉淀重新溶解后,用透析、超滤、层析的方法去除;③高浓度的硫酸铵对细菌有抑制作用;④硫酸铵溶解于水中时不产生热量;⑤硫酸铵是一种廉价、很容易得到的化学原料。如果选择的分级范围为40%～60%饱和度的盐溶液,其操作步骤是,首先选择0～40%饱和度盐溶液,使部分杂质呈"盐析"状态,有效成分呈"盐溶"状态。经离心分离后得到上清液,再选择40%～60%饱和度的盐溶液,使有效成分呈盐析状态,而另一部分杂质呈盐溶状态,用离心法收集的沉淀物即为初步纯化的有效成分物质。

(2) 有机溶剂沉淀法:有机溶剂能降低蛋白质溶解度的原因有两个。其一,有机溶剂的介电常数比水小,随着有机溶剂的加入,整个溶液的介电常数降低,带电的溶质分子之间的库仑引力逐渐增强,于是发生相互吸引而形成凝聚物从溶液中沉淀析出;其二,有机溶剂能破坏蛋白质分子表面的水化膜,导致蛋白质分子不稳定,互相聚集,溶解度降低而沉淀。常用的有机溶剂有乙醇、丙酮等。

有机溶剂沉淀过程中,影响因素较多,操作时应加以注意。①温度:由于有机溶剂加入水溶液时,产生放热反应会引起蛋白质变性,因此必须把有机溶剂预冷至-10~-20℃,而且整个操作要在低温下进行,操作时,应边加边搅拌缓缓加入,防止局部有机溶剂过浓引起变性作用和分辨率下降现象发生。②离子强度:加入适量的中性盐能增加蛋白质在有机溶剂中的溶解度,可降低有机溶剂对蛋白质的变性作用,同时还可提高分离效果。但是,加入的量过多,则可引起蛋白质析出。因此,用有机溶剂沉淀蛋白质时,宜在稀盐溶液或低浓度缓冲液中进行。③pH:适宜的pH可使沉淀效果增强,提高产品的收率,同时还可提高分辨率。多数蛋白质在其等电点附近有较好的沉淀效果。④某些金属离子:在采用有机溶剂沉淀生物大分子时,加入一些金属离子如Zn^{2+}、Ca^{2+}等可促进沉淀的产生。因为金属离子可与带负电荷的蛋白质形成复合物,这种复合物的溶解度大大降低而不影响其生物活性,有利于沉淀生成并降低溶剂耗量。

(3) 聚乙二醇沉淀法:聚乙二醇(polyethylene glycol,PEG)是一种水溶性非离子型聚合物可使蛋白质发生沉淀作用。这种沉淀的条件温和,不易引起蛋白质变性,而且沉淀效率很高,反应时不需要使用很多的聚乙二醇。PEG沉淀蛋白质的机理被认为是:PEG分子在溶液中形成了网状结构,与溶液中的蛋白质分子发生空间排斥作用,使蛋白质分子凝聚、沉淀。PEG无毒,不可燃,操作条件温和、简便易行,应用范围颇广。采用聚乙二醇作为沉淀剂时,同样受到pH、离子强度、温度、聚乙二醇浓度等多种因素的影响。例如,溶液的pH越接近被分离物质的等电点,所需聚乙二醇的浓度越低。在pH不变的情况下,盐浓度越高,所需聚乙二醇的浓度越低。

(二) 吸附层析

吸附层析(absorption chromatography)又称色层法或色谱法,它是利用吸附层析介质表面的活性分子或活性基团,对流动相中不同溶质产生吸附作用,利用其对不同溶质吸附能力的强弱而进行分离的一种方法。凡是能够将其他物质吸附到自己表面上的物质称为吸附剂。在吸附层析中一般用固体吸附剂,当气体或者溶液中的溶质分子在运动过程中碰到固体表面时,就会被吸引而停留在固体表面上。

吸附作用的强弱主要与吸附剂和被吸附物质的性质有关。极性吸附剂的作用可能是由于离子吸引或氢键连接作用。而非极性吸附剂可能靠范德华引力和疏水性相互作用,它们是可逆的。除此外吸附剂的吸附能力强弱还和周围溶液的组成有密切关系,当改变吸附剂周围溶剂的成分时,吸附剂的吸附能力即可发生变化,往往可使被吸附物质从吸附剂上解吸下来,随洗脱液向前移动,这种解吸过程亦称为洗脱。但这些解吸下来的物质向前移动时,当遇到前面新的吸附剂会被再吸附,它要在后来的洗脱液冲洗下重新解吸下来,继续向前移动。经过这样反复的吸附-解吸-再吸附-再解吸的过程,物质即可沿洗脱液的前进方向移动,其移动速度取决于当时条件下吸附剂对该物质的吸附能力。若吸附剂对该物质的吸附能力强,其向前移动的速度慢。反之,若吸附能力弱,其移动速度就要快。由于吸附剂对样品中各组分的吸附能力不同,所以在洗脱过程中各组分便会由于移动速度不同而逐渐分离开。

吸附剂应具有表面积大、颗粒均匀、吸附性好、稳定性高、成本低等性能。吸附剂分为:①无机吸附剂:主要有氧化铝、硅胶、活性炭、硅藻土、磷酸钙、皂土、人造沸石、氧化钛、氧化锌、硅酸镁和羟基磷灰石等。常用于蛋白质分离纯化的主要有羟磷灰石等。②有机吸附剂:主要有淀粉,聚酰胺凝胶和纤维素等。可根据待分离的物质的种类与实验的要求适当选用。在进行吸附层析实际操作时,可以利用玻璃柱盛装吸附剂进行层析,称为吸附柱层析法,也可以将吸附剂铺在玻璃板上进行,称为薄层吸附层析法。

(三) 分配层析

分配层析(partion chromatography)是以惰性支持物如滤纸、纤维素、硅胶等结合的液体为固定相,以沿着支持物移动的有机溶剂为流动相构成的层析系统。分配层析根据物质在不同的溶剂相中的溶解度不同,当物质在两相溶剂中达到溶解平衡时,其在两相中的溶解浓度之比为一常数,称为分配系数(K)。混合物中各组分在同样的两种溶剂中分配系数不同而达到分离目的。

$$分配系数(K) = \frac{溶质在固定相中的浓度}{溶质在流动相中的浓度}$$

对于同一溶剂体系,不同物质的分配系数往往都不相同,这也就是用有机溶剂从水溶液中提取和分离某些溶质的依据。假设这溶剂体系的 A 相是水,而 B 相是有机溶剂,当我们在含有两种分配系数不同物质的水溶液中加入有机溶剂,充分振荡后,分配系数较大的物质就会在水相中残留较多,而溶解在有机溶剂中的较少;反之,分配系数较小的物质在水相中残留较少,而更多些溶解在有机溶剂中。

在分配层析中,可以将两种溶剂中的一相为固定相,另一种为流动相。固定相是极性溶剂(例如水就是最常用的极性溶剂),它需要能和极性溶剂紧密结合的多孔材料作为支持物,使呈不流动状态。流动相则是非极性的有机溶剂。在层析的过程中,当有机溶剂流动相流经样品点时,样品中的溶质便要按分配系数部分转入流动相向前移动,当遇到前面的固定相时,溶于流动相的溶质又重新进行分配,一部分转入固定相中。通过这样不断地进行流动-分配-再流动-再分配,溶质沿着流动相的流动方向不断前进。各种溶质由于分配系数的不同,向前移动的速度也不同,分配系数较小的物质移动较快,而分配系数较大的物质移动较慢,从而将分配系数不同的物质分离开来。

例如纸层析以滤纸为支持物的分配层析。滤纸纤维与水有较强的亲和力,能吸收 22% 左右的水,其中 6% ~ 7% 的水是以氢键形式与纤维素的羟基结合。由于滤纸纤维与有机溶剂的亲和力很弱,故而在层析时,以滤纸纤维及其结合的水作为固定相,以有机溶剂作为流动相。在垂直型层析过程中,点样后的滤纸一端浸没于流动相液面之下,由于毛细管作用,有机相即流动相开始从滤纸的一端向另一端渗透扩展。当有机相沿滤纸经点样处时,样品中的溶质就按各自的分配系数在有机相与附着于滤纸上的水相之间进行分配。一部分溶质离开原点随着有机相移动,进入无溶质区,此时又重新进行分配;一部分溶质从有机相进入水相。在有机相不断流动的情况下,溶质就不断地进行分配,沿着有机相流动的方向移动。因样品中各种不同的溶质组分有不同的分配系数,移动速率也不一样,在固定相中溶解度小于在流动相中溶解度的物质,其迁移的距离比较小,相反,则反之,从而使样品中各组分得到分离和纯化。

层析中,物质沿溶剂运动方向迁移的距离与溶剂前沿的距离之比为 R_f 值。在一定的展层溶剂系统和一定的温度等条件下。某物质的 R_f 值是一个恒定值。

$$R_f\ 值 = \frac{原点至溶质层析点中心的距离}{原点至溶剂前沿的距离}$$

R_f 值主要决定于被分离物质在两相间的分配系数。在同一条件下 R_f 值是一个常数,不同物质的 R_f 值不同,这一性质可作为混合物分离鉴定的依据。R_f 值受分离物的结构、流动相组成、pH、温度、滤纸性质等多种因素的影响。

(四) 凝胶过滤

凝胶过滤(gel filtration)是以具有网状结构的凝胶颗粒作为固定相,根据物质的分子大小进行分离的一种层析技术。当样品流经这类凝胶的固定相时,不同分子大小的各组分便会因进入网孔受阻滞的程度不同而以不同速度通过层析柱,从而达到分离的目的,所以这类层析技术亦称分子筛层析(molecular sie-ve chromatography),或称为凝胶排阻层析(gel exclusion chromatography)。

1. 基本原理　凝胶层析是依据分子大小这一物理性质进行分离纯化的。凝胶层析的固定相是惰性的珠状凝胶颗粒,凝胶颗粒的内部具有立体网状结构,形成很多孔穴。当含有不同分子大小的组分的样品进入凝胶层析柱后,各个组分就向固定相的孔穴内扩散,组分的扩散程度取决于孔穴的大小和组分分子大小。比孔穴孔径大的分子不能扩散到孔穴内部,完全被排阻在孔外,只能在凝胶颗粒外的空间随流动相向下流动,它们经历的流程短,流动速度快,所以首先流出;而较小的分子则可以完全渗透进入凝胶颗粒内部,经历的流程长,流动速度慢,所以最后流出;而分子大小介于二者之间的分子在流动中部分渗透,渗透的程度取决于它们分子的大小,所以它们流出的时间介于二者之间,分子越大的组分越先流出,分子越小的组分越后流出。这样样品经过凝胶层析后,各个组分便按分子从大到小的顺序依次流出,从而达到了分离的目的。

2. 凝胶层析的主要参数

(1) 外水体积:是指凝胶柱中凝胶颗粒周围空间的体积,也就是凝胶颗粒间液体流动相的体积。以 V_o(outer volume) 表示,单位为 ml。

(2) 内水体积:是指凝胶吸水溶胀后,存在于凝胶颗粒中孔穴的体积,凝胶层析中固定相体积就是指内水体积。以 V_i(inner volume) 表示,单位为 ml。

(3) 基质体积:是指凝胶颗粒实际骨架体积,也称胶体积。以 V_g(gel volume) 表示,单位为 ml。

(4) 柱床体积:是指凝胶经溶胀、装柱体积稳定后,所占凝胶层析柱内的总体积。以 V_t(total volume) 表示,单位为 ml。即 $V_t = V_o + V_i + V_g$

(5) 洗脱体积:是指自加样液开始,到样品中某一组分洗脱下来所需洗脱液的体积。以 V_e(elution volume) 表示,单位为 ml。

由于 V_g 相对很小,可以忽略不计,则有: $V_t = V_o + V_i$;对于完全排阻的大分子,由于其不进入凝胶颗粒内部,而只存在于流动相中,故其洗脱体积 $V_e = V_o$;对于完全渗透的小分子,由于它可以存在于凝胶柱整个体积内(忽略凝胶本身体积 Vg),故其洗脱体积 $V_e = V_t$ 。分子量介于二者之间的分子,它们的洗脱体积也介于二者之间。

3. 排阻极限 排阻极限是指不能进入凝胶颗粒孔穴内部的最小分子的分子量。所有大于排阻极限的分子都不能进入凝胶颗粒内部,直接从凝胶颗粒外流出,所以它们同时被最先洗脱出来。排阻极限代表一种凝胶能有效分离的最大分子量,大于这种凝胶的排阻极限的分子用这种凝胶不能得到分离。例如 SephadexG-50 的排阻极限为 30 000,它表示分子量大于 30 000 的分子都将直接从凝胶颗粒之外被洗脱出来。

4. 分级分离范围 分级分离范围表示一种凝胶适用的分离范围,对于分子量在这个范围内的分子,用这种凝胶可以得到较好的线性分离。例如 Sephadex G-75 对球形蛋白的分级分离范围为 3 000 ~ 70 000,它表示分子量在这个范围内的球形蛋白可以通过 Sephadex G-75 得到较好的分离。应注意,对于同一型号的凝胶,球形蛋白与线形蛋白的分级分离范围稍有不同的。

5. 吸水率和床体积 吸水率是指 1g 干凝胶吸收水的体积或者重量,但它不包括颗粒间吸附的水分。所以它不能表示凝胶装柱后的体积。而床体积是指 1g 干凝胶吸水后的最终体积。

6. 凝胶颗粒大小 层析用的凝胶一般都成球形,颗粒的大小通常以目数(mesh)或者颗粒直径(μm)来表示。柱子的分辨率和流速都与凝胶颗粒大小有关。颗粒大,流速快,但分离效果差;颗粒小,分离效果较好,但流速慢。一般比较常用的是 100 ~ 200 目。

7. 凝胶的种类和性质 目前常用的凝胶主要有葡聚糖凝胶(sephadex)、聚丙烯酰胺凝胶(polya-crylamide)、琼脂糖凝胶(agarose)以及聚丙烯酰胺和琼脂糖之间的交联物。另外还有多孔玻璃珠、多孔硅胶、聚苯乙烯凝胶等等。

(1) 葡聚糖凝胶:是指由多聚葡萄糖与交联剂 1-氯-2,3 环氧丙烷相互交联而成的多孔网状球型颗粒。交联的葡聚糖是不溶于有机溶剂和水的聚合物,但由于其结构中含有大量的羟基,又具有很强的亲水性,能迅速在水和电解质溶液中溶胀,在层析过程中非常容易与水溶性溶质接触。合成的葡聚糖凝胶在酸性条件下糖苷键容易被水解,在碱性环境中比较稳定。一般在 0.25mol/L NaOH 溶液中,60℃的条件下放置 2 个月以上仍不改变其原有的基本性质。所以常用稀碱溶液处理葡聚糖凝胶层析介质,以除去残留在凝胶介质上的变性蛋白和其他杂质。在氧化剂的作用下葡聚糖凝胶上的羟基容易氧化成羧基,增加了带电荷基团,容易与溶液中的离子化合物发生交换反应,使其非特异性吸附的能力增强,从而影响分离效果和回收率。葡聚糖凝胶对温度具有较好的耐受性,通常在溶胀状态的葡聚糖凝胶可以耐受 110℃高温,而在未溶胀状态下的干胶可以耐受 120℃的高温。

最常用的葡聚糖凝胶层析介质是 Sephadex G 系列产品,它是由 Pharmacia 生产的,介质的型号不同,其交联度也不同,分离相对分子质量的范围有差异。例如 Sephadex G-25、Sephadex G-100、Sephadex G-200 等,代表着不同型号的葡聚糖凝胶,英文字母 G 后面的阿拉伯数字,表示凝胶吸水量。不同型号的葡聚糖凝胶的有关技术参数见表 2-3。

表 2-3 葡聚糖凝胶层析介质的有关技术参数

凝胶型号	颗粒大小(μm)	溶胀体积/(ml/g)	分离范围(Mr)
Sephadex G-10	40~120	2~3	小于 7×10^2
Sephadex G-15	40~120	2.5~3.5	小于 1.5×10^3
Sephadex G-25	50~150	4~6	$1.0 \times 10^3 \sim 5.0 \times 10^3$
Sephadex G-50	50~150	9~11	$1.5 \times 10^3 \sim 3.0 \times 10^4$
Sephadex G-75	40~120	12~15	$3.0 \times 10^3 \sim 8.0 \times 10^4$
Sephadex G-100	40~120	15~20	$4.0 \times 10^3 \sim 1.0 \times 10^5$
Sephadex G-150	40~120	20~30	$5.0 \times 10^3 \sim 3.0 \times 10^5$
Sephadex G-200	40~120	30~40	$5.0 \times 10^3 \sim 6.0 \times 10^5$

另外,Sephadex G-25 和 G-50 中分别加入羟丙基基团反应,形成 LH 型烷基化葡聚糖凝胶,主要型号为 Sephadex LH-20 和 LH-60,适用于以有机溶剂为流动相,分离脂溶性物质,例如胆固醇、脂肪酸激素等。

Sephacryl 是葡聚糖与甲叉双丙烯酰胺(N,N'-methylene bisacrylamide)交联而成。是一种比较新型的葡聚糖凝胶。Sephacryl 的优点就是它的分离范围很大,排阻极限甚至可以达到 10^8,远远大于 Sephadex 的范围。所以它不仅可以用于分离一般蛋白,也可以用于分离蛋白多糖、质粒、甚至较大的病毒颗粒。Sephacryl 与 Sephadex 相比另一个优点就是它的化学和机械稳定性更高:Sephacryl 在各种溶剂中很少发生溶解或降解,可以用各种去污剂、胍、脲等作为洗脱液,耐高温,Sephacryl 稳定工作的 pH 一般为 3~11。另外 Sephacryl 的机械性能较好,可以较高的流速洗脱,比较耐压,分辨率也较高,所以 Sephacryl 相比 Sephadex 可以实现相对比较快速而且较高分辨率的分离。

(2) 聚丙烯酰胺凝胶:是由它的基本组成单位丙烯酰胺(acrylamide,Acr)与交联剂 N,N'-亚甲基双丙烯酰胺(N,N'-methylene bisacrylamide,Bis)在自由氧基的诱发下发生聚合反应,在制备过程中经过特殊工艺合成的球形聚丙酰胺凝胶珠。通过控制两者的比例,就可以得到不同交联度的聚丙烯酰胺凝胶。

聚丙烯酰胺凝胶层析介质的稳定性不如交联的聚葡糖凝胶,它在酸性的条件下酰胺键容易被水解生成羧酸,使凝胶介质带有一定的离子交换基团,在排阻层析时对溶液中带电荷组分发生离子交换作用,使介质的非特异性吸附增加。因此,聚丙烯酰胺凝胶层析应当尽量避免使用酸性较强的缓冲液。

最常用的聚丙烯酰胺凝胶层析介质是 Bio-Gel P 系列产品,它是由 Bio-Rad 公司生产的,介质的型号不同,其交联度也不同,分离相对分子质量的范围有差异。介质的有关技术参数见表2-4。

在 Bio-Gel P 系列产品中,"P"后面的阿拉伯数字越大,表示交联度越小,凝胶孔径越大,相对分子质量分离范围越大,凝胶的溶胀体积越大。与此相反,"P"后面的阿拉伯数字越小,表示交联越大,凝胶孔径越小,相对分子质量分离范围越小,凝胶的溶胀体积越小。它与葡聚糖凝胶介质的表示方法一样。

聚丙烯酰胺凝胶的特点:具有良好的大孔性和机械强度,交联后具有一定的耐受性。但在低于 pH 2 的酸性环境中或高温下,分子中的酰胺基易被水解产生羧酸;对偏酸或偏碱性的化合物及芳香族类化合物均有不同程度的吸附,使用离子强度略高的洗脱液就可以避免。

表 2-4 聚丙烯酰胺凝胶层析介质的有关技术参数

凝胶型号	溶胀体积(ml/g)	排阻下限	分离范围(Mr)
Bio-Gel P-4	5.8	3.6×10^3	$5\times10^2 \sim 4\times10^3$
Bio-Gel P-6	8.8	4.6×10^3	$1\times10^3 \sim 5\times10^3$
Bio-Gel P-10	12.4	10×10^3	$5\times10^3 \sim 1.7\times10^4$
Bio-Gel P-30	14.9	30×10^3	$2\times10^4 \sim 5\times10^4$
Bio-Gel P-60	19.0	60×10^3	$3\times10^4 \sim 7\times10^4$
Bio-Gel P-100	19.0	100×10^3	$4\times10^4 \sim 1\times10^5$
Bio-Gel P-150	24.0	150×10^3	$5\times10^4 \sim 1.5\times10^5$
Bio-Gel P-200	34.0	200×10^3	$8\times10^4 \sim 3\times10^5$
Bio-Gel P-300	40.0	300×10^3	$1\times10^5 \sim 4\times10^5$

(3)琼脂糖凝胶:是由 β-D-吡喃半乳糖和 3,6 脱水-L-吡喃半乳糖交联构成的多糖链。在100℃时呈液态,当温度降至45℃以下时,多糖链以氢键相互连接形成双链单环的琼脂糖,经凝聚即成为束状的琼脂糖凝胶。

琼脂糖凝胶是一种大孔胶,由于半乳糖的分子中含有许多羟基,具有良好的亲水性,在层析过程中非常容易与水溶性溶质或溶剂接触。它的交联度随着琼脂的浓度增加而增大,制备时以物理的方式聚胶,首先配制一定浓度的琼脂糖,加温直至使其完全融化,然后迅速冷却获得凝胶,凝胶内部的网状结构主要是依靠糖链之间的次级键如氢键来维持稳定,网状孔径的大小通过改变凝胶的交联度来控制。琼脂糖分子中不带电荷,所以非特异性吸附较少,样品在排阻层析分离时回收率较高。

由于琼脂糖凝胶链与链之间不是共价结合,所以对于未经特殊处理的琼脂糖凝胶,当环境的温度高于56℃时就会开始融化,如果经过特殊方式处理或经过交联的琼脂糖可以耐受 100~120℃的高温,机械强度也有较大的提高。

最常用的琼脂糖凝胶层析介质是 Sepharose B 系列产品,它是由 Pharmacia 生产的,介质的型号不同,其交联度也不同,分离相对分子质量的范围有差异。不同型号的琼脂糖凝胶表示不同的琼脂糖百分含量,有关技术参数见表2-5。

表 2-5　琼脂糖凝胶层析介质的有关技术参数

凝胶型号	颗粒大小(μm)	凝胶浓度(%)	分离范围(Mr)
Sepharose 2B	60~200	2	$5\times10^5 \sim 1.5\times10^8$
Sepharose 4B	45~165	4	$2\times10^5 \sim 1.5\times10^7$
Sepharose 6B	45~165	6	$5\times10^4 \sim 2\times10^6$
Sepharose 8B	45~165	8	$2\times10^4 \sim 7\times10^5$
Sepharose 10B	45~165	10	$1\times10^4 \sim 2.5\times10^5$
Sepharose 12B	45~165	12	$5\times10^3 \sim 5\times10^4$

在 Sepharose B 系列产品中,"B"前面的阿拉伯数字表示琼脂糖的百分浓度,琼脂糖浓度越高表示交联度越大,凝胶孔径越小,相对分子质量分离范围越小。与此相反琼脂糖浓度越低表示交联度越小,凝胶孔径越大,相对分子质量分离范围越大。因此琼脂糖凝胶的交联度表示方法正好与葡聚糖凝胶相反。

琼脂糖凝胶的特性,一是机械性能好;二是分子量使用的范围广;三是吸附生物大分子的能力最小,这是前两种凝胶所不能比拟的。因此,分离生物大分子时尽量选用它。交联的琼脂糖凝胶除能耐受 120℃ 蒸气压力处理外,在 6mol/L 尿素中也不变形,还能耐受一定的酸碱度(在 pH 3~12 范围内稳定)。

另外值得一提的是各类凝胶技术近年来发展得很快,目前已研制出很多性能优越的新型凝胶。例如 Pharmacia Biotech 的 Superdex 和 Superose,Superdex 的分辨率非常高,化学物理稳定性也很好,可以用于 FPLC、HPLC 分析;而 Superose 的分离范围很广,分辨率较高,可以一次性的分离分子量差异较大的混合物。同时它的机械稳定性也很好。

(五) 离子交换层析

离子交换层析(ion exchange chromatography,IEC)是利用固定相偶联的离子交换基团和流动相解离的离子化合物之间发生可逆的离子交换反应而进行分离的方法。离子交换层析是在无机化合物、有机化合物和生物大分子的分离中应用最早、最广泛的方法之一。不仅用于大规模工业化生产,也可用于小量制备或研究分析。目前离子交换层析仍是生物化学领域中常用的一种层析方法,广泛地应用于各种生化物质如氨基酸、蛋白、糖类、核苷酸等的分离纯化。

1. 基本原理　离子交换剂以一类不溶的惰性物质为支持物,通过化学反应(酯化、氧化和醚化等)共价引入带电基团,引入正电荷基团的离子交换剂为阴离子交换剂,可以静电吸附阴离子;而引入负电荷基团的离子交换剂为阳离子交换剂,可以静电结合阳离子。这种以静电引力结合在交换剂上带相反电荷的可交换离子称为平衡离子或称交换基团。这些基团与溶液中相同电荷的基团进行交换反应。蛋白质分子在偏离其等电点的 pH 下可以带不同的电荷,溶液的 pH 低于蛋白质的等电点时,蛋白质分子带正电荷,可以和阳离子交换剂交换,反之,可以和阴离子交换剂交换。

离子交换剂的带电荷基团吸附溶液中相反电荷的物质,被吸附的物质随后与带相同类电荷的其他离子所置换而被洗脱。基于各种带电荷的物质与交换剂的亲和力差异,即物质的电荷性、极性、与离子交换基团的交换能力等差异,可以通过控制条件将它们逐个分离。

2. 离子交换介质的技术指标

(1) 交换容量:交换容量是离子交换层析介质的一个重要参数,介质的交换容量越大,介质的性能越好,分离的效率越高。交换容量是表示在单位质量或单位体积的离子交换介质中所能交换溶液中溶质的质量。固体离子交换介质交换容量的表示方法:每克介质交换溶质的毫克数量或毫摩尔数量(mg/g 或 mmol/L);浸泡在溶液中或溶胀好的离子交换介质交换容量的表示方法:每毫升介质交换溶质的毫克数或毫摩尔数量(mg/ml 或 mmol/ml)。通常交换容量的测定方法是以酸、碱滴定法来确定强酸型或强碱型离子交换介质的交换容量,或者通过吸附某一特定的生物大分子的质量来确定弱酸型或弱碱型离子交换介质的交换容量。

(2) 溶胀系数:大多数离子交换介质都是以干燥的小圆珠或粉末状保存的,在使用之前需要经过溶胀。溶胀系数是指每克干的离子交换介质吸收水后膨胀的体积,用 ml/g 表示。介质溶胀体积的大小取决于载体交联度的大小,如 Sepharose 4B FF 表示 1g 干胶溶胀后能获得 5ml 凝胶介质,其溶胀系数为 5。

(3) 介质粒度:介质粒度是指离子交换介质颗粒直径的大小,单位是 μm。常用的离子交换介质的粒度大小可分为 4 类,即:①粗:颗粒直径在 100~500μm,可用于较大规模制备。②中粗:颗粒直径在 50~150μm,用于小型制备兼分析。③中细:颗粒直径在 20~80μm,用于分析。④细:颗粒直径在 5~30μm,用于微量分析,HPLC。

(4) 理化性质:刚性:指介质耐受外界压力的程度,即在较高的操作压下介质不变形,柱床体积保持稳定。物理稳定性:对热的耐受程度,在较高的温度下交联度不发生改变。化学稳定性:一般是指在 0.5~1mol/L 的强酸或强碱溶液中或高浓度的盐溶液中,化学性质保持稳定,化学键不发生断裂或降解反应,并具有较强的抗氧化的能力。

3. 离子交换剂的结构与分类　以高分子聚合物为支持物的离子交换剂分为三类:一类为化学合成的树脂类,另外两类由天然的大分子产物经加工制成,包括纤维素和凝胶。

(1) 离子交换树脂:是一类不溶于水、有机溶剂和酸、碱的高分子物质,其骨架一般由小分子单体和交联剂作用而形成的网状结构聚合物。有苯乙烯型、丙烯型、环氧型、纤维素型和凝胶型等,在骨架上引入不同的基团可形成不同类型的离子交换树脂。一般分为阳离子和阴离子交换树脂两大类,这些基团可与溶液中其他相应的离子或离子化合物进行交换,而树脂的物理性能不发生改变。

1) 阳离子交换树脂:阳离子交换树脂的主体结构上引入了带负电荷的强解离基团,如磺酸基团($—SO_3H$)、甲基磺酸基团($—CH_2—SO_3H$)等,即为强阳离子交换树脂;引入中强的解离基团,如磷酸基($—PO_3H_2$)等,为中强阳离子交换树脂;引入弱解离基团,如羧基($—COOH$)等,为弱阳离子交换树脂。

2) 阴离子交换树脂:阴离子交换树脂的主体结构上引入了带正电荷的基团,如季铵盐 $[—N^+(CH_3)_3]$ 等,为强阴离子交换树脂;而亚胺基($—NHCH_3$)和氨基($—NH_2$)等,为弱阴离子交换树脂。一般来说强酸型离子交换剂对氢离子的结合力比钠离子小,弱酸型离子交换剂对氢离子的结合力比钠离子大。同样强碱型离子交换剂对氢阳离子的结合力比氯离子小,弱碱型离子交换剂对氢阳离子的结合力比氯离子大。

弱酸性或弱碱性离子交换树脂所带电荷量取决于环境中的 pH。羧基型树脂能起充分交换作用的 pH 应在 6 以上,pH<3 时,羧基的解离被强烈抑制,交换作用难以进行。氨基型树脂于 pH<7 时才能有效进行交换,当溶液的 pH>9 时,不能发生交换反应。

一般化学合成的树脂,在主体结构上引入强的活性基团。这种树脂由于交联孔径小,吸附力太牢固,洗脱时需要采取比较强烈的条件,易引起蛋白质变性;而且对大分子化合物的穿透性能很小,不适用大分子的蛋白质分离纯化,多用于小肽和氨基酸的分离纯化。

(2) 离子交换纤维素(cellulose ion exchanger):是以纤维素为支持物,这种纤维素是从棉花、软木和硬木中分离出来的。离子交换纤维素具有松散的亲水性网状结构,大部分可交换基团位于纤维素表面,有较大的表面积,大分子可以自由通过,易于大分子蛋白质交换。洗脱条件温和,回收率高,适用于活性酶和其他蛋白质的分离纯化。

常用的离子交换纤维素有两种,一种是二乙基氨基纤维素,即 DEAE-纤维素,属阴离子交换剂;另一种是羧甲基纤维素,即 CM-纤维素,属阳离子交换剂。

(3)离子交换凝胶:是离子交换与分子筛两种作用结合起来,是离子交换技术的改进,一般在凝胶分子上引入可交换的离子基团。阳性交换剂是 CM-Sephadex,阴性交换剂是 DEAE-Sephadex。离子交换凝胶是高度交联的葡聚糖,每克干重具有相当多的带电基团,所以容量高。由于容量高必须以盐形式保存。Sephadex 离子交换剂在使用前要先变成游离碱型(阴性交换剂),然后立即转变适当的盐型,最后用层析的起始缓冲液平衡。其优点是,它们具有既能根据分子的电荷多少进行分离,又能根据分子大小(分子筛)进行分离的双重功能。

4. 选择离子交换剂的一般原则

(1)选择阴离子剂或阳离子交换剂,取决于被分离物质所带的电荷性质。如果被分离物质带正电荷,应选择阳离子交换剂;如带负电荷,应选择阴离子交换剂;如被分离物为两性离子,则一般应根据其在稳定,在某一 pH 范围内所带电荷的性质来选择交换剂的种类。

(2)交换剂的基质是疏水性还是亲水性,对被分离物质有不同的作用性质,因此对被分离物质的稳定性和分离效果均有影响。一般认为,在分离生物大分子物质时,选用亲水性基质的交换剂较为合适,它们对被分离物质的吸附和洗脱都比较温和,不易破坏活性。

(3)强型离子交换剂使用的 pH 范围很广,所以常用它来制备去离子水和分离一些在极端pH 溶液中解离且较稳定的物质。

(4)选择离子交换剂,取决于交换剂对各种被分离物质的结合力。为了提高交换容量,一般应选择结合力较小的离子。据此,强酸型和强碱型离子交换剂应分别选择 H 型和 OH 型;弱酸型和弱碱型交换剂应分别选择 Na 型和 Cl 型。

(六)亲和层析

亲和层析(affinity chromatography)是根据流动相中的生物大分子与固定相表面偶联的特异性配基发生亲和作用,有选择性吸附溶液中的溶质而进行的层析分离方法。

亲和层析由于是按照分子和配体的特异性结合进行分离的。它的特点是:①待分离物质与配基专一性结合,分辨率高,操作简单,通过一次性操作即可得到较高纯度的分离物质。②具有浓缩作用,可以从含量很低的溶液中得到高浓度的样品,有的纯化倍数达几千倍。③利用生物学的特异性进行分离,所以分离条件比较温和,能够很好地保持样品原有的生物学性质。

1. 基本原理 许多生物大分子化合物都具有和某些化合物发生可逆性结合的特性(具有一定亲和力),而且这种结合具有不同程度的专一性(特异性),例如酶-辅酶(或其竞争性抑制剂)、抗原-抗体、激素-受体等。将一对能可逆结合和解离生物分子的一方作为配基(1igand,也称配体)与具有大孔径、亲水性的固相载体相偶联,制成专一的亲和吸附剂。当被分离物随着流动相经过亲和吸附剂时,亲和吸附剂上的配基就有选择地吸附待分离物质,经过洗脱除去不能结合的杂质后,再通过解吸附使待分离物质与配体分离,从而达到分离提纯的目的。如图 2-2 所示:

2. 亲和层析配基

(1)种类:配基主要有以下几类。①有机小分子类:主要有苯基类、烷基类、氨基酸类、核苷酸类等。②生物大分子类:主要有酶类、抑制剂类、蛋白质类、抗原抗体类等。③染料:主要有蓝色葡聚糖、荧光染料等。

(2)配基的选择:在亲和层析中,分离生物大分子的配基必须具备下列条件。①配基必须有适当的化学基团能与活化剂的活化基团发生偶联作用,以便使载体得到较高的偶联率,偶联后不致影响配基和被分离生物大分子的专一结合特性。②配基必须能与被分离物质容易发生亲和作用,且专一性要强,以便更有效地分离目标产物。③配基与生物大分子结合后,在一定条件下能够被解吸附,且不破坏生物大分子的生物活性和理化性质。④若分离物质是生物分子,

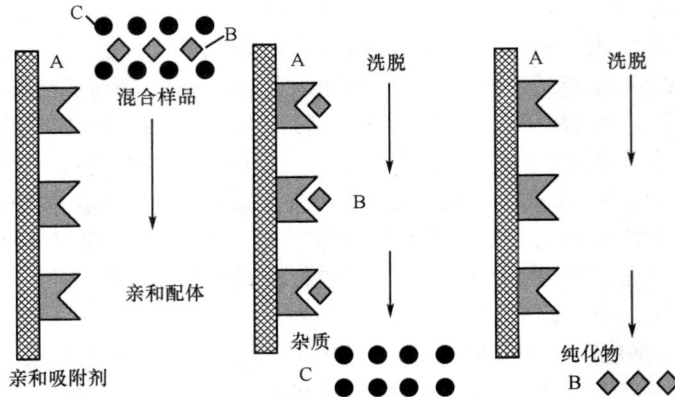

图 2-2 亲和层析分离原理示意图

尽量选择相对分子质量较大的化合物作为配基,以减少在分离过程中的空间阻碍。

选择合适的配基是亲和层析中的重要环节。根据待分离物质在溶液中与某些物质能否进行可逆性结合、它们之间的亲和力的大小和专一性等特性进行选择。配基可以是大分子也可以是小分子,通过实验来确定理想的配基。在实际工作中选择哪一种物质作配基,要根据待分离对象和实验的具体情况而定。例如选择酶的竞争性抑制剂、底物和辅助因子类配基可以纯化酶;选择维生素类配基可以纯化与其专一结合的蛋白质;选择相应的激素可以纯化激素受体蛋白;选择互补的碱基序列、组蛋白、核酸聚合酶、核酸结合蛋白类配基可以纯化核酸;选择抗体或抗原类配基可以纯化抗原或抗体;选择细胞表面特异性受体为配基来纯化细胞等。

3. 亲和层析载体

(1)载体的基本性质

1)纤维素:亲水性纤维素是葡萄糖残基的链状化合物以氢键相连接的网状结构,在亲和免疫吸附、核苷酸亲和吸附中得到应用。虽然纤维素衍生物有廉价及来源充足的优点,但它的纤维性、非均一性以及非专一性吸附作用的特点,使得由纤维素制备的亲和吸附剂进行亲和层析时纯化倍数不高,限制了其广泛的应用。

2)葡聚糖凝胶:是由葡萄糖经环氧氯丙烷交联而成的产物,具有良好的化学及物理稳定性,骨架上有很多羟基供配基偶联,但它多孔性较差,孔径小,活化过程中进一步交联,网孔缩小,影响了在亲和层析中的应用。

3)聚丙烯酰胺凝胶:由丙烯酰胺单体和交联剂 N,N'-亚甲基双丙烯酰胺在加速剂四甲基乙二胺(TEMED)和催化剂过硫酸铵存在下聚合形成的稳定结构的凝胶,控制单体和交联剂的浓度,便可以得到网孔大小不同的凝胶。物理化学性质稳定,抗微生物侵蚀,提供大量酰胺基与配基偶联,高浓度的配基特别适用于配基和亲和物之间亲和力较弱的系统,从聚丙烯酰胺凝胶可制得各种衍生物载体,可以和带不同类型基团的配基偶联制成不同的亲和介质。

4)多孔玻璃:是一种硼硅酸钠玻璃经高温和酸碱处理制备的有均匀孔径的玻璃,它具有许多理想载体的特性,机械强度高,可承受有机溶剂和缓冲液成分的改变,不怕微生物的侵蚀,可高压灭菌消毒,对制备无菌、无病毒、无热源的生物制剂有应用价值。但玻璃表面带有羟基,在水溶液中表面带有负电荷,对于蛋白质具有非专一性吸附,影响了其广泛使用。

5)琼脂糖凝胶:是由 D-半乳糖和 3,6-脱水-L-半乳糖交替结合而成的大分子多聚糖,靠糖链之间的次级键交联成的稳定网状结构的珠状凝胶,网状结构的疏密依靠改变琼脂糖浓度的方法来控制。它具有理想载体的特性。目前应用最多的琼脂糖凝胶是瑞典 Pharmacia 公司生产的

Sepharose,如用 Sepharose 4B 来分离生物大分子。

6）交联琼脂糖凝胶：交联琼脂糖凝胶是通过交联剂共价交联后得到的琼脂糖凝胶层析介质，如 Sepharose CL 系列介质。在琼脂糖凝胶层析介质中，如果需要应用有机溶剂进一步化学修饰、高温灭菌、盐酸胍处理时，交联的 Sepharose CL 介质比 Sepharose 介质表现出更好的稳定性。Sepharose CL 介质在各种有机溶剂中稳定，孔径不会改变，还可以用水不溶性的小分子作为配基合成亲和吸附剂。但是由于交联后的 Sepharose CL 介质减少了配基结合有效位点的数量，Sepharose CL 介质的活化效率大约是 Sepharose 介质的 50% 左右，比 Sepharose 介质的亲和容量低。

7）聚丙烯酰胺-琼脂糖凝胶：是丙烯酰胺和琼脂糖的共聚物，兼有聚丙烯酰胺凝胶和琼脂糖凝胶的优点。凝胶上的酰氨基和羟基可供活化剂活化。颗粒大小均匀，机械强度大，能承受较大的操作压，层析时有较好的流速，分辨率高。

（2）选择载体的基本原则：①不溶于水，并具有高度亲水性，载体上的配基容易和水溶液中的亲和物接近并结合。②具有稀松的多孔网状结构，这种结构就决定了载体对于溶液具有良好的流动性和渗透性，它允许大分子自由通过，并提高了配基的有效浓度，提供较高的亲和容量。③具有良好的机械性能，最好是均匀的球形颗粒，有较强的刚性，层析过程中在静压下载体颗粒不致变形，保证亲和柱维持较好的流速，使层析不受影响。④必须有足够数量的化学基团，经化学方法活化后，与大量的配基相偶联。⑤必须是化学惰性的，没有或很微弱的物理吸附或离子交换等非特异性吸附作用，减少待分离物的损失。⑥有良好的物理和化学的稳定性，在配基偶联、亲和层析、再生处理过程中不会因离子强度、温度、pH 的变化，变性剂、去污剂的应用而破坏载体的物理化学结构，在介质的反复使用过程中能抗微生物和酶的侵蚀。

4. **活化剂的选择** 在实验过程中，活化剂一般用溴化氰和环氧氯丙烷较多，二者各有利弊。

（1）溴化氰：溴化氰活化载体是目前用得最多、效果最好的活化方法。它活化效率高，活化速度快，可达 10ml gel/5min。缺点是溴化氰容易分解产生剧毒的氢氰酸及溴，活化臂短，不利于生物大分子的结合。

瑞典 Pharmacia 公司生产的 CNBr 活化的 Sepharose 4B 为固定化配基提供了很大的方便，不需特殊化学试剂及装置，避免了 CNBr 的毒性。CNBr 活化的 Sepharose 4B 可与蛋白质、核酸和其他生物高聚物分子发生偶联，在温和条件下，通过伯氨基或相似的亲核基团与活化的载体偶联。偶联反应是自发的、快速的，操作简便。配基不会从载体上水解。

（2）环氧氯丙烷：环氧氯丙烷在碱性条件下活化载体，活化效率高，活化臂较长，有利于生物大分子的结合。毒性很小，可以在常规条件下操作。缺点是活化温度较高，45~50℃，活化时间较长（2h/10ml）。

5. **偶联条件的选择**

（1）偶联 pH：一般活化在碱性条件 pH 13 左右，与配基偶联最佳 pH 在 8~10，在这个 pH 范围内配基上的氨基多数是非质子化形式，蛋白质的偶联一般选在 pH 8.3。如果选用的配基在碱性条件下比较稳定，要尽可能地选用碱性条件。在高 pH 时，—NH₂ 基团多，偶联率高，但也因此改变了配基的高级结构，甚至丧失活性，所以在偶联时 pH 的选择要根据具体情况而定。

（2）偶联缓冲液：溴化氰活化的载体，偶联时用碳酸氢钠或硼酸盐缓冲液，不能用 Tris 和其他含氨基的缓冲液，因溶液中的氨基会干扰配基的偶联。偶联缓冲液还需要高盐（0.5mol/L NaCl），以防止蛋白质配基的聚合。

（3）偶联温度和时间：溴化氰活化的载体，一般都在 4℃ 左右偶联过夜，也可以室温（20~25℃）下反应 2h。环氧氯丙烷活化的载体，一般在 35~45℃ 偶联。偶联时间要根据配基的浓度来确定，一般情况要 16~24h。

（4）偶联配基的浓度：偶联时并不总是需要大量的配基才能制成高效的亲和吸附剂，高浓度配基的偶联可以增加结合强度、空间位阻和非特异性结合,空间位阻可以引起亲和吸附剂结合效率的降低,尤其是当高浓度大分子蛋白被偶联时。对于多数亲和吸附剂每毫升凝胶选用的配基是 1~20μmol。对于蛋白质配基每毫升凝胶用 5~10mg。对于免疫吸附剂,每毫升凝胶最有效的配基浓度是小于 5mg。对于亲和力很低的系统(解离常数 $K_d > 10^{-4}$ mol/L)配基浓度要尽量大以提高结合强度。

(王晓华)

第四节　电泳技术

电泳(electrophoresis)就是在电场作用下,带电粒子向着与其所带电荷相反的电极移动的现象。利用这一特性来分离、纯化、鉴定和定量分析生物大分子和带电粒子的技术称为电泳技术(electrophoretic techniques)。

自从 1937 年瑞典科学家 Tiselius 根据电泳原理设计的第一台电泳装置问世以来,电泳的种类和方法有了较大的发展,电泳的分辨率也有了很大的提高。从最初的移界电泳到纸电泳、醋酸纤维素薄膜电泳、聚丙烯酰胺凝胶电泳(polyacrylamide gel electrophorsis,PAGE)、SDS-聚丙烯酰胺凝胶电泳、等电聚焦电泳和双向电泳等,不仅电泳种类和方式有了很大改进,而且其分辨率也大为提高。利用双向电泳,可将含有 5000 种蛋白质混合物的样品逐一分开。除此以外,还有将电泳和免疫技术结合起来的免疫电泳。免疫电泳不仅可用来定量分析,而且还可用来鉴定某些生物大分子的生物活性。

目前,各类电泳技术作为一种分离手段已广泛用于生物大分子的分离、纯化、分析、制备,以及用于测定它们的分子量、等电点等。现在,电泳已成为生命科学、医学等领域以及制药业、农林业、食品工业、生物工程、环境工程和工业分析等行业中经常使用的实验手段。

一、电泳的分类

一般按电泳的原理将电泳分离系统分为三种方式:自由移动界面电泳(无支持介质)、区带电泳(有支持介质)和稳态电泳或称置换电泳。

(一) 自由移动界面电泳

自由移动界面电泳(free moving boundary electrophoresis)中样品分子是在自由溶液中迁移,从而引起界面的移动。这是最早的电泳方式。在自由移动界面电泳中,电场加在大分子溶液和缓冲溶液之间的一个非常窄的界面上。带电分子的移动速率通过观察界面的移动来测定。如果大分子的离子溶液是不均一的,就能观察到多个移动的界面。缓冲液的选择是很重要的,它必须与大分子的离子溶液形成鲜明的界面。要准确测量界面的移动,还必须使界面两边的电场和 pH 大体恒定,电泳过程中在电极上不产生气泡,而电泳过程中产生的焦耳热借助对流循环可以不扰动界面。对界面的移动需备有观察和照相设备。

自由电泳法的发展并不迅速,因为其电泳仪构造复杂、体积庞大,操作要求严格,价格昂贵等。不过现在发展起来的毛细管电泳和空间电泳仍沿用了自由电泳的部分原理和设计思路。

(二) 区带电泳

区带电泳(zone electrophoresis)中样品分子在介质上或介质中迁移,最终被分离成独立的区带,这是现在最常用的电泳方式。本节将着重介绍有支持介质的区带电泳。区带电泳是在半固相或胶状介质上加一个点或一薄层样品溶液,然后加电场,分子在支持介质上或支持介质中迁移。支持介质的作用主要是为了防止机械干扰和由于温度变化以及大分子溶液的高密度而产生的对流。但是支持介质有时会吸附不同分子或起分子筛作用（层析效应）而对分离起破坏或帮助的作用。区带电泳使用不同的支持介质，早期有滤纸、玻璃珠、淀粉粒、纤维素粉、海砂、海绵、聚氯乙烯树脂；以后有淀粉凝胶、琼脂凝胶、醋酸纤维素膜，现在则多用聚丙烯酰胺和琼脂糖凝胶。

20世纪80年代末发展起来的毛细管电泳（capillary elecltrophoresis）是一种新型的区带电泳方法，又称毛细管区带电泳。它是在毛细管中装入缓冲液，在其一端注入样品，在毛细管两端加直流高电压实现对样品的分离，分离后的样品依次通过设在毛细管一端的检测器检出。

（三）稳态电泳

稳态电泳（steady state electrphoresis）或称置换电泳（displacement electrophoresis），其电泳特点是分子颗粒的电泳迁移在一定时间后达到一个稳态。在稳态达到后，带的宽度不随时间而变化，等电聚焦和等速电泳基本属于这一类。

二、电泳的基本原理

（一）生物分子的电荷来源

电泳是离子在电场中通过介质的移动，应用电泳分离样品主要是针对生物大分子，所以从电泳角度看，生物大分子最主要的特性是它的带电行为。生物大分子如蛋白质、核酸、多糖等常以颗粒分散在溶液中，它们的净电荷取决于介质的H^+浓度或与其他大分子的相互作用。下面以蛋白质为例介绍其电荷来源。

由于蛋白质是由氨基酸组成的，而氨基酸带有可解离的氨基（质子受体）和羧基（质子供体），因此是两性电解质。当氨基酸之间通过肽键形成蛋白质后，参与形成肽键的氨基和羧基就不是可解离基团了，但是蛋白质侧链上仍然有一些酸碱基团，如Asp的β-COOH、Glu的γ-COOH、Lys的ε-NH$_2$、His的咪唑基、Arg的胍基等以及蛋白质的氨基末端和羧基末端，使得蛋白质成为两性电解质。

在某一pH条件下，蛋白质分子所带的正负电荷数相等，即净电荷为零。此时为蛋白质的等电点（pI），蛋白质质点在电场中不移动；当体系pH>pI时，蛋白质分子会解离出H^+而带负电，从而在电场中向阳极移动；当体系pH<pI时，蛋白质分子会结合H^+而带正电，从而在电场中向阴极移动。

特定蛋白质的等电点取决于它的氨基酸组成，是一个物理化学常数。对于不同蛋白质，其等电量范围很宽，在一定pH时，不同蛋白质分子所带电荷的电性和电量不同，由此可进行蛋白质的分离和分析。

（二）电泳的迁移率

在电场中，带电颗粒向阴极或阳极迁移。如果把生物大分子的胶体溶液放在一个没有干扰的电场中，使颗粒具有恒定迁移速率的驱动力来自于颗粒上的有效电荷Q和电位梯度E。它们与介质的摩擦阻力f抗衡。在自由溶液中，这种抗衡服从斯托克斯定律（Stokes' Law）：

$$f = 6\pi r v \eta$$

这里v是在介质黏度为η中半径为r的颗粒的移动速度。但在凝胶中，这种抗衡并不完全符合斯托克斯定律。f还取决于介质中的其他因子，如凝胶厚度、颗粒尺寸，甚至介质的电内渗等。

不同的带电颗粒在同一电场的运动速度不同，可用迁移率来表示。迁移率（mobilicy, m）是指带电颗粒在单位电场强度下的泳动速度，即在电场强度E的影响下，颗粒在时间t中的迁移距

离 d：

$$m = \frac{d}{t \cdot E}$$

或

$$m = v/E$$

其中 v 代表移动速度，单位是 cm^2/s，电场强度 E 的单位是 V/cm（V 为电压单位），迁移率的单位是 $cm^2/s \cdot V$。它的符号决定于颗粒的净电荷。迁移率的不同提供了从混合物中分离物质的基础，迁移距离正比于迁移率。

电场强度 E、电流密度 J 和导电性 K 有关，所以带电颗粒的移动速度也能表示为

$$V = E \cdot m = m \cdot J/K$$

带电颗粒在电场中的迁移速度与本身所带的净电荷的数量、颗粒大小和形状有关，一般来说，所带静电荷越多，颗粒越小，越接近球形，则在电场中迁移速度越快，反之越慢。

（三）影响电泳速度的因素

1. 影响电泳速度的内在因素　大部分的生物大分子都两性离子，这些电离基团的解离常数不同，所以大分子的净电荷取决于环境的 pH。生物分子在某个 pH 条件下电离后所出现的电性和电量是决定其电泳速度的主要因素，其次生物分子的分子量也是影响其电泳速度的重要因素，此外生物分子的形状也对其电泳速度产生影响。

2. 影响电泳速度的外在因素

（1）溶液 pH：pH 决定被分离生物分子的解离程度、带电性质和所带净电荷量。因此需选择合适的 pH，使欲分离的各种生物分子所带电荷的电性相同但是电量有较大的差异，以利于彼此的分离。

（2）电场强度：电场强度是指单位长度（cm）的电势差，也称电势梯度。如以滤纸作支持物，其两端浸入到电极液中，电极液与滤纸交界面的纸长为 20cm，测得的电势差为 200V，那么电场强度为 200V/20cm＝10V/cm。当电压在 500V 以下，电场强度在 2～10V/cm 时为常压电泳；电压在 500V 以上，电场强度在 20～200V/cm 时为高压电泳。电场强度越大则带电颗粒迁移越快，电泳时间越短，但因此产生热量也越大，应配备冷却装置以维持恒温。反之电场强度越小则带电颗粒迁移越慢，电泳时间长。

（3）溶液离子强度：离子强度决定了大分子颗粒的电动电位。带电颗粒的迁移率与离子强度的平方根成反比，即电泳液中的离子浓度增加时会引起带电颗粒迁移率的降低。其原因是带电颗粒吸引与其电性相反的离子聚集其周围，形成一个与带电颗粒电性相反的离子层，离子层不仅降低带电颗粒的带电量，同时增加颗粒前移的阻力，甚至使其不能泳动。

离子强度越低，则欲分离组分的迁移速度越快；但离子强度太低则缓冲能力太小，不易维持溶液的 pH，影响质点的带电量，改变泳动速度。因此合适的离子强度范围在 0.01～0.2mol/L 之间。

（4）电渗现象：在电场作用下液体对于固体支持介质的相对移动称为电渗（electroosmosis）。电渗是由于电泳支持介质上含有可解离的基团，因此常吸附溶液中的正离子或负离子，使溶液相对带负电或正电，从而吸附流动相向正极或负极移动。如以滤纸作支持介质时，纸上纤维素含有 OH^- 而带负电荷，与纸接触的水溶液因产生 H_3O^+，带正电荷而移向负极，若分离的样品分子原来在电场中移向负极，结果样品分子的表现速度比其固有速度要快，若分离的样品分子原来移向正极，则表现速度比其固有速度要慢。

电泳时，带电颗粒的迁移速度是颗粒本身的迁移速度与由于电渗携带颗粒的移动速度之矢量和。为消除电渗现象，应尽可能选择无电渗的电泳介质。

（5）电泳支持介质：要求介质均匀，对样品吸附力小。

（6）温度：电泳过程中会产热，造成样品扩散及烧胶，因此需控制电压或电流，或安装冷却系统。

（四）影响电泳分辨率的因素

电泳中的介质是影响电泳分辨率的一个很重要的因素。由于样品的扩散和对流会干扰样品的分离，可使用支持介质以防止电泳过程中的对流和扩散。支持介质必须是化学惰性的、均匀、化学稳定性好，为了减少电内渗，需选择无电渗的凝胶介质。

电压及冷却系统也会影响电泳的分辨率。高电压（电场强度）可以提高电泳的分辨率，但高电压会导致凝胶过热甚至烧胶，因此凝胶的良好散热性是非常重要的，为此可以使用薄的平板胶及采用冷却装置。

缓冲系统由于影响样品的电荷密度以及溶解性、稳定性等，会对电泳的分辨率造成影响。

三、电泳的支持介质

电泳的早期形式，即在自由溶液中进行的移动界面电泳已成为历史，代之以采用支持介质的区带电泳现在被广泛地使用。采用支持介质的目的是防止电泳过程中的对流和扩散，以使被分离的成分得到最大分辨率的分离。为此，支持介质应具备以下特性：化学惰性，不干扰大分子的电泳过程，化学稳定性好，均匀，重复性好和电渗小等。

固体支持介质可以分为两类：一类是无阻滞，如纸、醋酸纤维素膜、硅胶、矾土、纤维素等。这些介质相对来说是化学惰性的，能将对流减到最小，使用这些支持介质进行蛋白质分离和在自由溶液中一样是基于 pH 环境中的蛋白质的电荷密度。但在有些情况下，它们也会与迁移颗粒发生相互作用而参与分离过程。另一类是高密度凝胶，如聚丙烯酰胺凝胶、琼脂糖凝胶和淀粉。与上述相比，这些凝胶不仅能防止对流，把扩散减到最小，而且它们是多孔介质，孔径尺寸和生物大分子具有相似的数量级，因而具有分子筛效应。使用这些凝胶进行分离不仅取决于大分子的电荷密度，还取决于分子尺寸。如具有相同电荷密度和不同尺寸的两种蛋白质使用纸电泳不可能分离好，而使用梯度凝胶电泳来分离，由于分子筛效应，小分子会比大分子跑得快而使分辨率提高。

现在第一类支持介质在许多场合已被第二类支持介质所代替。淀粉凝胶由于其批号之间的质量相差甚大，很难得到重复的电泳结果，且胶层厚、分辨率低、电泳时间长、操作麻烦，实验室中已很少使用。聚丙烯酰胺凝胶的孔径大小与蛋白质分子同数量级，因此对蛋白质具有分子筛效应，目前常用于分离蛋白质。琼脂糖凝胶的孔径较大，对大多数蛋白质仅有很小的分子筛效应，但适合于分子量更大的核酸分离。下面介绍现在常用的支持介质。

（一）醋酸纤维素薄膜

醋酸纤维素薄膜（cellulose acetate membrane）是将纤维素的羟基乙酰化形成纤维酯，然后将其溶于有机溶剂后涂抹成均匀的薄膜，干燥后就成为醋酸纤维素薄膜。这种薄膜由于纤维素的羟基被乙酰化，对蛋白质样品吸附性小，基本上没有脱尾现象产生。又因为薄膜的亲水性比较小，它所容纳的缓冲液少，电泳时电流的大部分由样品传导，所以电泳时间短，分离速度快，可将不同样品分离成为明显的细带，分辨率较高。

采用醋酸纤维素薄膜作为支持物的电泳方法叫醋酸纤维素薄膜电泳。醋酸纤维素薄膜电泳是在纸电泳的基础上发展起来的，与其相比具有以下优点：分离所用的样品少，分离速度快，醋酸纤维素薄膜可做成透明膜扫描定量，减少误差。但其缺点是：薄膜不易吸水，随着水分的蒸发薄膜逐渐变干，且醋酸纤维素薄膜在使用前，必须用缓冲液预先浸泡。总之，用醋酸纤维素薄膜作支持介质的电泳操作简单、快建、价廉，目前多用于临床检验和医学上的常规分析。

（二）聚丙烯酰胺凝胶

聚丙烯酰胺凝胶（polyacrylamide gel）是由单体丙烯酰胺（acrylamide，Acr）和交联剂 N,N'-甲叉双丙烯酰胺（N,N'-mechylenebisarylamide，Bis）在催化剂和增速剂的作用下聚合而成的三维网状结构的凝胶。丙烯酰胺、双丙烯酰胺和聚丙烯酰胺凝胶的化学结构见图 2-3。聚丙烯酰胺凝胶是目前最常用的电泳支持介质。

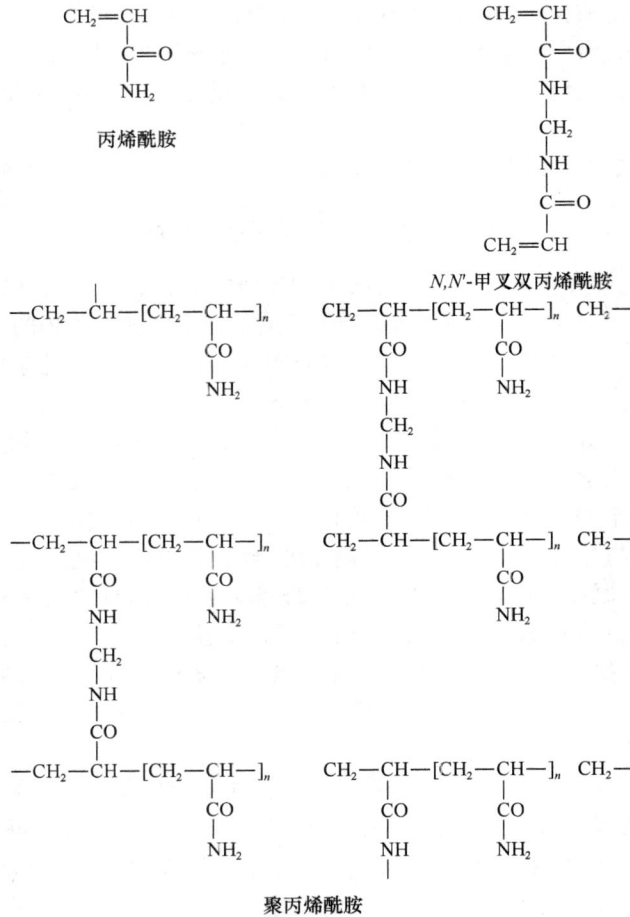

图 2-3　丙烯酰胺、N,N'-甲叉双丙烯酰胺和聚丙烯酰胺的化学结构

1. 丙烯酰胺和 N,N'-甲叉双丙烯酰胺的特性　丙烯酰胺单体和 N,N'-甲叉双丙烯酰胺单体在固体状态时相对比较稳定，它们可在室温下至少保存一年，但它们在溶液状态时是不稳定，单体溶液在自然光、γ 射线、超声波的引发下会发生聚合，故应存放在棕色瓶中避光保存。30% 的丙烯酰胺只能在 4℃ 保存一个月。丙烯酰胺在储存期间（在酸、碱条件下）会水解成丙烯酸而增加电泳时的电渗现象和减慢电泳迁移率。单体试剂应为分析纯，最好新鲜配制，试剂不纯将会干扰凝胶的聚合，配试剂应使用双蒸水。

应该注意的是丙烯酰胺单体和 N,N'-甲叉双丙烯酰胺单体都是神经毒素，特别是固体粉剂，在操作过程中应采取预防措施。

2. 聚丙烯酰胺凝胶的形成　丙烯酰胺和 N,N'-甲叉双丙烯酰胺在增速剂和催化剂的作用下通过聚合而形成聚丙烯酰胺凝胶，聚合反应分为化学聚合和光化学聚合。

（1）化学聚合：一般用过硫酸铵作催化剂，N,N,N',N'-四甲基乙二胺（TEMED）作增速剂。碱性条件下 TEMED 催化过硫酸铵生成硫酸自由基，接着硫酸自由基的氧原子激活丙烯酰胺单体并形成长链，N,N'-甲叉双丙烯酰胺再将长链连成网状结构。增加过硫酸铵和 TEMED 的浓度可加速聚合。碱性条件下易聚合，而酸性条件下由于缺少 TEMED 的游离碱，难以聚合，这时可用 $AgNO_3$ 作增速剂。低温、氧分子及杂质会阻碍凝胶的聚合。采用化学聚合法制备的凝胶孔径小且重复性好，此法应用较多。

（2）光化学聚合：一般用核黄素作催化剂，TEMED 作增速剂，在光照及少量氧的条件下，黄素被氧化成有自由基的黄素环而引发聚合。此法制备的胶孔径较大且不稳定，但用此法进行酸性凝胶的聚合效果比较好。

3. 聚丙烯酰胺凝胶的孔径及分子筛效应　由于聚丙烯酰胺凝胶是多孔介质且孔径大小与蛋白质有相似的数量级，从而能主动参与生物分子的分离，因此具有分子筛效应。凝胶的孔径大小、机械性能、弹性、透明度、黏着度及聚合程度取决于 T 和 C，T 为 Acr 和 Bis 的总浓度（%），C 为交联浓度（%）：

$$T = \frac{\text{Acr+Bis}}{V} \times 100(\%)$$

$$C = \frac{\text{Bis}}{\text{Acr+Bis}} \times 100(\%)$$

Acr 和 Bis 为克数（g），V 为水或缓冲液的终体积（ml）。其中 Acr 与 Bis 的比例很重要，如果 Acr∶Bis 小于 10，凝胶脆、硬，呈乳白色；如果 Acr∶Bis 大于 100，T 为 5% 的凝胶呈糊状。适宜重量比应在 30 左右，而且其中 Acr 浓度必须高于 3%，此时凝胶富有弹性，且完全透明。

一般来说，当 C 保持恒定时，凝胶有效孔径随着 T 的增加而减少；当 T 保持恒定，C 为 4%～5% 时，有效孔径最小；C 高于或低于此值则孔径变大；C 大于 5% 时，凝胶变脆，且相对比较疏水，一般不宜使用。由于聚丙烯酰胺凝胶的孔径大小与蛋白质分子为同数量级，因此可利用孔径不同的凝胶来分离不同大小的蛋白质分子。

4. 聚丙烯酰胺凝胶的优点　在一定浓度时，凝胶透明，有弹性，机械性能好；化学性能稳定，与被分离物不起化学反应；对 pH 和温度变化较稳定；几乎无电渗作用，样品分离重复性好；样品不易扩散，且用量少，其灵敏度可达 10^{-6}g；凝胶孔径可调节；分辨率高。

5. 聚丙烯酰胺凝胶的应用范围　可用于蛋白质、酶、核酸等生物大分子的分离、定性、定量及制备，并可测定分子量和等电点，研究蛋白质的构象变化等。聚丙烯酰胺凝胶可用于常规及 SDS-聚丙烯酰胺凝胶电泳、等电聚焦电泳、双向电泳、聚丙烯酰胺梯度凝胶电泳及蛋白质印迹等。

（三）琼脂糖凝胶

琼脂糖是从琼脂中精制分离出来的胶状多糖（gel-forming polysaccharide）。它的分子结构大部分是由 1,3 连接的 β-D 吡喃半乳糖和 1,4 连接的 3,6 脱水 α-D 吡喃半乳糖交替而成的（图 2-4）。琼脂是从天然的红色的墨角藻（red-seaweed）中提取的。琼脂含有两种多糖，琼脂糖和琼脂胶。脱去硫酸酯基和丙酮酸酯基的琼脂胶即为琼脂糖。琼脂糖通常是白色粉末，有时稍稍带色，为中性物质，不带电荷，它在密封容器里可保存几年，但在溶液状态会自动裂解。

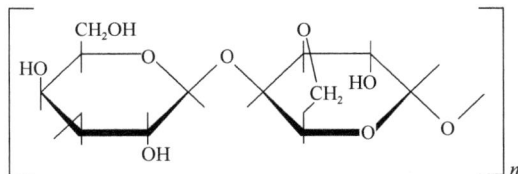

图 2-4　琼脂糖的化学结构

1. 琼脂糖作为支持介质的优点　琼脂糖也是电泳常用的一种支持介质,这是由于它作为电泳基质有如下的优点:

(1) 琼脂糖凝胶是具有大量微孔的基质,其孔径尺寸取决于它的浓度。0.075% 琼脂糖的孔径为 800nm,0.16% 的孔径为 500nm,1% 琼脂糖的孔径为 150nm,这是通常使用的浓度。它可以分析大到百万道尔顿分子质量的大分子。但电泳分辨率低于聚丙烯酰胺凝胶。这种大孔径特性有利于免疫固定、免疫电泳和微量制备,以及分离分子量比较大的物质。

(2) 琼脂糖具有较高的机械强度,允许在 1% 或更低的浓度下使用。且在这种浓度下仍然有筛分和抗对流的特性。但一般来说,它的机械强度低于聚丙烯酰胺凝胶,常在水平电泳系统中使用。

(3) 琼脂糖无毒。琼脂糖胶凝过程中不会发生自由基聚合,无需催化剂。呈生物中性,与别的生物只有很小的结合。

(4) 染色、脱色程序简单、快速,背景色较低。

(5) 琼脂糖凝胶有热可逆性、低胶凝温度及低熔点的琼脂糖可以容易地回收样品,对那些温度敏感的生物大分子,常用琼脂糖电泳分离、回收。

(6) 琼脂糖凝胶很容易干成薄膜,而不龟裂,适于光密度扫描和永久保存。

2. 琼脂糖的主要性能

(1) 电内渗(electroendosmosis):电内渗是琼脂糖电泳过程中的一种重要现象。它是由琼脂糖多糖骨架上的带电基团,主要是硫酸酯和丙酮酸盐引起的。与凝胶中的这些阴离子基团相结合的是向阴极迁移的水合抗衡离子,水也因此而被这些离子推向阴极。在电场中不能迁移的样品中的中性分子或接近中性的分子也在液体中被拽向阴极。

对于一些电泳,如对流电泳,电内渗是有益的,因为它将增加阳离子蛋白的分辨率,如高电渗的琼脂糖对免疫球蛋白 IgG 和 IgM 的分离效果最好。电内渗的高低对 DNA 的分离没有显著地影响。不过对于等电聚焦电泳必须使用零电内渗琼脂糖,如凝胶介质有电内渗,会使 pH 梯度向阴极漂移。

(2) 胶凝温度:将琼脂糖溶液加热至 90℃ 以上溶解,然后将温度下降到某一温度时由液态转变为不流动的固态,此温度即凝固点,称胶凝温度。一般为 35~43℃。但用于制备的琼脂糖,胶凝温度需低于 30℃。琼脂糖在溶液中分子呈自由卷曲状态,在胶凝的最初阶段变为双螺旋,然后变成双螺旋束而凝固成胶。

(3) 熔化温度:熔化温度是指加热凝固后的凝胶由固态转变为液态时的温度,即熔化点。一般在 75~90℃。但用于制备目的的低熔点琼脂糖其熔化温度需低于 30℃,以便重新熔化琼脂糖回收样品时,不破坏样品的分子结构。一般来说胶凝温度与熔化温度的差距越大越好。不同浓度的琼脂糖对胶凝温度和熔化温度的影响不大。

(4) 凝胶强度:凝胶强度是指每平方厘米凝胶所能承受的重量(g/cm^2)。凝胶强度与胶浓度成正比,凝胶强度是确定胶浓度的基础。在电泳中通常使用 1% 琼脂糖浓度,如果琼脂糖浓度过低,则凝胶强度也降低,此时胶软易碎,给操作带来困难。

(5) 脱水收缩作用:这是指从琼脂糖凝胶中挤压出液体的现象。在胶凝时由于小量的内部挤压引起收缩而造成在凝胶表面出水,对等电聚焦电泳来说是一个麻烦,此时要将凝胶表面的水用滤纸吸干。

3. 琼脂糖凝胶的用途　一般常用 1% 琼脂糖作为电泳支持物,琼脂糖凝胶主要应用于 DNA 分离、免疫电泳、蛋白质分离、蛋白质印迹、交变脉冲凝胶电泳及等电聚焦。

(四) 电泳的其他介质

聚丙烯酰胺和琼脂糖是目前最常用的两种电泳介质。聚丙烯酰胺凝胶的分率高,但孔径相对较小;而琼脂糖凝胶孔径大,但分辨率较低。因此琼脂糖-聚丙烯酰胺混合胶(如琼脂糖的烯丙基缩水甘油衍生物)可兼具两者优点,可有效分离大分子。

四、电 泳 仪 器

凝胶电泳系统一般由电槽和电源组成,若为高压电泳还需配备冷却装置;此外还有一些配套装置,如灌胶模具、染色用具、电泳转移仪、胶干燥器、凝胶扫描仪等。其中电泳槽是电泳系统的核心部分。

(一) 电泳槽

现在最常使用的电泳仪器是凝胶电泳仪,凝胶电泳按电泳槽的形状分为管状凝胶电泳(圆盘电泳)和板状电泳(包括垂直板状电泳、水平板状电泳)。

1. 圆盘电泳　圆盘电泳(图2-5A)有上下两个电泳槽,上电泳槽有若干孔用于插电泳管,电泳管尺寸早期为长约7cm,内径5~7mm。现在则越来越长,越来越细,以提高分辨率和微量化。电泳管内的凝胶两端分别与上下电泳槽的电泳缓冲液直接接触。

由于圆盘电泳的各电泳管分别制胶,因此不够简便、均一、准确;电泳后凝胶难于从电泳管中取出进行染色。另外,上电泳槽的电泳液容易从未塞紧的孔中泄漏,造成短路、断路等。因此,现在圆盘电泳只在特殊需要时使用。

2. 垂直板状电泳　垂直板状电泳(图2-5B)有上下两个电泳槽,中间经垂直平板相连,制胶和电泳在两块垂直放置的平行玻璃板之间进行,凝胶厚度一般为0.75~3mm。由于同一块扳上可同时电泳多个样品。因此均一、可靠,且凝胶板薄,表面积大,易于冷却,从而分辨率高。垂直电泳也采用凝胶与电泳缓冲液直接接触的方式。

3. 水平板状电泳　水平板状电泳(图2-5C)由分置于两侧的缓冲液槽以及中间的凝胶板组成,电泳缓冲液与凝胶之间通过滤纸桥或凝胶条搭接,即采用半干技术电泳。凝胶若还设置有冷却板,则可采用高压电泳,从而提高能分辨率,缩短电泳时间。

管状电泳虽然使用最早,但目前已经很少应用,而垂直电泳和水平电泳已成为主要的电泳方式。

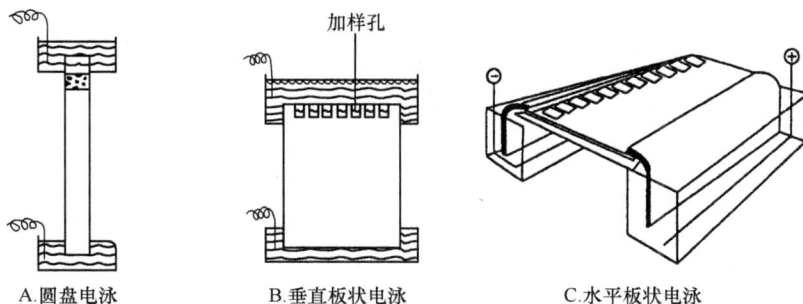

A.圆盘电泳　　　　B.垂直板状电泳　　　　C.水平板状电泳

图2-5　电泳槽的形状

(二) 电泳的电源

电源施加在支持介质上而形成电场,是带电生物大分子泳动的必要条件,一般要求是恒定的直流电。电泳的分辨率和电泳速度与电泳时的电压和电流密切相关。不同的电泳技术需要不同的电压和电流,醋酸纤维素薄膜电泳只需要100V左右;聚丙烯酰胺凝胶电泳,SDS-聚丙烯酰胺凝胶电泳一般为200~600V;载体两性电解质等电聚焦可达1000~2000V;固相pH梯度等电聚焦则高达3000~800V;电泳转移宜采用低电压,大电流。有效的凝胶冷却系统可避免凝胶过热、烧胶,从而可提高电压,加大电场强度,进而加快电泳速度,提高电泳的分辨率。

五、电泳样品的染色方法

经醋酸纤维素薄膜、琼脂糖凝胶、聚丙烯酰胺凝胶电泳分离的各种生物分子需用染色法使其在支持介质相应位置上显示出区带,从而检测其纯度、含量及生物活性。蛋白质、糖蛋白、脂蛋白、核酸及酶等均有不同的染色方法,下面主要介绍蛋白质和核酸的染色。

(一) 蛋白质染色

染色液种类繁多,各种染色液染色原理不同,灵敏度各异。使用时可根据需要加以选择。常用的蛋白质染色方法有以下几种。

1. 考马斯亮蓝 R_{250} 考马斯亮蓝 R_{250}(Coomassie brilliant blue R_{250})分子量为824,最大吸收波长为560~590nm,染色灵敏度可达0.2~0.5μg,比氨基黑和考马斯亮蓝 G_{250} 高5倍。该染料是通过范德华力与蛋白质的碱性基团结合,适用于对蛋白质和肽染色,尤其适用于SDS电泳微量蛋白质染色。但蛋白质浓度超过一定范围时,对高浓度蛋白质染色不符合Lamber-Beer定律,做定量分析时要注意。

2. 考马斯亮蓝 G_{250} 考马斯亮蓝 G_{250} 只比 R_{250} 多两个甲基,分子量为850,最大吸收波长为590~610nm。染色灵敏度不如考马斯亮蓝 R_{250},近似于氨基黑10B,但却可克服考马斯亮蓝 R_{250} 在脱色时易溶解出来的缺点,而且染色快而简便,有时不需要脱色。

3. 氨基黑10B 氨基黑10B(amino black 10B)又称为萘酚蓝黑,分子量为751,最大吸收波长为620~630nm,是酸性染料,其磺酸基与蛋白质反应构成复合盐,是最常用的蛋白质染料之一。染色灵敏度比考马斯亮蓝 R_{250} 稍差,尤其对SDS-蛋白质染色效果不好。另外,氨基黑10B染不同蛋白质时,着色度不等,因而扫描时,误差较大。

4. 银染色法 银染的机制是将蛋白质区带上的硝酸银(Ag⁺)还原成金属银。此法比考马斯亮蓝R-250高100倍,一般用于微量的蛋白质染色,如双向电泳检测。

5. 荧光染料

(1) 丹磺酰氯(dansyl chloride):又称2,5-二甲氨基萘磺酰氯,这是早期使用的荧光染料。丹磺酰氯自身不发荧光,但在碱性条件下与氨基酸、肽、蛋白质的末端氨基发生丹磺酰化反应,使它们获得荧光性质,可在波长320nm或280nm的紫外灯下,观察染色后的各区带或斑点,而背景无荧光。蛋白质与肽经丹磺酰化后并不影响电泳迁移率,因此少量丹磺酰化的样品还可用作无色蛋白质分离的标记物。而且,丹磺酰化不阻止蛋白质的水解,经分离后从凝胶上洗脱下来的丹磺酰化的蛋白质仍可进行肽的分析,不受蛋白酶干扰。在SDS存在下,也可用本法染色。

(2) 荧光胺(fluorescamine):作用与丹磺酰氯相似,其自身及分解产物均不显示荧光,因此染色后也没有荧光背景,这是现在较常用的荧光染料,其优点是灵敏度高,可检测5ng的蛋白质。由于引进了负电荷,因而引起电泳迁移率的改变。但有SDS存在下,这种电荷效应可忽略。近年,荧光胺也已用于双向电泳的蛋白染色。

(二) 核酸染色

有的核酸染料染色前需用三氯乙酸、甲酸-乙酸混合液、氯化高汞、乙酸等先将凝胶固定,再进行核酸染色;有的不需要事先固定凝胶,可直接染色,如溴化乙锭;有的核酸染料可同时染DNA及RNA,如溴化乙锭;有的分别针对RNA或DNA染色。

1. DNA染色法

(1) 溴化乙锭(ethidium bromide,EB):这是现在最常用的核酸荧光染料,多用于观察琼脂糖凝胶电泳中的DNA、RNA区带。EB能插入核酸分子中碱基对之间,并与之结合。超螺旋DNA

与 EB 结合能力小于双链闭环 DNA,而双链闭环 DNA 与 EB 结合能力又小于线性 DNA,可在紫外光(波长 253nm)下观察荧光。如将已染色的凝胶浸泡在 1mmol/L MgSO₄ 溶液中 1h,可以降低未结合的 EB 引起的背景荧光,有利于检测极少量的 DNA。

EB 染色灵敏度高,可检测凝胶中 1ng DNA、RNA;操作简单、快捷;多余的 EB 不干扰在紫外灯下检测荧光,染色后不会使核酸断裂,这是其他核酸染料做不到的。EB 产生的荧光在紫外光长时间照射下能被淬灭,也容易受一些化学物质的污染而淬灭。应该注意的是,EB 染料是一种强烈的诱变剂,操作时应注意防护,应戴上手套;实验室中的 EB 污染物应妥善处理。

(2)吖啶橙(aoridine orange):染色效果不太理想,本底颜色深,不易脱掉。但却是较常用的核酸荧光染料,因为它能区别单链与双链核酸(DNA、RNA)。在紫外光照射下,对双链核酸显绿色荧光(530nm),如 DNA;对单链核酸显红色荧光(640nm),如 RNA。

(3)甲基绿(methyl green):将含 DNA 的凝胶浸入甲基绿染色液,室温下染色 1h 即可显色。此法适用于检测天然 DNA。

此外,还有二苯胺、富尔根、亚甲蓝、哌咯宁 B 等其他 DNA 染料。

2. RNA 染色法

(1)焦宁 Y(pyromine Y):此染料对 RNA 染色效果好,灵敏度高。RNA 在凝胶中检出的灵敏度为 0.3~0.5μg,脱色后凝胶本底颜色浅而 RNA 色带稳定,抗光且不易褪色。此染料最适浓度为 0.5%,低于 0.5% 则 RNA 色带较浅,高于 0.5% 也并不能增加对 RNA 染色效果。

(2)吖啶橙:染色效果见上述 DNA 染色法。能区分 RNA 与 DNA,但与焦宁 Y 相比,RNA 色带较浅,甚至有些区带检测不出。

(3)溴化乙啶:染色效果见上述 DNA 染色法。不能区分 RNA 与 DNA。

此外,还有甲苯胺蓝、次苯甲基蓝等其他 RNA 染料,但染色效果一般不如焦宁 Y。

六、常用电泳方法

现在常用的电泳方法主要有以下几种:①醋酸纤维素薄膜电泳;②琼脂糖凝胶电泳;③聚丙烯酰胺凝胶电泳;④SDS-聚丙烯酰胺凝胶电泳;⑤等电聚焦电泳;⑥免疫电泳;⑦电泳印迹(转移电泳);⑧双向电泳;⑨毛细管电泳。

(一)醋酸纤维素薄膜电泳

采用醋酸纤维素薄膜作为支持介质的电泳方法称为醋酸纤维素薄膜电泳(cellulose acetate membrane electrophoresis)。这种薄膜对蛋白质样品吸附性小,基本上没有脱尾现象产生。醋酸纤维素薄膜是一种良好的电泳支持物,具有电泳速度快、电渗现象小、对样品吸附少、样品用量少,分辨率较高;5μg 的蛋白质样品即可得到满意的分辨效果。醋酸纤维素薄膜电泳染色后,可制成透明的干膜,用于扫描定量及长期保存。

醋酸纤维素薄膜电泳分离生物分子样品主要依赖电荷效应,而无分子筛效应,因而其分辨率不及凝胶电泳,但由于醋酸纤维素薄膜电泳操作简单、快速、价廉,目前仍广泛用于分析检测血浆蛋白、脂蛋白、糖蛋白、甲胎球蛋白、脱氢酶、多肽及其他生物大分子,成为医学研究和临床检验的常用技术。

(二)琼脂糖凝胶电泳

采用琼脂糖凝胶作为支持介质的电泳方法称为琼脂糖凝胶电泳(agarose gel electrophoresis)。琼脂糖是琼脂中的一种中性、线状的重复多糖。将粉末状的琼脂糖与电泳缓冲液相混合,经加热至 90℃ 左右时琼脂糖溶解,然后冷却至 40~45℃ 时,琼脂糖开始凝固,形成具有一定孔径的多孔凝胶。琼脂糖作为电泳支持介质有许多优点,首先琼脂糖凝胶结构均匀,含水量大

（占 98% ~ 99%），近似自由电泳，但样品扩散度小，对样品吸附极微，因此，分辨率高；其次操作简单，电泳速度快；电泳后区带易染色和洗脱，区带清晰，利于定量测定；琼脂糖凝胶透明且无紫外吸收，其结果还可直接用紫外分析仪进行检测。电泳后的凝胶可制成干膜而长期保存。

琼脂糖凝胶电泳分离生物大分子样品具有电荷效应，也具有分子筛效应，因此其分辨率比醋酸纤维素薄膜电泳好。目前琼脂糖凝胶电泳主要用于分离、鉴定大分子的核酸，如 DNA、RNA 鉴定，约可区分相差 100bp 的 DNA 片段。

（三）聚丙烯酰胺凝胶电泳

聚丙烯酰胺凝胶电泳（polyarylamide gel electrophoresis，PAGE）是以聚丙烯酰胺凝胶作为支持介质的电泳方法。它是在淀粉凝胶电泳基础上发展起来的。PAGE 与淀粉凝胶电泳和琼脂糖凝胶电泳相比：淀粉凝胶重复性差，目前已不再使用；琼脂糖凝胶孔径大，仅对少数分子量非常大的蛋白质有分子筛效应，现在主要应用于分子量很大的核酸的分离和鉴定。而 PAGE 则优点较多，孔径大小可以调节，对所有蛋白质、肽都有分子筛效应。另外，该凝胶的机械强度好、弹性大、电渗低、分辨率高、易于重复，因此，目前以它作支持介质的区带电泳应用最广。

聚丙烯酰胺凝胶是以单体丙烯酰胺和 N,N'-甲叉双丙烯酰胺为材料，在催化剂过硫酸铵和增速剂 TEMED 作用下，聚合形成三维网状结构的凝胶。聚丙烯酰胺凝胶的孔径大小是由丙烯酰胺和双丙烯酰胺在凝胶中的总浓度，以及双丙烯酰胺占总浓度的百分含量（即交联度）所决定的。通常凝胶的筛孔、透明度和弹性是随着凝胶浓度的增加而降低的，而机械强度却随着凝胶浓度的增加而增加。

由于蛋白质或核酸在不同浓度凝胶中的迁移率，是随着凝胶总浓度的增加而降低的，所以在分离不同分子量的混合样品时，只有选择适宜凝胶浓度才能获得满意的分离效果。常用于分离血清蛋白的标准凝胶浓度为 7.5%；用此浓度凝胶分离大多数生物蛋白质，一般也能获得较满意结果。当分析一个未知样品时，常常先用 7.5% 的标准凝胶或用 4% ~ 10% 的梯度凝胶试验，以便选到理想的凝胶浓度。当分离蛋白质或核酸的分子量已知时，可选择相应的凝胶浓度。

PAGE 类型很多，按电泳系统的连续性分类，PAGE 分为连续电泳与不连续电泳两大类。

1. 连续性聚丙烯酰胺凝胶电泳　早期用 PAGE 分离蛋白质是用连续电泳系统完成的。连续性电泳是指电泳在缓冲液体系相同，及凝胶孔径一致的系统中进行。由于电泳系统中缓冲液的 pH、凝胶孔径等均相同，因而分子筛效应不明显，分辨率较低，只能用于分离组分比较简单的样品。现在已被不连续性 PAGE 电泳代替。

2. 不连续性聚丙烯酰胺凝胶电泳　不连续性电泳是指电泳在缓冲液体系和凝胶孔径不同的系统中进行。带电颗粒在电场中移动时不仅有电荷效应和分子筛效应，还具有浓缩效应，因而其分辨率得到极大提高，由此该方法得以广泛应用。

（1）浓缩效应：主要体现在以下两方面。

1）凝胶孔径的不连续性：在两层凝胶系统中，浓缩胶的孔径大，分离胶的孔径小。在电场作用下，样品首先进入浓缩胶，由于其在大孔胶中泳动时遇到的阻力小，因而移动速度较快；当样品进入分离胶时，其在小孔胶中泳动时受到的阻力大，移动速度减慢，因而在两层凝胶交界处，因凝胶孔径的不连续性使样品迁移受阻而压缩成很窄的区带，这将极大地提高了样品在分离胶中的分辨率。

2）缓冲体系离子成分和 pH 及其所致的电位梯度的不连续性：在缓冲体系中存在三种不同的离子，即三羟甲基氨基甲烷（Tris）、HCl 及甘氨酸。Tris 的作用是维持溶液的电中性及 pH，是缓冲平衡离子；HCl 在溶液中易解离出 Cl⁻，Cl⁻在电场中迁移率最快，走在最前面，称为快离子；甘氨酸 pI = 6.0，在 pH 为 6.7 的浓缩胶缓冲体系中解离度很小，因而在电场中迁移很慢，称为慢离子。

当样品胶和浓缩胶选用 pH6.7 Tris/HCl 缓冲液、电极液选用 pH8.3 Tris/甘氨酸缓冲液时,大多数蛋白质上述两种 pH 缓冲液中解离后为带负电荷的离子。在浓缩胶中解离后的氯离子 (Cl^-)、甘氨酸根离子 ($NH_3—CH_2—COO^-$) 和蛋白质阴离子均为带负电荷的离子,并同时向正极移动,其泳动速度依次为

$$Cl^- > 蛋白质 > 甘氨酸$$

在电泳刚开始时,三层凝胶(样品胶、浓缩胶和分离胶)中都含有快离子。只是电极缓冲液中含有慢离子。电泳进行时,由于快离子的迁移率最大,因此很快超过蛋白质,于是在快离子后边形成一离子浓度低的区域,即低电导区。电场强度与电导成反比,因此,在低电导区就产生了较高的电场强度。这种环境使蛋白质和慢离子在快离子后面加速移动。当电场强度和迁移率的乘积彼此相等时,三种离子移动速度相同,此时,在快离子和慢离子之间形成一稳定而又不断向阳极移动的界面,也就是说,在低电场强度区与其后的高电场强度区之间形成一个迅速移动的界面。由于样品蛋白质在快、慢离子形成的界面之间,因而被浓缩成为极窄的区带(可浓缩300 多倍)。样品被浓缩的程度与其本身浓度无关,而与氯离子的浓度有关;当氯离子浓度高时,样品被浓缩的程度亦高。

(2)分子筛效应:当夹在快离子和慢离子中间的蛋白质由浓缩胶进入分离胶时,分离胶的 pH 和凝胶孔径与浓缩胶是不一样的。分离胶选用 pH 8.9 Tris/HCl 缓冲液,这使慢离子甘氨酸的解离度增大,因而其迁移率也相应增大。此时慢离子的迁移率超过了所有的蛋白质分子,随之使高电场强度消失。于是蛋白质样品就在均一的电场强度和 pH 条件下通过一定孔径的分离胶进行电泳。分子量相对较小且形状为球形的分子所受阻力小,在电场中泳动速度较快;相反,分子量相对较大且形状不规则的分子所受阻力大,在电场中泳动速度较慢。这样分子大小和形状各不相同的各组分即可在分离胶中得以分离,这就是所说的分子筛效应。即使蛋白质分子的净电荷相似(也即自由迁移率相等),也会因分子筛效应而在分离胶中被分开。

(3)电荷效应:样品进入分离胶后,由于各组分所带净电荷、分子量等各不相同,在电场中就有不同的迁移率而得以分离。表面电荷多,分子量小,则迁移快;反之则慢。

从上述可见,pH 碱性不连续系统是这种电泳成功浓缩和分离样品的关键所在。

(四)SDS-聚丙烯酰胺凝胶电泳

在聚丙烯酰胺凝胶电泳体系中加入十二烷基磺酸钠(sodium dodecyl sulfate,SDS),可消除净电荷对样品迁移率的影响,此时电泳迁移率就主要依赖于被分离物质的分子量大小,而与所带的净电荷及分子形状无关,这种电泳方法称为 SDS-聚丙烯酰胺凝胶电泳(SDS-PAGE)。

SDS 是一种阴离子去污剂,在溶液中带大量负电荷,它能破坏蛋白质的氢键和疏水作用,导致蛋白质空间结构改变。SDS-PAGE 体系还要加入强还原剂,如巯基乙醇,以打开蛋白质内的二硫键。在样品和凝胶中加入 SDS 和巯基乙醇后,蛋白质解聚成单一多肽链,每条多肽链与大量 SDS 结合,形成蛋白质-SDS 复合物,由于蛋白质-SDS 复合物所带的负电荷大大超过了蛋白质原有的电荷量,这样就消除了不同蛋白质之间原有的电荷差异,并且 SDS-蛋白质复合物都是椭圆棒形,无形状差别,因此,SDS-PAGE 仅利用分子量差异(即分子筛效应)将各种蛋白质分离。SDS-PAGE 一般会使蛋白质样品丧失生物活性。

SDS-PAGE 的聚丙烯酰胺凝胶浓度的选择与前述常规 PAGE 相同。SDS-PAGE 一般也采用不连续电泳方式,其对蛋白质的分离机制与前述常规 PAGE 相同的是具有分子筛效应和浓缩效应,但不同蛋白质之间无电荷效应。

SDS-PAGE 常用于蛋白质分子量及纯度的测定,分子量在 $15 \sim 200kD$ 的范围内的蛋白质,电泳迁移率与分子量的对数呈直线关系。此电泳方法具有简单、经济、快捷、样品用量少、分辨高、重复性好等优点,因此被广泛应用。

（五）等电聚焦电泳

等电聚焦（isoelectrofocusing，IEF）电泳是依据蛋白质分子等电点的不同，在一个连续的、稳定的线性 pH 梯度中电泳，从而对蛋白质进行分离的技术。由于等电聚焦电泳具有聚焦效应（浓缩效应），因此它是目前一向电泳中分辨率最高的技术。

等电聚焦电泳的关键是在凝胶中形成稳定的、连续的线性 pH 梯度。根据建立 pH 梯度原理的不同，等电聚焦电泳可分为载体两性电解质 pH 梯度等电聚焦电泳和固相 pH 梯度等电聚焦电泳。前者是将载体两性电解质（如脂肪族多氨基多羧酸）溶解在电泳介质溶液中制胶，形成聚丙烯酰胺或琼脂糖凝胶，然后将凝胶引入电场中等电聚焦，于是载体两性电解质在凝胶中迁移形成 pH 梯度，而样品则聚焦在其等电点处，其分辨率为 0.01pH 单位。上样量不可过高，否则引起载体两性电解质线性 pH 梯度的局部改变。后者是将弱酸，弱碱两性基团直接引入丙烯酰胺中，在凝胶聚合时就形成 pH 梯度，因此其 pH 梯度固定，不随环境电场等条件变化，于是其分辨率更高，可达 0.001pH 单位，上样量也可更大。

等电聚焦电泳是连续的线性 pH 梯度中进行，当某一蛋白质处于其非等电点位置时，由于其净电荷不为零，势必向异性电极方向迁移，即向其等电点方向迁移。一旦抵达其等电点位置，因净电荷为零而停止迁移。蛋白质在其等电点位置被聚焦成一条窄带，所以等电聚焦的分辨率大大高于常规 PAGE。这种聚焦效应是等电聚焦高分辨率的保证（图 2-6）。

等电聚焦电泳的分辨率决定于 pH 梯度和电场强度。pH 梯度范围越窄，分辨率越高；电场强度越高，即电压越大，分辨率越高，但电压过大会在凝胶中产生过多的热而导致烧焦。为了维持高电压。就必须提供有效的冷却系统。因此等电聚焦电泳多采用水平平板凝胶。

等电聚焦电泳对蛋白质的分离仅仅取决于蛋白质的等电点，因此可以在凝胶的任何位置加样，且无需加成窄带。

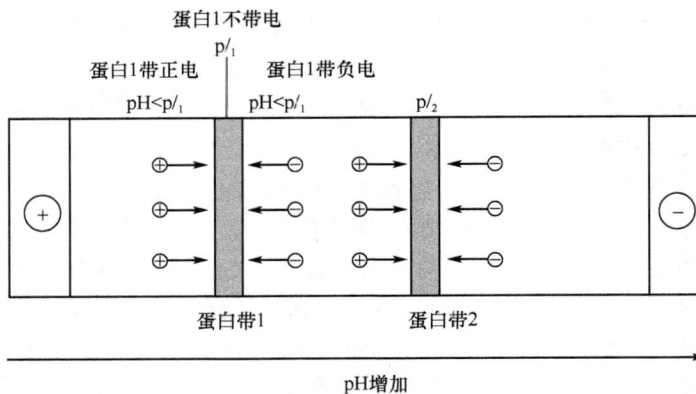

图 2-6　等电聚焦电泳的聚焦效应

（六）免疫电泳

免疫电泳（immunoelectrophoresis）一般是以琼脂糖凝胶为支持介质，基于抗原的电泳迁移以及与抗体的特异性免疫结合或沉淀反应而产生沉淀线、弧或峰等，以此来鉴定分析抗原或抗体样品。电泳缓冲液一般都选用 pH 8.6 的巴比妥缓冲液，该缓冲液有益于抗原与抗体结合。在 pH 8.6 时抗原通常带强负电荷，电泳时向正极迁移；抗体由于分子量大且带负电荷少，电泳时向正极迁移缓慢，或不移动，甚至由于琼脂糖凝胶的电渗作用而被推向负极移动。电泳时最初抗原量远多于抗体，所以仅仅产生较小的、可溶性的免疫复合物，与抗原一起向阳极迁移。当抗原和抗体的浓度达到等价点时就形成大的、不溶性的免疫沉淀复合物（注意：只有多克隆抗体才能与抗原形成大的、不溶性的免疫沉淀复合物），根据形成的免疫沉淀线、弧或峰对抗原或抗体样品作出鉴定。

免疫电泳技术的优点是样品用量极少，特异性强，分辨率高。免疫电泳的类型多种多样，主要包括微量免疫电泳、对流免疫电泳、单向定量免疫电泳（火箭电泳）、放射免疫电泳及双向定量免疫电泳等。

免疫分析的最大应用领域是人血蛋白的研究。此外，体液如脑脊液、乳汁、肠液、唾液、腹水、胸膜液等，虽然其中蛋白含量很少，也能用免疫电泳方法测定。其他领域也有应用。

（七）电泳印迹（转移电泳）

印迹法（biotting）是20世纪70年代发展起来的一种新方法。Southem于1975年建立了检测特异DNA片段的DNA-RNA杂交法，称作Southern印迹法。Alwine等于1977年把此方法应用到RNA的研究方面，称作Northern印迹法。Towbin等于1979年则把该方法扩展应用到蛋白质分折方面，称作Western印迹法。目前有人把Southern、Northern和Western印迹法分别称作DNA、RNA和蛋白质印迹法。印迹有4种基本方法：点印迹、扩散印迹、熔剂流印迹（毛细管印迹）和电泳印迹。

电泳印迹（electrophoretic blotting）是目前应用最广泛的。生物样品一般先通过凝胶电泳分离，若样品为核酸，则采用琼脂糖凝胶电泳或聚丙烯酰胺凝胶电泳分离；若样品为蛋白质，则多采用SDS-聚丙烯酰胺凝胶电泳分离；然后再通过电泳将凝胶中的各分离组分转移到固相基质上，后者的过程称为电泳印迹，又称转移电泳。通过电泳转移使核酸或蛋白质等大分子物质印迹到固相基质上，这样就克服了探针分子（如核酸探针、抗体等）很难通过凝胶孔与镶嵌在凝胶中已分离的样品组分结合的问题，为后继检测分析样品的操作带来极大的便利。

1. 固相基质 影响电泳印迹效果的重要因素是固相基质（即固定化膜）的性能，符合要求的固定化膜应具备以下三点：①膜对分离样品有很高的吸附力；②膜不应影响随后的检测，即背景干净；③膜应该准确反映凝胶电泳分离的结果。现在常用的固定化膜有硝酸纤维素膜（nitrocellulose membrane）、尼龙膜（nylon-desed membrane）、重氮苄氧甲基（diazobenzymethyl）纤维素纸、重氮苄硫醚（diazophemylthiaether）纤维素纸和聚亚乙烯双氧化物（polyvinylidene difluoride，PVDF）膜等。现在常用的是PVDF膜和硝酸纤维素膜，其次是尼龙膜。

（1）硝酸纤维素膜：是应用最早固定化膜，至今仍被广泛使用。能用于核酸和蛋白质转移。它的优点是高灵敏，高分辨、高结合能力，对蛋白质的结合能力为$80\sim100\mu g/cm^2$；可用常规染色，放射性或非放射性方法检测；并且背景较清晰、成本低廉，可长期保存。硝化纤维素膜的结合能力与其孔径成反比，一般选用孔径为$0.45\mu m$的膜，也可根据分离样品的分子量选择其他孔径的膜。

（2）尼龙膜：能用于蛋白和核酸的转移。尼龙膜软且结实，与蛋白质有的结合能力比硝酸纤维素膜强，达$480\mu g/cm^2$，所以灵敏度较高；但由于尼龙膜的电荷密度较大，因而非特异性结合较高，致使背景高，这使它的应用受到一定限制。不能用阴离子染料，如氨基黑和考马斯亮蓝等，对带正电的尼龙膜上的蛋白质染色，而要使用其他染色方法。

（3）PVDF膜：与硝化纤维素膜相比，PVDF膜有很高的机械强度，化学稳定性更好，操作方便，并可用于多次检测。与蛋白质的结合能力为$125\sim200\mu g/cm^2$。特别适合于蛋白质印迹，有替代硝化纤维素膜之势。

2. 电泳印迹的基本流程

（1）凝胶电泳分离样品组分：根据样品选择支持介质，若样品为核酸，则采用琼脂糖凝胶电泳或聚丙烯酰胺凝胶电泳分离；若样品为蛋白质，则多采用SDS-聚丙烯酰胺凝胶电泳分离。

（2）印迹电泳转移分离组分：电泳印迹需要一定的装置，主要有两种类型，一种是垂直槽式印迹电泳方式,另一种是水平半干式印迹电泳方式。

1)垂直槽式印迹电泳:固定化膜贴附与含有分离组分的凝胶表面,组成"三明治",垂直地放在垂直转移槽中;转移槽的两壁装有平面电极,固定化膜面向正极,凝胶面向负极,电泳时凝胶中带负电荷的核酸或蛋白质向正极迁移,并最终吸附在固定化膜上(图2-7)。垂直槽式印迹电泳需要的电流较大,因而要配备冷却装置或放置4℃环境电泳。

2)水平半干式印迹电泳:半干转移时上述"三明治"水平地放在两叠用缓冲液浸湿的滤纸之间,并直接与两块石墨电极板接触(图2-8)。所谓"半干"就是只需要少量缓冲液浸湿转移所用的滤纸。半干转移所需的电流只是垂直槽式的三分之一,因此水平半干式印迹电泳可在室温下进行。

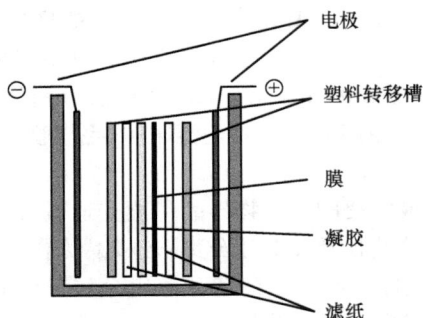

图 2-7　垂直槽式印迹电泳

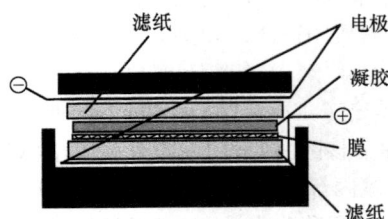

图 2-8　水平半干式印迹电泳

电泳时间过长或电场过高都有可能导致样品穿越固定化膜而移出,这在实验中应注意的。

(3)封阻固定化膜:用非特异性、非反应活性分子封阻固定化膜上未吸附分离组分的区域,以尽可能减少非特异性背景。封阻试剂常用的是脱脂奶粉、吐温-20,也可用动物血清、牛血清白蛋白等,但不如脱脂奶粉经济。

(4)用探针检出固定基质上分离组分:若分离组分是核酸,可采用寡聚核苷酸探针杂交;若分离组分是蛋白质,可采用抗体特异性结合检测。这是一个多步骤过程,但至少有一步是携带用于显示探针检测结果的标记物。标记物可以是放射性同位素、辣根过氧化物酶、荧光物质等。

(5)显示标记物,判断结果:用化学方法和/或曝光显影识别标记物,从而鉴定分析感兴趣的分离组分。

(八) 双向电泳

双向电泳(two-dimentionlal gel electrophoresis,2-DE)主要是用于蛋白质组学的研究。双向电泳的广义是将样品进行第一次电泳后,在它的直角方向再进行第二次电泳。为了不同的目的可采用不同的组合方式电泳,但最常用的是等电聚焦电泳和SDS-PAGE的组合,其原理是:将样品加入柱状凝胶中先进行第一向等电聚焦电泳,按pI的差异分离不同的蛋白质;然后将柱状凝胶放于板状凝胶一端,再进行第二向SDS-PAGE,第二向电泳的方向与第一向电泳的方向相差90°,SDS-PAGE按分子量的大小分离不同的蛋白质,经染色得到的电泳图是个二维分布的蛋白质图(图2-9)。

双向电泳最显著的优点是,分辨率极高,信息量很大。目前双向电泳最高可分离出11 000个蛋白点,这是其他电泳技术难以比拟的。所以在20世纪90年代中期wilkins提出蛋白质组学这一概念后,双向电泳立即成为研究这一领域的核心技术。

(九) 毛细管电泳

毛细管电泳(capillary electrophoresis)是20世纪80年代发展起来的一种分离分析技术。此电泳与其他电泳相比,它有测试速度快(每次仅需0.5h)、进样量少、应用范围广(可用于蛋白质、多肽、核酸、寡核苷酸、碱基、多糖、维生素和多酚类等大分子或小分子生物物质的分离检测)和自动化程度高等优点。近年来,该电泳方法在生物科学研究领域起的作用已越来越大。

毛细管电泳分离物质的依据是:在高电场强度作用下,毛细管(内径 $50 \sim 10\mu m$)中的样品物质,可按其分子量、电荷、迁移率等因素的差异得到有效的分离。此外,在毛细管电泳过程中电渗流(electroosmotic flow)对物质的有效分离起着重要作用。电渗流是一种流体(层)迁移现象,其产生与毛细管内壁和溶液界面之间形成的双电层有关。因毛细管是由石英硅制成的,在 pH>7.5 溶液中,其内壁表面硅羟基(—Si—OH)会电离成 SiO^-,致使与其内壁接触的溶液带正电荷,而形成双电层。在电场驱动下带正电荷溶液层向负极迁移,从而改变毛细管内各种离子(包括分离样品)的迁移率或迁移方向,带电粒子在毛细管内电解质中的迁移速度等于电泳和电渗流两种速度的矢量和。由于带正电荷粒子的运动方向和电渗方向一致,泳动速度最快,故最先流出;中性粒子的电泳流速度为"零",故其泳动速度即电渗流速度;带负电荷粒子的运动方向和电渗流方向相反,因电渗流速度一般都大于电泳流速度,故它在中性粒子之后流出,这样便达到了分离的目的。可调整电场强度、缓冲液(如组成分、浓度、pH 或表面活性剂等)、毛细管内壁涂层及柱温等因素,来改变电渗流大小和方向,进而提高电泳的分辨率。

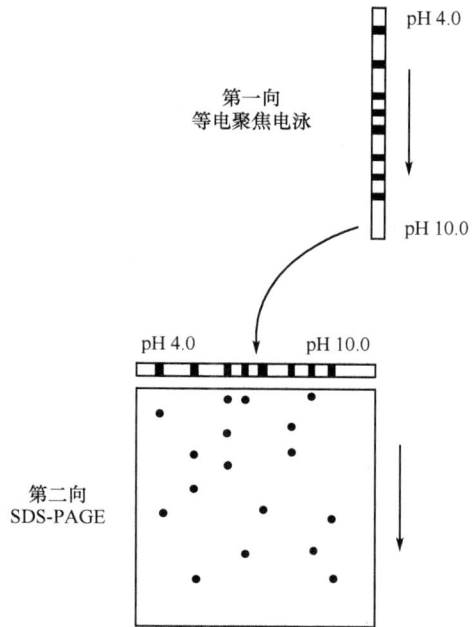

图 2-9 双向电泳的原理

毛细管电泳的类型有多种,主要的类型是:①毛细管区带电泳(capillary zone electrophoresis);②毛细管凝胶电泳(capillary gel electrophoresis);③毛细管等电聚焦(capillary isoelectric focusing);④毛细管等速电泳(capillary isotachophoresis);⑤胶束电动毛细管色谱(micellar electrokinetic capillary chromatograpy);⑥毛细管电色谱(capillary electrochromatography)。目前用得较多的是毛细管区带电泳和胶束电动毛细管色谱。毛细管区带电泳采用的介质是缓冲液,电泳时样品中各组分因迁移率的差异而彼此分离。胶束电动毛细管色谱是以胶束为假固定相。当在缓冲液中加入的表面活性剂(如 SDS)足以形成凝胶粒临界浓度时,表面活性剂的疏水和亲水端将分别朝凝胶粒的中心和表面排列,导致疏水基团聚集成胶束相。胶束相在分离中起到准固定相的作用,电泳时样品组分因在水相和胶束相之间分配系数的差异,而使它们有效分离。胶束电动毛细管色谱不仅可以用于分离离子型化合物,还可以用于分离不带电荷的化合物。

(朱文渊)

第五节　核酸分子杂交技术

核酸分子杂交技术是目前生命科学研究领域中应用最广泛的技术之一,是定性或定量检测特异性 DNA 或 RNA 序列片段以及分析基因功能的有力工具,也是现代分子生物学最基本的技术之一。

随着医学分子生物学的发展,核酸分子杂交技术日益广泛地应用于医学研究的许多方面,显示出它重要的应用价值。如核酸分子杂交技术可用于遗传病的基因诊断,限制性片段长度多态性(RFLP)可用于疾病基因的相关分析、基因连锁分析、法医学上的性别分析、亲子鉴定;在临床应用方面还可通过对病原微生物基因组 DNA 或 RNA 的检测来检查某些病原体。如细菌、病毒的感染。在基因工程技术中,用放射性标记的核苷酸或 cDNA 探针进行菌落杂交,即可从 cDNA 文库或基因组 DNA 文库中挑选特定的克隆,获得某一重组体,用克隆化的 DNA 片段作探针进行杂交可确定基因组 DNA 上特定区域的核苷酸同源序列。另外核酸杂交技术在研究基因结构和间隔序列、进行基因定位、建立核酸的物理图谱、筛选目的基因、鉴定重组体 DNA 等方面也有着广泛的应用。可以说核酸杂交等分子生物学技术将会更新许多的传统观念,有力地推动着各学科的发展。

一、核酸分子杂交基本原理

核酸杂交是利用核酸具有变性、复性和严格的碱基配对原理而实现的。核酸分子杂交的理论基础是 DNA 分子在适宜条件下的变性与复性,具有一定同源性的待测核酸序列与已知核酸序列,在一定条件下退火时,可按碱基互补原则形成双链,这一过程即为核酸分子杂交。

核酸的双链分子在一定的条件下,其双股螺旋或发夹结构可以断开,即碱基间相互配对的氢键断裂,形成单链 DNA 分子,此时有规则的空间结构被破坏,这一过程称为 DNA 的变性。变性的主要方法有三种:热变性、碱变性、化学试剂变性。变性的两条 DNA 互补单链,在适当的条件下可重新缔合形成双链的过程称为 DNA 的复性或退火。

二、核 酸 探 针

(一) 探针的概念

探针(probe)广义上讲是指能与特定靶分子发生特异性相互作用,并能被特殊方法所检测的分子,例如抗原-抗体、生物素-亲和素、受体-配基(ligand)等均可看成是探针与靶分子的相互作用。核酸探针是指能与特定核苷酸序列发生特异互补杂交。杂交后又能被特殊方法检验的已知被标记的核苷酸链。人们应用核酸探针就可以用于待测样品中特定基因序列的测定,为实现对探针分子的有效检测,须将探针分子用一定的标记物(示踪物)进行标记。这种标记物可分为两大类,即同位素标记和非同位素标记,它们可分别标记已知序列的 RNA、DNA 和人工合成的寡核苷酸。被标记的核酸分子探针是核酸分子杂交、DNA 序列测定等技术的基础,广泛应用于克隆筛选、基因点突变分析以及某些临床诊断等方面。

(二) 探针的种类

根据来源及性质探针可分四种,按检测目的不同,可选用不同类型和长度的探针。

1. 基因组 DNA 探针　此类探针来源于染色体 DNA 分子。一般是从基因文库中选取的某个克隆的 DNA 片段。在选此类探针时,要特别注意真核基因组中存在的高度重复序列,应尽可能使用基因的编码序列(外显子)作为探针,避免使用内含子及其他非编码序列,否则会因探针中高度重复序列的存在引起非特异性杂交,而出现假阳性结果。

2. cDNA 探针　利用 mRNA 在体外逆转录合成 cDNA,经 PCR 扩增(RT-PCR)便可制备大量的 cDNA 探针。cDNA 中不存在内含子及高度重复序列,因此,是一种较为理想的核酸探针。但 cDNA 不易获得,因而限制了它的广泛应用。

3. RNA 探针　这类探针应用较少。由于 RNA 极易被环境中存在的核酸酶降解,因此在应用方面受到了很大的限制。主要来源有:①体细胞或培养细胞中直接提取 mRNA;②根据某些基因或基因组 DNA 或 RNA 序列,在 DNA 合成仪上人工合成小片段 RNA。

4. 人工合成的寡核苷酸探针　根据某一核酸片段序列,设计一个 10~50bp 的单链探针,在 DNA 合成仪上合成。由于方法简便快速,因而成为探针的重要来源。随着序列分析和 PCR 技术的普及,此类探针的应用越来越广泛。

(三) 探针的标记方法

探针的标记方法有两大类:放射性同位素标记和非放射性标记。

1. 放射性同位素标记法　放射性同位素标记探针是分子生物学中最常用的标记方法,它标记后检测的特异性强,敏感性高,可以检测到 $10^{-18} \sim 10^{-14}$ g 的物质,在最适条件下可以测出样品中少于 1000 个分子的核酸含量。而且由于放射性核素和相应的元素具有完全相同的化学性质,对各种酶促反应无任何影响,也不会影响碱基配对的稳定性、特异性和杂交性质。

它主要的缺点是易造成放射性污染,而且半衰期短,必须随用随标。

(1) DNA 的缺口平移标记法:在此标记反应体系中含有以下主要试剂:DNA 酶 I(DNase I);大肠杆菌 DNA 聚合酶 I;3 种三磷酸脱氧核糖核苷,如 dATP、dGTP、dTTP;一种同位素标记的核苷酸,如 32p-dCTP;待标记探针 DNA 片段。

如图 2-10 所示:双链 DNA 分子在极微量的 DNaseI 的作用下,在双链 DNA 分子的一条链上随机切开若干个切口,而不是切断双链 DNA 或将其降解。然后,大肠杆菌 DNA 聚合酶 I 在切口的 3'-OH 端逐

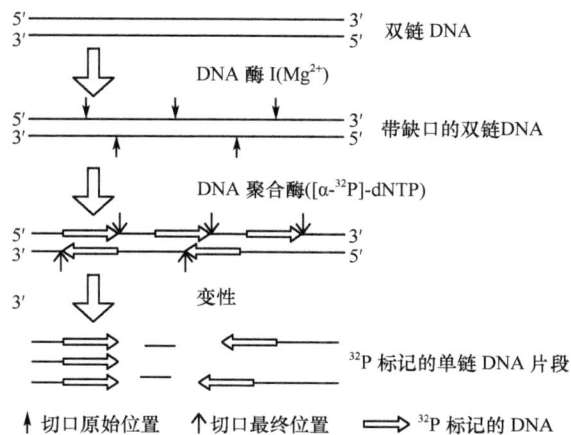

图 2-10　DNA 的缺口平移标记示意图

个加入新的核苷酸,同时由于该酶具有 5'→3' 外切核酸酶的特性,它同时切除切口 5' 端游离的核苷酸,这样 3' 端核苷酸的加入和 5' 端核苷酸的切除同时进行,导致切口沿着 DNA 链移动。

新核苷酸链是以另一互补链为模板,按碱基互补的原则合成,所以新旧链的核苷酸顺序完全相同。由于反应体系中含有一种或两种同位素标记的单核苷酸,使新合成链带有同位素标记。所以,缺口平移实际上是同位素标记的核苷酸取代了原 DNA 链中不带同位素的同种核苷酸。DNase I 是在两条链的不同部位随机打开缺口,因而使两条链都被同位素标记上,使得标记的 DNA 探针有较高的放射比活性。

(2) 随机引物标记法:此方法的基本原理是随机合成的六聚寡核苷酸混合物在较低的退火温度下,能与单链 DNA 模板结合。双股探针 DNA 片段经煮沸变性形成单链 DNA 分子,六聚核苷酸引物依碱基互补原则,结合在单链 DNA 分子上,然后在反应体系中加入 DNA 聚合酶 I(Klenow 片段),此酶能从六聚核苷酸引物的 3' 端开始,按照 5'→3' 方向,遵循碱基互补的原则合成一新的 DNA 链,其核苷酸顺序与模板 DNA 完全互补。另一单链 DNA 模板分子,同样合成一条新的完全互补的 DNA 链。由于反应体系中的 4 种单核苷酸有一种带有放射性同位素标记,在合成反应中掺入到新合成的 DNA 分子,使合成的 DNA 带有放射性同位素。反应结束后,经变性、纯化即可获得标记好的 DNA 探针。如图 2-11 所示。

(3) 末端标记法:DNA 末端标记法只是将 DNA 片段的一端(5' 端或 3' 端)进行部分标记。标记活性不高,标记物掺入率低,一般较少用于核酸分子杂交探针的标记。

(4) PCR 标记法:在 PCR 反应底物中,将一种 dNTP 换成标记物标记的 dNTP,这样标记的 dNTP 就可在 PCR 反应的同时掺入到新合成的 DNA 链上。

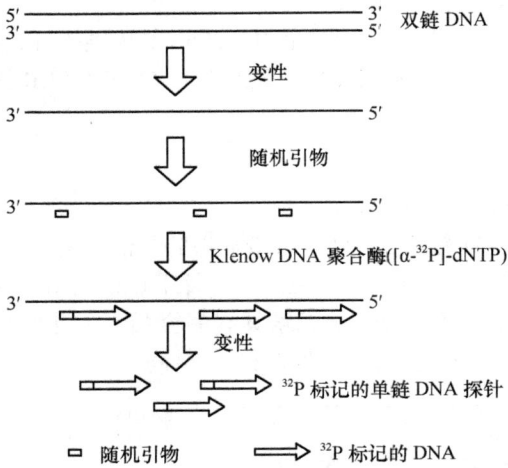

图 2-11　DNA 的随机引物标记示意图

DNA 探针的标记方法繁多,可根据不同需要进行选择,一般分子杂交的探针常采用缺口平移法和随机引物法标记。

2. 非放射性标记　非放射性标记核酸的方法大致分为两类。一类是酶标记法:将标记物预先标记在单核苷酸分子上,然后利用酶促反应将它掺入到探针分子中或将核苷酸分子上的标记基团交换到探针分子上。另一类为化学标记法:是利用标记物分子上的活性基团与探针分子上的基团发生化学反应,从而将标记物直接结合到探针分子上。酶标记法具有灵敏度(敏感性)高的优点,但因其修饰过程复杂、重复性差、成本高,难于大规模制备。相对而言化学标记法具有方法简单、成本低、标记方法较通用即不同的检测基团可以利用相同的基本化学方法连接到 DNA 探针上等优点,也是目前最常用的标记方法。无论是哪一类标记法,所用的非放射性探针的标记物应具有耐热、对组织细胞无特异亲和性、分子量小、对探针杂交无影响或影响甚小、不影响 DNA 的三维空间构象的形成等特点。常用的非放射标记物有生物素(biotin)、地高辛(digoxigengin)、光生物素(photobiotin)、补骨脂素、2-乙酰氨基芴(2-acetylomino fluor-ene)等。

(1)光敏生物素标记核酸:这是一类由对光敏感物和生物素结合而成的标记物(图 2-12),有光生物素(醋酸盐)、补骨脂素生物素(图 2-13)和当归素生物素等。光敏生物素在组成上的共同点是一端为光敏基团,另一端是生物素,两者间由一个碳原于数目不等的连接臂相连接。连接臂的作用是降低生物素基团对核酸杂交的空间位阻,光敏基团的作用是在光照下与碱基起交联反应,而生物素则为检测时的标记物。各光敏基团对光敏感性不同和对碱基种类的亲和力也不同。如光生物素的光敏基团芳香叠氮基团,它在可见光下,其叠氮基团能转变成活性芳香氮烯基,后者能与 DNA 和 RNA 的碱基发生交联反应,尤其是对腺嘌呤的 N-7 位反应更为特异。补骨脂素生物素的补骨脂素,在 $320\sim400nm$ 光照下,其分子中 4′,5′的双键能与 DNA 分子的胸腺嘧啶的 4,5 位的双键发生加成反应,目前认为活性最强的是 4,5′,8-三甲基补骨脂素。

图 2-12　光生物素结构

在生物素化补骨脂素类试剂中,不同连接臂的组成对检测灵敏度亦有影响,若以精胺代替乙二醇作为连接臂可以提高灵敏度。这可能是精胺臂中的胺基与核酸中磷酸根相互吸引有关。补骨脂素类化合物与核酸的光加成反应具有专一性,细胞中其他成分如蛋白质、磷脂和多糖等均不与它反应,所以可直接用于细胞或细胞溶解物中的核酸标记。生物素化当归素即生物素-聚

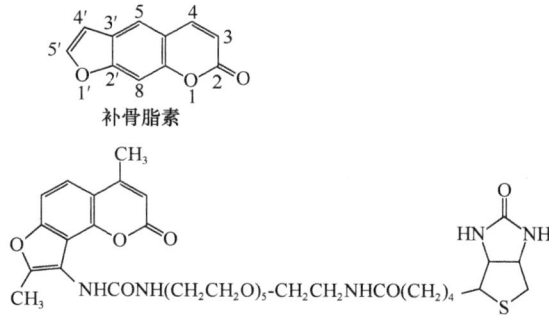

图 2-13　生物素化补骨脂素结构

乙二醇-当归素(BpA),其当归素在长波紫外光照射下生成一个活性双香豆素衍生物,它可以与 DNA 碱基共价结合,而在可见光下则与核酸无反应,此性质有利于核酸的标记操作,另一方面因其与 DNA 的结合比光生物素更特异,因而可用于粗制细胞溶解物中核酸的标记。总之,光敏生物素标记核酸方法简单,灵敏度高(pg 水平),亦可用于外源基因的检测,这类标记物大多已商品化。

(2) 酶促生物素标记核酸:与上述不同的是生物素与连接臂结合后再与 dNTP 结合,形成 Bio-16-dUTP、Bio-7-dATP、Bio-11-dCTP 和 Bio-11-dUTP 等生物素化 dNTP,其中中间数字表示多胺连接臂的碳链长度。上述各种标记核苷酸均可替代^{32}P 中标记的相应 dNTP,在聚合酶催化下,通过随机引物法或缺口平移法将它们掺入到 DNA 分子中,从而获得带有生物素的 DNA 探针。

(3) DNA 半抗原标记:原理与酶促生物素标记相似,只是将 Bio-11-dUTP 中的生物素换成其他有半抗原的化合物,如由地高辛形成地高辛-连接臂-dNTP。它同样可通过缺口平移法或随机引物法,在 DNA 聚合酶催化下掺入到 DNA 分子中,生成 dig 标记探针。这种半抗原探针在与靶核苷酸杂交后生成的含[dig]探针的 DNA,可用酶联抗体原理进行检测。检测[dig]标记物时,加入碱性磷酸酶联[dig]抗体,进行碱性磷酸酶显色。生物素本身也是一种半抗原,也可用上法显色。

(4) 酶标 DNA:将碱性磷酸酶(alkaline Phorphatase,AP)或辣根过氧化物酶(herseradishperoxidase,HRP)与一个能和单链 DNA 结合的碱性基团连接后,再与变性后的 DNA 结合,生成酶标 DNA 分子。目前最常用的是 HRP-对苯醌-聚乙烯亚胺酶标 DNA 体系,它与单链 DNA 在戊二醛作用下生成稳定的 HRP 标记 DNA 探针。

标记探针的方法很多,各有特点和适应范围,因而必须根据实验要求、特异性、敏感性、标记方法的难易程度和检测手段等因素综合考虑,否则将会影响实验结果。

非放射性标记探针的灵敏度都低于放射性核素标记的探针。但具有稳定、安全、经济及实验周期短等特点,因此应用越来越广泛。

三、非放射性探针的检测

非放射性探针的标记物不同,其显色体系和方法也不同。除酶直接标记的探针外,其他非放射性标记探针的显示需进行二步法:第一步是探针与检测体系进行一个偶联反应,生成一个能与显色系统作用的中间物质;第二步中间物质再与显色系统反应,显色后才可检测杂交结果。根据偶联方式不同,又可分成若干类型。由于非放射性标记物大多是半抗原,所以可通过抗原-抗体免疫反应系统偶联,然后再与显色体系显色检测。主要有以下几种显色体系:

显色体系

1. 碱性磷酸酶(AP)显色体系　连接在核苷酸内部的 AP 分子,杂交后的显色过程。

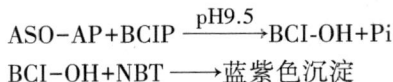

$$ASO-AP+BCIP \xrightarrow{pH9.5} BCI-OH+Pi$$
$$BCI-OH+NBT \longrightarrow 蓝紫色沉淀$$

其中,ASO:等位基因特异的寡核苷酸;BCIP:5-溴 4-3 吲哚磷酸;NBT:硝基四氮唑蓝;Pi:磷酸。

2. 辣根过氧化物酶(HRP)显色体系　HRP 标记 DNA 探针或 HRP-5′标记寡核苷酸探针经杂交后都可用此法显色。

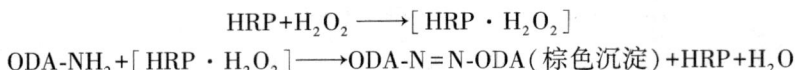

$$HRP+H_2O_2 \longrightarrow [HRP \cdot H_2O_2]$$
$$ODA-NH_2+[HRP \cdot H_2O_2] \longrightarrow ODA-N=N-ODA(棕色沉淀)+HRP+H_2O$$

其中,ODA:邻-联茴香胺。

3. 亲和素-生物素-酶复合物(ABC)显色体系

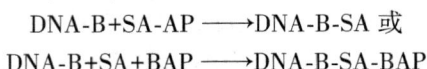

$$DNA-B+SA-AP \longrightarrow DNA-B-SA 或$$
$$DNA-B+SA+BAP \longrightarrow DNA-B-SA-BAP$$

其中,SA:链霉亲和素;BAP:生物素化磷酸酶;B:生物素;AP:碱性磷酸酶。

经上述反应将 AP 连在生物素探针上后用 AP 酶反应显色。

四、核酸分子杂交的基本方法

核酸分子杂交按其反应环境大致可分为液相杂交和固相杂交两类。

(一) 液相分子杂交

这是最早使用的杂交方法。其原理是将参加液相杂交的两条核酸链都游离在溶液中,在一定条件下(溶液离子强度、温度、时间等)进行杂交,然后再将未杂交的探针除去,即得到杂交后的核酸分子。该方法的优点在于两条链杂交效率高于固相杂交,操作上也较简便。但因杂交后难于将过量未杂交的核苷酸链全部除尽,也无法防止靶 DNA 分子的自我复性,因而误差较大。现已逐渐被固相杂交法所替代,使用范围也没有固相杂交广泛。本文不作进一步介绍。

(二) 固相分子杂交

固相杂交是印迹技术及杂交信号检测技术等相结合,从而获得清晰的杂交图谱,有利于定性或定量分析待测核酸样品中的特定片段(靶序列),在核酸的结构和功能研究以及基因工程研究中,其应用比液相杂交更为广泛,其技术发展也更为迅速。

1. 固相分子杂交的基本过程　固相分子杂交的基本过程一般包括以下几个步骤:

(1) 核酸的制备:通过一定方法获得具有相当纯度和完整性核酸是核酸分子杂交的前提。

(2) 电泳:采用琼脂糖凝胶电泳将待测核酸片段分离,琼脂糖凝胶的含量(0.5%~1.5%)取决于核酸片段的大小。

(3) 印迹:采用印迹技术将分离的核酸片段转移至固相支持物上,转移后的核酸片段将保持原来相对位置不变。

(4) 预杂交:为了减少非特异性杂交反应,即清除本底,在杂交反应前进行预杂交,将滤膜上非特异性的 DNA 结合位点封闭。常用的封闭物有两类:一类是变性的非特异 DNA,常用蛙鱼精 DNA 或小牛胸腺 DNA,另一类是一些高分子化合物,多采用 Denhardt 氏液(聚蔗糖 400、聚乙烯吡咯烷酮和牛血清白蛋白),使用 bllotto 系统(脱脂奶粉)效果也不错,其作用有两方面,一是封闭 DNA 上的非特异位点,二是封闭滤膜上非特异性的 DNA 结合位点,减少其对探针的非特异性吸附作用。

(5) 杂交:用标记的探针与滤膜上的核酸进行杂交。杂交温度、时间、待测核酸的复杂度,探针的长度、复杂性及杂交液体积、盐浓度等均会影响杂交结果,因此需控制杂交反应条件以获最佳结果。

(6) 洗膜:杂交完成后,要在一定的条件下洗膜,目的是将滤膜上未与 DNA 杂交及非特异杂交的探针分子从滤膜上洗掉。由于非特异性杂交的杂交双链稳定性差,解链温度低,在一定的温度下,一般在低于特异杂交链 T_m 值 $5\sim12℃$ 进行,非特异杂交双链解链而被洗掉,而特异的杂交双链则保留在滤膜上。

(7) 检测:通过放射自显影或化学显色等检测方法显示标记探针的位置及含量,从而对待测核酸片段的大小、含量等进行分析。

2. 固相杂交的支持物　固相杂交指将待测的核酸分子转移到一定的固相支持物上的方法。选择良好的固相支持物是此技术成败的关键因素。常用的固相支持物有以下几种。

(1) 硝酸纤维素膜(nitrocellulose filter membrane):目前使用最多的固相支持物是硝酸纤维素膜,其对单链 DNA 有较强的吸附作用。RNA 经过一些特殊变性剂处理后,也易于结合到硝酸纤维素膜上,特别是在高盐浓度下,其结合能力可达 $80\sim100\mu g/cm^2$。吸附的单链 DNA 或 RNA 在真空中烘烤后,依靠疏水作用而结合在硝酸纤维素膜上。另外,硝酸纤维素膜还具有杂交信号本底较低的优点,因此被广泛应用于 Southern、Northern、斑点印迹及克隆筛选中。硝酸纤维素膜非特异性吸附蛋白质的作用较弱,因此特别适用于那些涉及蛋白质(如抗体和酶等)的非放射性标记探针的杂交体系。

硝酸纤维素膜虽然是应用最广泛的一种固相支持物。但是它并不十分理想,因为硝酸纤维素膜是依靠疏水作用结合 DNA 的。这种结合并不十分牢固,随着杂交及洗膜的进程,DNA 会慢慢脱离硝酸纤维素膜,特别是在高温情况下,从而使杂交效率下降。硝酸纤维素膜与核酸的结合有赖于高盐浓度($10\times$SSC),在低盐浓度时结合 DNA 效果不佳,因此不适宜于电转移印迹法。另外,硝酸纤维素膜对于小分子量 DNA 片段(特别是小于 200bp 的 DNA 片段)结合能力不强。因此现在更多的人倾向于使用尼龙膜。

(2) 尼龙膜(uylon membrane):近年来,尼龙膜以其较强的吸附能力(共价结合)和优良的机械性能(不易破裂,可多次重复杂交)而受到青睐。尼龙膜有多种类型,可根据网眼的大小,有无经过特殊处理(如正电荷基团的修饰)将其分类,其中修饰的尼龙膜结合核酸的能力更强。尼龙膜具有以下优点:首先,尼龙膜结合单链及双链 DNA 和 RNA 的能力较硝酸纤维素膜更强,可达 $350\sim500\mu g/cm^2$,对于小分子量的核酸片段也有较强的结合能力,甚至短至 10bp 的核酸片段也能结合;其次,在低离子强度缓冲液中也可较好地结合 DNA 和 RNA,且多数膜不需烘烤,但在结合小片段 DNA 时.需烃短波紫外线照射,这样核酸中的部分嘧啶碱基可与膜上的带正电荷的氨基相互交联,从而使结合更加牢固,另外碱处理也可使 DNA 牢固结合在尼龙膜上,此方法特别适合于菌落原位印迹法,碱处理可使细菌裂解、DNA 变性与固定一步完成,再者,它的韧性较强,可反复处理而不丢失被检测标本。

尼龙膜的缺点是其对蛋白有高度亲和力,不宜使用非同位素探针,即使用各种蛋白(如 BSA、牛奶等)进行预杂交,产生的杂交信号本底也较高,这可能与检测物(抗体、酶)的非特异吸附有关。

(3) 聚偏氟二烯[poly(vinylidene fluoride),PVDF]膜:由 PVDF 制成的 Immobilon-N 膜与尼龙膜类似,其疏水性碳氟化合物可加强与核酸中磷酸成分的离子反应,因而比尼龙膜结合力更强,且在杂预交中很容易被封闭,使用同位素和非同位素探针都可产生较浅的本底,而且结实耐用,可以多次杂交。

3. 固相杂交的基本方法

(1) Southern 印迹杂交:Southem 印迹杂交是指 DNA 与 DNA 的杂交。将电泳分离的待测

DNA 片段转印并结合到一定固相支持物上,然后用标记的 DNA 探针检测待测 DNA 的一种方法。其基本步骤有:

1）待测核酸样品的制备:首先制备待测 DNA;然后 DNA 用限制性内切酶消化。

2）待测 DNA 样品的电泳分离:一般将 DNA 样品置于 0.8%~1.0% 的琼脂糖凝胶中进行电泳,便可将 DNA 片段分离。

3）凝胶中 DNA 的变性:电泳后必须将 DNA 片段变性,形成单链分子,然后转移到适当的固相支持物上才能进行 Southern 印迹杂交。

4）Southern 转膜:将凝胶中的 DNA 进行碱变性并将 pH 恢复中性后,即可将凝胶中的 DNA 片段转移到固相支持物上。

5）探针的制备:Southern 印迹杂交的探针可以是纯化的 DNA 片段或寡核苷酸片段。探针可以用核素标记,也可以用非核素标记。

6）Southern 杂交:将固定于膜上的 DNA 片段与探针进行杂交之前,必须先进行一个预杂交的过程,然后加入核素标记的探针 DNA 进行杂交反应。

7）杂交结果的检测:采用核素标记的探针或发光标记的探针进行杂交时,在杂交洗膜后将滤膜和 X 线片装入暗盒,使 X 线片感光,冲洗后在 X 线片上可见黑色条带。采用非核素标记的探针进行杂交时,可直接在膜上显示出杂交条带。

该法将电泳分离与杂交分析相结合,不仅能检测出特异的 DNA 序列,而且能进行定位和分子量测定。

（2）Northern 印迹杂交:该法与 Southern 印迹相似,主要区别是被检对象为 RNA。此外,其电泳需在变性条件下进行,以消除 RNA 的二级结构,保证 RNA 完全按分子大小分离。但 RNA 变性方法与 DNA 不同,不能用碱变性,碱会使 RNA 水解,可采用聚乙二醇和甲基亚砜（DMSO）首先使 RNA 变性再电泳,或采用甲醛变性胶电泳法。

（3）斑点（dot）及狭缝（slot）印迹杂交:该法是将 DNA 或 RNA 变性后,以斑点状或狭缝状直接点样于固相支持物上,进行杂交分析。可用于基因组中特定基因及其表达的定性和定量研究。与 Southern 和 Northern 印迹相比,其特点是简捷,可在同一张膜上同时进行多个样品的检测,对核酸粗提样品的检测效果也较好;缺点是不能鉴定所测核酸片段的分子量,而且特异性不高,有一定比例的假阳性。

（4）原位杂交（in situ hybridization）:该法是以特定标记的已知序列的核酸分子作为探针,与细胞或组织切片中核酸进行杂交并对其检测的方法。

1）细胞内原位杂交:是直接检测组织切片、涂片、印片中的某些特异性核酸片段,保持细胞的基本形态,核酸杂交反应在载玻片上的细胞内进行。常用放射性标记探针进行放射性自显影分析。目前,也常用生物素和地高辛配基标记探针进行原位杂交。

2）菌落或噬菌斑原位杂交:该法主要用于特异重组子的筛选。主要过程是:先将欲筛选的单个菌落,同时分别移种（划线或涂点）于琼脂储存板上和铺于琼脂平板的硝酸纤维素膜上,编好两板一致的顺序,培养一定时间后,将储存板于 4℃ 保存直至获得筛选结果。硝酸纤维素膜经碱处理后烘干,使 DNA 变性并固定于膜上,然后进行杂交,显影后将 X 线片、硝酸纤维素膜与储存板比较,找出阳性菌落。

原位杂交技术主要应用于正常或异常染色体的基因定位;检测组织细胞中特定基因表达水平;检测有无病原体的感染。原位杂交技术具有较高的特异性及敏感性,并可完整地保持组织与细胞的形态。因此,这项技术在分子诊断学、遗传学、细胞生物学、发育生物学等领域得到了广泛的应用。

【思考题】

1. 简述核酸杂的基本原理。
2. 何谓核酸探针？随机引物法标记探针的基本原理如何？
3. 简述光敏生物素标记探针的原理。

（朱文渊）

第六节　核酸分子的分离与纯化

基因操作主要涉及的对象是 DNA 和 RNA。高纯度和完整的核酸是很多分子生物学实验所必需的,核酸的分离与提取是分子生物学研究中最重要的基本技术之一,核酸样品的质量将直接关系到实验的成败。核酸提取的主要流程为破碎细胞释放核酸,去除与核酸结合的蛋白质以及多糖、脂类等生物大分子,去除其他不需要的核酸分子,沉淀核酸以去除盐、有机溶剂等杂质,最后得到纯化的核酸。纯化的核酸在作为载体 DNA、外源目的 DNA、模板 RNA 等用于基因操作前,还需对其浓度、纯度、构型、相对分子质量大小、完整性等基本情况进行分析,以提高实验的成功率。本节内容介绍 DNA 和 RNA 的分离与分析。

一、DNA 的分离与提取

（一）提取 DNA 材料的准备

1. DNA 的类型和特点　DNA 包括染色体 DNA、病毒 DNA(噬菌体 DNA)、质粒 DNA、线粒体 DNA 和叶绿体 DNA 等,可以从不同的生物体中提取。真核生物的染色体 DNA 为双链线性分子,原核生物的染色体 DNA、质粒及真核细胞器 DNA 为双链环状分子,有些噬菌体 DNA 为单链环状分子。天然 DNA 在细胞中都以与蛋白质结合的状态存在。

（1）染色体 DNA:原核生物和真核生物均含有染色体 DNA,其分子巨大,可长达106kb,小的也有 1000kb 左右,是生物界含量最丰富的 DNA 资源。因此,染色体 DNA 是分离目的基因和基因表达调控因子的主要材料,也可提供构建染色体载体和染色体基因整合平台系统之用。

（2）病毒和噬菌体 DNA:含 DNA 的病毒和噬菌体的种类很多,能在相应的原核生物和真核生物宿主细胞内大量繁殖。由于此类 DNA 可以被体外包装,所以主要用于构建基因克隆载体,承载较大片段的外源 DNA,经体外包装,导入受体细胞。此类 DNA 也编码一些结构基因,可作为分离目的基因和基因表达调控因子的材料。目前在基因工程操作中已广泛地利用 CaMV、SV40、M13、T4、λ、φX-174 等病毒和噬菌体的 DNA。

（3）质粒 DNA:很多微生物细胞内含有质粒 DNA,游离于细胞质中,被称为染色体外遗传物质,其大小从 1kb 左右到几百 kb。每种质粒具有复制起始位点,能自我复制。在基因工程操作中,主要用于构建基因克隆载体,并且由于有的质粒含有结构基因,所以这样的质粒也被用于分离目的基因和基因表达调控因子。目前用得最多的是大肠杆菌、农杆菌和蓝细菌的质粒 DNA。酵母等少数真菌和一些低等真核藻类细胞中也含有质粒 DNA。

质粒的存在形式有共价闭合环状双螺旋(SC 构型)、开环双螺旋(OC 构型)和线状双螺旋(L 构型)三种,但大多数质粒是双链、共价闭合环状超螺旋的分子。

（4）线粒体和叶绿体 DNA:这是真核生物特有的染色体外遗传物质,分别含有与呼吸作用和光合作用相关的基因,这些 DNA 被用于分离目的基因和基因表达调控因子,也有可用来构建基因克隆载体。

2. 准备生物材料 根据实验目的选定生物材料种类后,选用材料时应选择处于提取 DNA 得率最高的生长期,或者是 DNA 容易提取和含量高的组织。如提取大肠杆菌源质粒 DNA,应把菌液培养至对数生长期后期。提取植物 DNA 时,最好选用幼嫩的植株,并且暗培养 1~2d,甚至用黄化幼苗,这样的材料不仅 DNA 含量高,而且可以减少淀粉对提取 DNA 时的干扰。提取肝脏 DNA 时,应除净胆囊,因为胆囊中含有多种高活性的酶,会影响提取 DNA 时的得率。

(二) DNA 的提取

由于生物种类的多样性,DNA 存在状态的复杂性,以及实验要求的不同,可采用不同的提取与纯化 DNA 的方法。常用的有碱抽提法(碱变性抽提法)、煮沸法、氯化铯超离心法、柱层析法等,因方法的简繁、费用的高低、对设备的要求及产物质量的严格程度而各具优缺点。

不管用哪一种方法提取 DNA,一般都是裂解细胞,再进一步分离和抽提 DNA。裂解细胞到能否提取到 DNA 以及影响 DNA 得率高低和质量的关键步骤。如果细胞没有裂解,则 DNA 不会释放出来,肯定提取不到 DNA。细胞裂解不完全,则提取 DNA 的得率就低。如果细胞裂解过于激烈,会导致 DNA 链的断裂。

裂解的方法因生物种类不同而不同。对结构简单的原核生物细胞,可用溶菌酶处理,用 NaOH 和 SDS 处理,用煮沸处理,用冰冻处理,以及超声波处理等方法使细胞裂解。对结构复杂的动物、植物材料,首先必须将其粉碎,为此可采用液氮冻结后研磨,或用捣碎机、研钵直接粉碎,随后再参照原核生物细胞的方法裂解细胞。

(三) 分离和抽提 DNA

为保证分离核酸的完整性及纯度,应尽量简化操作步骤,缩短操作时间,以减少各种不利因素对核酸的破坏,在实验过程中,应注意以下条件及要求:①减少化学因素对核酸的降解:避免过碱、过酸对核酸链中磷酸二酯键的破坏,操作多在 pH 4~10 条件下进行;②减少物理因素对核酸的降解:强烈振荡、搅拌,细胞突置于低渗液中,细胞裂解,反复冻贮等造成的机械剪切力以及高温煮沸等条件都能明显破坏大分子量的线性 DNA 分子,对于分子量小的环状质粒 DNA 及 RNA 分子,威胁相对小一些;③防止核酸的生物降解:细胞内、外各种核酸酶作用于磷酸二酯键,直接破坏核酸的一级结构;DNA 酶需要 Mg^{2+}、Ca^{2+} 的激活,因此实验中常利用金属二价离子螯合剂 EDTA,柠檬酸盐,可基本抑制 DNA 酶的活性,而 RNA 酶,不但分布广泛,极易污染,而且耐高温、耐酸碱,不易失活,所以生物降解是 RNA 提取过程的主要危害因素。进行核酸分离时最好新鲜生物组织或细胞样品,若不能马上进行提取,应将材料贮存于液氮中或 −70℃冰箱中。

分离 DNA 主要是根据待提取的 DNA 性质,使其与细胞内的其他组分分离,从中进一步抽提 DNA。提取总 DNA 只需在细胞裂解液中加入适量的酚/氯仿/异戊醇或氯仿/异戊醇等有机溶液,可使 DNA 与蛋白质分开,然后用乙醇或异丙醇处理含 DNA 的水相,使其沉淀,离心获得 DNA。提取叶绿体或线粒体等细胞器的 DNA 以及病毒和噬菌体的 DNA,则必须先从细胞裂解液中分离出完整的细胞器、病毒和噬菌体,抽提它们的 DNA 之前还必须用 DNase 处理,水解附着在它们表面的其他 DNA。

在实际的操作过程中,主要涉及两类 DNA,一是目的物种或细胞的基因组 DNA,二是克隆载体和装载在载体中的克隆化基因。因此本节重点介绍质粒 DNA 的提取和基因组 DNA 的提取。

1. 质粒 DNA 的提取 质粒 DNA 的提取与纯化的方法很多,是利用其分子大小不同、碱基组成的差异以及质粒 DNA 的超螺旋共价闭合环状结构的特点来进行分离。目前常用的有碱变性抽提法、煮沸法、煮沸裂解法、去污剂(如 Triton 或 SDS)裂解法、羧基磷灰石柱层析法、质粒 DNA 释放法、酸酚法等。一般由细菌的培养(质粒 DNA 的扩增)、细菌的裂解(质粒 DNA 的释放)及质粒 DNA 的分离与纯化等三个步骤组成。按制备量的不同,质粒 DNA 提取与纯化的方法可分为质粒 DNA 的小量(1~2ml)制备、质粒 DNA 的中量(20~50ml)制备及质粒 DNA 的大量(500ml)制备。

在制备质粒 DNA 时,不但要考虑该质粒特性如质粒宿主的菌属、是否需要用溶菌措施、质粒 DNA 产生缺口、拷贝数、构型、复制型是否需要扩增,还要考虑提取质粒 DNA 的用量与用途、用初筛比较相对分子质量大小、进行酶切、作探针、测序等以及提取方法的成本、程序、重复性、纯度、实验室具备的条件等,选择最佳的实验方法。

(1) 碱变性抽提法:碱裂解法简单、重复性好而且成本低,能从所有的大肠杆菌(E. coli)菌株中分离出质粒 DNA,制备量可大可小,是使用最广泛的方法。

碱变性抽提法又称碱抽提法或碱裂解法(图 2-14),是基于染色体 DNA 与质粒 DNA 的变性与复性的差异而达到分离目的。用 NaOH 提供的高 pH(12.0~12.6)条件,细菌的线性大分子量染色体 DNA 变性分开,而共价闭环的质粒 DNA 虽然变性但仍处于拓扑缠绕状态。在此 pH(12.0~12.6)条件下,用强阳离子去垢剂 SDS 破坏细胞壁,裂解细胞,与 NaOH 共同使宿主细胞的蛋白质与染色体 DNA 发生变性,释放出质粒 DNA。尽管碱液能破坏核酸的碱基配对,但共价闭合环状的质粒 DNA 因缠结紧密而不会解链。只要不在碱性条件下变性太久,当 pH 调至中性时,CCC 质粒 DNA 就可重新恢复其天然状态。将 pH 调至中性并有高盐存在及低温的条件下,大部分染色体 DNA、大分子量的 RNA 和蛋白质在去污剂 SDS 的作用下形成沉淀,而质粒 DNA 仍然为可溶状态保留于上清中。通过离心,可除去大部分细胞碎片、染色体 DNA、RNA 及蛋白质,质粒 DNA 尚在上清中,然后用酚、氯仿抽提进一步纯化质粒 DNA,并用 70% 的乙醇洗涤,其纯度可满足 DNA 测序与 PCR 等实验的要求。

下面以从大肠杆菌中提取质粒 DNA 为例,介绍详细的过程。

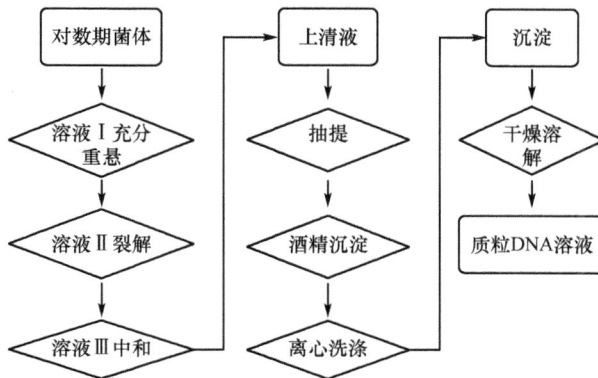

图 2-14 碱裂解法流程图

1) 菌体的准备。培养大肠杆菌一般采用 LB 培养基。为了保证培养的菌种尽可能避免杂菌的污染,根据培养的菌种对某种抗生素的抗性,在培养基中添加适量的抗生素。为了能从培养的菌体中提取到高产量的质粒 DNA,必须控制其生长状态。为此,使用的菌种最好先通过活化和鉴定,然后再进行扩大培养,培养至对数生长期后期。如果待提取的质粒属松弛型复制的质粒,则扩大培养 3~4h 后,培养液中加入氯霉素(Cm),终浓度达到 170μg/ml,继续培养 10h 左右,可达到质粒扩增的目的。若使用的菌种本来就是抗 Cm,或者待提取的质粒属于严紧型复制的质粒,则不适宜用 Cm 扩增质粒。

用离心沉淀法收集菌体。离心前菌液最好冰浴 15min,若有条件,在 4℃ 下离心。离心速度以能沉淀菌体为准,不宜用高速长时间离心,以避免沉淀的菌体重新悬浮困难。若用溶菌酶处理待裂解的细胞,先用溶菌酶缓冲液洗菌体一次,洗去培养基,这样可以达到较好的裂解效果。

2）细胞裂解。实验室经常采用碱性 SDS 方法。1~1.5ml 菌液通过离心沉淀,得到的菌体悬浮于 100μl 预冷的溶液 Ⅰ［含 50mmol/L 葡萄糖、25mmol/LTris-HCl（pH8.0）,10mmol/L EDTA］,使细胞完全分散,在冰水浴中放置 5min 后,加入 200μl 新配制的溶液 Ⅱ（0.2mmol/L NaOH,1% SDS）,加盖,颠倒离心管数次,使内容物充分混匀。此时混合液的 pH 应该是 12.6,细胞壁破裂,染色体 DNA 和蛋白质变性,质粒 DNA 释放到上清。

3）DNA 的分离抽提。将离心管置于冰水浴中 5min 后,加入 150μl 用冰水浴中预冷的溶液 Ⅲ（3mol/L NaAc,pH4.8）,加盖,颠倒离心管温和振荡 10s,使内容物混匀,置于冰水浴中 3~5min。此时混合液的 pH 降低至 7.0 左右,使质粒选择性复性,而染色体 DNA 随同 SDS 和蛋白质一起沉淀下来。经 4℃ 12 000r/min 离心 5min,吸取上清液移到另一离心管中。若有必要进一步去除蛋白质,加入等体积 Tris-HCl 饱和酚/氯仿,振荡混匀后离心,吸取上层水相,转移到另一离心管中。若抽提的 DNA 液体中混有比较多的蛋白质,用饱和酚/氯仿混合液处理 2~3 次。向最后吸取的上层水相中加入 2 体积的无水乙醇,轻轻振荡混匀,于室温放 5~10min,沉淀 DNA。或于−20℃放置过夜,保证 DNA 的充分沉淀,但是蛋白质、RNA 和盐类沉淀也增加。乙醇处理后,于 4℃ 12 000r/min 离心 10min,弃去上清液,加入 1ml 70% 乙醇洗涤沉淀,于 4℃ 12 000r/min 离心 5min,去净上清液,放在超净工作台内干燥或真空干燥。最后把干燥的沉淀溶于 50μl TE 缓冲液中,−20℃保存备用。

碱抽提法所用各类试剂的生化作用:提取过程中所用的材料有 LB 培养基、葡萄糖/Tris/EDTA 溶液、TE 缓冲液、乙酸钠溶液、NaOH-SDS 溶液、溶菌酶液、异丙醇、乙醇和乙醇等。下面介绍各试剂的生化作用。

溶菌酶:溶菌液中的溶菌酶是糖苷水解酶,能水解菌体细胞壁的主要化学成分肽聚糖中的 β-1,4 糖苷键,因而具有溶菌作用。当溶液中 pH 小于 8 时,溶菌酶作用受到抑制。溶菌液中的葡萄糖用来增加溶液的黏度,维持渗透压,防止 DNA 受机械剪切力作用而降解。而 EDTA 可以螯合 Mg^{2+} 和 Ca^{2+} 等金属离子,抑制脱氧核糖核酸酶对 DNA 的降解作用（DNase 作用时需要一定的金属离子作辅基）。同时,EDTA 的存在,有利于溶菌酶的作用,因为溶菌酶的反应要求有较低的离子强度的环境。

NaOH-SDS 液:核酸在 pH 5~9 的溶液中是稳定的。但当 pH>12 或 pH<3 时,就会引起双链之间氢键的解离而变性。在 NaOH-SDS 液中的 NaOH 浓度为 0.2mol/L,加抽提液时,该系统的 pH 就高达 12.6,因而促使染色体 DNA 与质粒 DNA 的变性。SDS 是离子型表面活性剂,它可以溶解细胞膜上的脂质与蛋白,因而溶解膜蛋白而破坏细胞膜、解聚细胞中的核蛋白,还能与蛋白质结合成为 $R-O-SO_3^-\cdots R^+$-蛋白质的复合物,使蛋白质变性而沉淀下来。但是 SDS 能抑制核糖核酸酶的作用,所以在以后的提取过程中,必须把它去除干净,防止它影响 RNase 的活性。

NaAc:NaAc 的水溶液呈碱性,为了调节 pH 至 4.8,必须加入大量的冰醋酸。所以该液实际上是 NaAc-HAc 的缓冲液。用 pH 4.8 的 NaAc 溶液是为了把 pH 12.6 的抽提液调节至中性,使变性的质粒 DNA 能够复性,并能稳定存在。而高盐的 3mol/L NaAc 有利于变性的大分子染色体 DNA、RNA 以及 SDS-蛋白复合物的凝聚而沉淀之。染色体 DNA 因为中和了核酸上的电荷,减少相斥力而互相聚合,钠盐与 RNA、SDS-蛋白复合物作用后,能形成较小的钠盐形式复合物,使沉淀更完全。

乙醇:用无水乙醇沉淀 DNA,这是实验中最常用的沉淀 DNA 的方法。乙醇的优点是可以任意比例和水相混溶,乙醇与核酸不会起任何化学反应,对 DNA 很安全,因此是理想的沉淀剂。DNA 溶液是 DNA 以水合状态稳定存在,当加入乙醇时,乙醇会夺去 DNA 周围的水分子,使 DNA 失水而易于聚合。一般实验中,是加 2 倍体积的无水乙醇与 DNA 相混合,其乙醇的最终含量占 67% 左右。

KAc:加入核糖核酸酶降解核糖核酸后,又要用 SDS 与 KAc 来处理。因为加进去的 RNase 本身是一种蛋白质,为了纯化 DNA,必须去除之,加 SDS 可使它们成为 SDS-蛋白复合物沉淀,再加 KAc 使这些复合物转变为溶解度更小的钾盐形式的 SDS 蛋白质复合物,使沉淀更加完全。也可用饱和酚、氯仿抽提再沉淀,去除 RNase。

TE 缓冲液:在基因操作实验中,选择缓冲液的主要原则是考虑 DNA 的稳定性及缓冲液成分不产生干扰作用。磷酸盐缓冲系统($pKa = 7.2$)和硼酸系统($pKa = 9.24$)等虽然也都符合细胞内环境的生理范围(pH),可作 DNA 的保存液,但在转化实验时,磷酸根离子将与 Ca^{2+} 产生 $Ca_3(PO_4)_2$ 沉淀。在 DNA 反应时,不同的酶对辅助因子的种类及数量要求不同,有的要求高离子浓度,有的则要求低盐浓度。采用 TriS-HCl($pKa = 8.0$)的缓冲系统,由于缓冲液是 TrisH[+]/Tris,不存在金属离子的干扰作用,故在提取或保存 DNA 时,大都采用 Tris-HCl 系统,而 TE 缓冲液中的 EDTA 更能稳定 DNA 的活性。

酚-氯仿:酚与氯仿是非极性分子,水是极性分子,当蛋白水溶液与酚或氯仿混合时,蛋白质分子之间的水分子就被酚或氯仿挤去,使蛋白质失去水合状态而变性。经过离心,变性蛋白质的密度比水的密度大,因而与水相分离,沉淀在水相下面,从而与溶解在水相中的 DNA 分开。而酚与氯仿有机溶剂比重更大,保留在最下层。作为表面变性剂的酚与氯仿,在去除蛋白质的作用中,各有利弊:酚的变性作用大,但酚与水相有一定程度的互溶,大约 10%~15% 的水溶解在酚相中,因而损失了这部分水相中的 DNA;而氯仿的变性作用不如酚效果好,但氯仿与水不相混溶,不会带走 DNA。所以在抽提过程中,混合使用酚与氯仿效果最好。经酚第一次抽提后的水相中有残留的酚,由于酚与氯仿是互溶的,可用氯仿第二次变性蛋白质,此时一起将酚带走。

异戊醇:在抽提 DNA 时,为了混合均匀,必须剧烈振荡容器数次,这时在混合液内易产生气泡,气泡会阻止分子相互间的充分作用。加入异戊醇能降低分子表面张力,所以能减少抽提过程中泡沫的产生。一般采用氯仿与异戊醇之比为 24:1。也可采用酚、氯仿与异戊醇之比为 25:24:1(不必先配制,可在临用前以一份酚加一份 24:1 的氯仿与异戊醇即成)。同时异戊醇有助于分相,使离心后的上层水相、中层变性蛋白相以及下层有机溶剂相维持稳定。

饱和酚:因为酚与水有一定的互溶,苯酚用水饱和的目的是使其抽提 DNA 过程中,不致吸收样品中含有 DNA 的水分,减少 DNA 的损失。用 Tris 调节 pH 为 8 是因为 DNA 在此条件下比较稳定。在中性或碱性条件 pH(5~7),RNA 比 DNA 更容易游离到水相,所以可获得 RNA 含量较少的 DNA 样品。保存在冰箱中的酚,容易被空气氧化而变成粉红色,这样的酚容易降解 DNA,一般不可以使用。为了防止酚的氧化,可加入巯基乙醇和 8-羟基喹啉至终浓度为 0.1%。8-羟基喹啉是带有淡黄色的固体粉末,不仅能抗氧化,并在一定程度上能抑制 DNase 的活性,它是金属离子的弱螯合剂。用 Tris pH 8.0 水溶液饱和后的酚,最好分装在棕色小试剂瓶里,上面盖一层 Tris 水溶液或 TE 缓冲液,隔绝空气,以装满盖紧盖子为宜,如有可能,可充氮气,防止与空气接触而被氧化。平时保存在 4℃ 或 -20℃ 冰箱中。使用时,打开盖子吸取后迅速加盖,这样可使酚不变质,可用数月。

(2)煮沸裂解法:碱煮沸裂解法是将细菌悬浮于含 Triton X-100 和溶菌酶的缓冲液中,Triton X-100 和溶菌酶破坏细胞壁后,沸水浴裂解细胞的同时可破坏 DNA 链的碱基配对,并使宿主细胞的蛋白质与染色体 DNA 变性,但共价闭合环状质粒 DNA 因结构紧密不会解链。当温度下降后,共价闭合环状质粒 DNA 可重新恢复其超螺旋结构。通过离心去除变性的蛋白质和染色体 DNA,然后回收上清中的质粒 DNA。

煮沸裂解法是一种条件比较剧烈的方法,对于大质粒(>15kb)有明显的剪切作用,故只能用于小质粒 DNA(<15kb)的制备。该法能用于小质粒 DNA 的小量与大量制备,并且适用于大多数的 *E. coli* 菌株。由于糖类很难去除,而且糖抑制限制性酶和聚合酶的活性,故该法不适用于在

去污剂、溶菌酶和加热情况下可释放大量糖类的 *E.coli* 菌株,如 HB101 及其衍生菌株(TG1)。另外,煮沸不能完全灭活核酸内切酶 A(endonuclease A,endA)的活性,故表达 endA 的菌株亦不适用于本法。在细菌培养过程中,加入氯霉素可抑制细菌的蛋白合成和细菌分裂,有利于质粒 DNA 的选择性扩增。

(3) SDS 裂解法:大于 15kb 的质粒 DNA 容易因细胞裂解和后继操作而遭到破坏,因此需要温和的裂解方法。SDS 裂解法是将细菌悬浮于等渗的蔗糖溶液中,用溶菌酶和 EDTA 处理以破坏细胞壁,去壁细菌再用 SDS 裂解,从而温和地释放质粒 DNA 到等渗液中,然后用酚/氯仿抽提。

由于条件温和,SDS 裂解法有利于大质粒 DNA 的提取。但该法在处理过程中,有一部分质粒 DNA 因缠结在细胞碎片上而丢失,故产率不高。

(4) 小量一步提取法:小量一步提取法是直接将酚/氯仿与细菌培养物混合,同时完成细胞裂解与蛋白质变性两个过程,然后离心去除大部分胞核 DNA 与蛋白质,最后从上清中回收质粒 DNA。该法简单快速、经济可行,可用于内切酶图谱分析。

(5) 磁珠提取法:上述介绍的传统的核酸分离技术包含沉淀,离心等过程,这些纯化方法的步骤繁杂、费时长、效率低,接触有毒试剂,很难实现自动化操作;而采用磁性载体微球分离技术就能很好地克服这些缺点,实现样品的快速、高效制备,是未来核酸纯化方法发展的一个重要方向。

磁珠法提取核酸是通过细胞裂解液裂解细胞,从细胞中游离出来的核酸分子被特异的吸附到磁性颗粒表面,而蛋白质等杂质不被吸附而留在溶液中。反应一定时间之后,再在磁场作用下,使磁性颗粒与液体分开,回收颗粒(即磁珠-DNA 混合物),再用洗脱液洗脱即可以得到纯净的 DNA。

磁珠法的基本过程为:样品裂解—磁珠与待分离 DNA 特异性结合—磁珠-DNA 混合物的洗涤—磁珠与待分离 DNA 的洗脱分离(即结合-洗涤-洗脱三步)。细胞裂解后,向裂解液中加入磁珠,当溶液的 pH 小于 6.5 时,磁珠选择性的与优化的 DNA 结合,此时将吸附有 DNA 的磁珠置于磁场中,通过缓冲液去除没有被吸附的杂质(蛋白等),然后将磁珠置于 pH 8.5 的缓冲液中,纯化的 DNA 即可进入缓冲液中。

磁珠法的操作简单,但需购买试剂盒,使用核酸自动提取仪,成本昂贵。

2. 基因组 DNA 的提取　基因组 DNA 的提取通常用于构建基因组文库、Southern 杂交(包括 RFLP)及 PCR 分离基因等。利用基因组 DNA 较长的特性,可以将其与细胞器或质粒等小分子 DNA 分离。但由于是很长的线性分子(如人的染色体 DNA 平均长度为 100~150Mb)而且缺乏横向的稳定性,因此很容易断裂。在溶液中,由于碱基堆砌力的相互作用与磷酸基团的静电排斥作用,DNA 分子非常黏稠,沉淀后很难溶解,而且也增加了它对剪切力的敏感性。即便是最轻柔的方式,高分子量的 DNA 也很容易因剪切力发生横向的断裂。常规方法分离基因组 DNA 时,大于 150kb 的 DNA 分子很容易发生断裂。因此分离基因组 DNA 时应尽量在温和的条件下操作,如尽量减少酚/氯仿抽提、混匀过程要轻缓,以保证得到较长的 DNA。

提取基因组 DNA 最常用的是酚抽提法。其原理是酚与水互不相溶,混合时形成两相,水相和酚相。当含有 DNA 的水溶液与酚混合时,蛋白质会进入酚相,再将含 DNA 的水相取出进行抽提和乙醇沉淀浓缩。

基本步骤是:

(1) 根据样品类型,对样品进行预处理,使细胞分散。

1) 细胞样品:贴壁培养细胞约 10^7 个,用冰预冷的 Tris 缓冲液(TBS)冲洗 2 次,以细胞刮棒收集于 TBS 中。离心,弃上清。或用胰酶消化后再离心收集,以 TE(pH 8.0)重悬细胞离心洗涤

1~2次,悬浮生长的细胞,于4℃1500r/min离心10min收获细胞,以TBS重悬细胞离心洗涤1~2次。

2)组织标本:取新鲜或冰冻组织块0.3~0.5cm³,剪碎,加TE缓冲液400μl进行匀浆,转入1.5ml Ep管中,加等体积2×组织细胞裂解液混匀。或从液氮中取出组织于陶瓷研钵中,加少许液氮研碎,将粉末转入1.5ml Ep管。

3)血液标本:新鲜血液与ACD抗凝剂按6:1进行混匀,0℃以下可保存数天或-70℃长期冻贮、备用。

ACD抗凝剂配方:柠檬酸	0.45g
柠檬酸钠	1.32g
右旋葡萄糖	1.47g

抗凝血离心1500g×10min,弃上清(血浆)(冷藏血液于水浴中融化后用等体积PBS稀释,3500r/min离心15min弃上清)。

(2)将分散好的真核生物组织或细胞加入含EDTA、SDS及无DNA酶的RNA酶的裂解缓冲液裂解细胞,并经蛋白酶K处理。EDTA为二价金属离子螯合剂,可以抑制DNA酶的活性,使DNA分子完整地以可溶形式存在于溶液中,同时降低细胞膜的稳定性能抑制细胞中DNase的活性。SDS为生物阴离子去垢剂,主要引起细胞膜的降解并能乳化脂质和蛋白质,与这些脂质和蛋白质的结合可使它们沉淀与DNA分子分离,其非极性端与膜磷脂结合,极性端使蛋白质变性、解聚,所以SDS同时还有降解DNA酶的作用。蛋白酶K则有水解蛋白质的作用,可以消化DNA酶、DNA上的蛋白质,也有裂解细胞的作用。

(3)用pH 8.0的Tris饱和酚:pH8.0的Tris溶液能保证抽提后DNA进入水相,而避免滞留于蛋白质层、氯仿/异戊醇抽提除去蛋白质(氯仿可除去DNA溶液中微量酚的污染,异戊醇还可减少蛋白质变性操作过程中产生气泡),重复抽提至一定纯度后,得到的DNA溶液根据不同需要行透析或乙醇沉淀处理,可再进一步纯化。

此法可获得100~200kb的DNA片段,适用于构建真核基因组文库,Southern blot分析。

二、DNA的定量和纯度测定

经过提取得到的DNA,在用于进一步的实验时,必须对其浓度、纯度、构型、相对分子量质大小等基本情况进行了解,符合一定的要求后才能使用,不能到达要求的样品需要进一步纯化、浓缩或者重新提取。测量DNA样品的浓度,一般采用紫外光谱分析和EB荧光分析等方法,还可用水平式琼脂糖凝胶电泳法、聚丙烯酰胺凝胶电泳法和脉冲电泳法等。

(一)紫外光谱分析法

组成核酸分子的碱基由于存在共轭双键,均具有一定的吸收紫外线的特性,最大吸收波长在250~270nm。这些碱基与戊糖、磷酸形成核苷酸后,其最大吸收峰不会改变,这个特性为紫外分光光度法测核酸浓度提供了基础。

原理基于DNA(或RNA)分子在260nm处有特异的紫外吸收峰且吸收强度与系统中DNA或RNA的浓度成正比。在波长260nm紫外线下,1A值的吸光度相当于双链DNA浓度为50μg/ml,单链DNA或RNA为40μg/ml,单链寡核苷酸为20μg/ml。

紫外光谱分析法的主要操作步骤:①首先用TE或蒸馏水对待测DNA样品做1:20或更高倍数的稀释。②用TE或蒸馏水作为空白,在波长为260nm、280nm及310nm处调节紫外分光光度计读数至零。③加入DNA稀释液于三处波长处读取A值。记录A值,通过计算确定DNA浓度或纯度。公式如下:

对于ssDNA:[ssDNA]$=33 \times (A_{260} - A_{310}) \times$稀释倍数

对于 dsDNA：$[dsDNA] = 50 \times (A_{260} - A_{310}) \times$ 稀释倍数

对于 ssRNA：$[ssRNA] = 40 \times (A_{260} - A_{310}) \times$ 稀释倍数

以上浓度单位为 μg/ml。

由于测定 A_{260} 时，难以排除 RNA、染色体 DNA 以及 DNA 解链的增色效应的因素，因此测得的数据往往比实际浓度偏高。

紫外光谱分析法常用于确定所提样品的纯度。衡量所提取 DNA 的纯度可用 A_{260} 与 A_{280} 的比值。A_{260}/A_{280} 对 DNA 而言其值大约为 1.8，高于 1.8 则可能有 RNA 污染，低于 1.8 则有蛋白质污染。当 $A_{260}/A_{280} < 0.9$ 时，该样品可适当稀释，用 TE 饱和的酚、氯仿-异戊醇各抽一次，再用无水乙醇沉淀、抽干、TE 悬浮，再用紫外分光光度计测定。当 A_{260}/A_{280} 比值大于 2 时，则 RNA 浓度过高，要除去 RNA。

该法的特点是准确、简便，但所需仪器较昂贵。该法存在的缺陷主要有样品槽大，所需样品量较多，适于测浓度较高的样品，特别是测定寡聚核苷酸的浓度。紫外光度法只适用于测定浓度大于 0.25μg/ml 的核酸溶液。该法虽可以通过 A_{260} 和 A_{280} 测出 DNA 的浓度和纯度，但不能区分 DNA 的超螺旋、开环、线状三种构型，也不能区分染色体 DNA。

（二）溴化乙啶荧光分析法

如果样品 DNA 和 RNA 的量很少或有较多杂质的情况下，其含量可用溴化乙啶荧光法测定。

荧光分析法的原理是：荧光染料溴乙啶（EB）是一种荧光染料，能在紫外光的激发下产生橘黄色荧光。DNA、RNA 本身并不产生荧光，但在 EB 嵌入碱基平面之间后，DNA 样品在紫外光激发下，可发出红色荧光。由于结合于 DNA 分子之上的 EB 的量与 DNA 分子长度和数量成正比，因此荧光强度与核酸含量成正比。使用一系列已知的不同浓度 DNA 溶液作标准对照，可比较出被测 DNA 溶液浓度。此法的比较主要基于目测，准确性较低。优点是简便易行、经济，并且与凝胶电泳相结合可以分析 DNA 样品是否完整等。

操作步骤：

1. 取一块黑色的聚氟乙烯塑料板，或用保鲜膜包一黑纸（如果用透射光也可用塑料膜）。

2. 用微量进样器各取 2μl 的 5μg/mL EB 依次点在聚氟乙烯塑料板上，第 1 排 6 点，第 2 排 6 点。为了便于比较，点与点之间距离尽量要近。

3. 取标准 DNA 样品（浓度各为 20μg/ml，15μg/ml，10μg/ml，5μg/ml，2μg/ml，1μg/ml）各 2μl 分别与第 1 排上的 EB 溶液混匀，此时第 1 排 6 个点的 DNA 浓度分别为：20ng/μl，15ng/μl，10ng/μl，5ng/μl，2ng/μl，1ng/μl。即第 1 排为标准样品，第 2 排为待测样品。

4. 取待测的未知浓度的 DNA 样品 1μl，加 3μl TE（pH 8.1）混匀，取其中的 2μl 于聚氟乙烯上的第 2 排的第 1 个点内混匀，剩余的 2μl 再加 2μl TE 混匀，再取其中的 2μl 到板上第 2 排的各点内，依次稀释至第 5 点，最后 1 个点（第 2 排的第 6 个点）内 DNA 浓度为 0，即加等体积 TE。

5. 将聚氟乙烯塑料板移到反射光紫外灯下，比较上述两排样品在紫外灯下的亮度，看看待测样品的哪一个稀释度与标准 DNA 的哪一个浓度接近，则该浓度乘以稀释倍数就是待测样品浓度。

此方法所需仪器设备与操作都很简单、省时，配制一套标准浓度的 DNA 样品与试剂存于 -20℃，随可进行测定比较。克服了紫外光谱分析法用量大的缺点，只需 1ng 的用量，就可测出 1ng 的 DNA 样品。适合于测定经过分离纯化后的 DNA 片段浓度，为 DNA 的重组连接提供浓度参数。

此方法的缺点是准确度差，对样品中含有的染色体 DNA、RNA 以及质粒 DNA 的三种构型无法区分，若待测样品不纯，测得的浓度比实际浓度肯定偏高。由于采用比较法，操作者的目测误差也影响准确性。

（三）水平式琼脂糖凝胶电泳法分析法

凝胶电泳的原理：在外加直流电源的作用下，带电的离子或胶体微粒在分散介质里以一定速度向阴极或阳极做定向移动的现象叫做电泳。某物质在电场作用下的迁移速度叫做电泳的速率，它与电场强度成正比，与该分子所携带的净电荷数成正比，而与分子的摩擦系数成反比（分子大小、极性、介质的黏度系数等）。在生理条件下，核酸分子中的磷酸基团是离子化的，所以，DNA 和 RNA 实际上呈多聚阴离子状态。DNA 分子在高于等电点的 pH 溶液中带负电荷，在电场中向正极移动。在一定电场强度下，DNA 分子的迁移速度与相对分子质量的对数成反比。在凝胶电泳中，一般加入溴化乙啶（EB）染色，此时，核酸分子在紫外光下发出荧光，肉眼能看到约 50ng DNA 所形成的条带。

此方法是基因工程操作中最常规的实验方法，它简便易行，只需少量的 DNA 就能检测，其分辨效果比紫外光谱分析法和 EB 荧光分析法更好、更直接，检测 DNA 范围更广。其原理是溴化乙啶在紫外光照射下能发射荧光，当 DNA 样品在琼脂糖凝胶中电泳时，琼脂糖凝胶中的 EB 就插入 DNA 分子中形成荧光络合物，使 DNA 发射的荧光增强几十倍。而荧光的强度正比于 DNA 的含量，如将已知浓度的标准样品作琼脂糖凝胶电泳对照，就可比较出待测样品的浓度。若用薄层分析扫描仪检测，只需要 5~10ng DNA，就可以从照片上比较鉴别。如用肉眼观察，可检测到 0.01~0.1μg 的 DNA。

在凝胶电泳中，DNA 分子的迁移速度与相对分子质量的对数值成反比关系。质粒 DNA 样品用单一切点的酶切后与已知相对分子质量大小的标准 DNA 片段进行电泳对照，观察其迁移距离，就可获知该样品的相对分子质量大小。凝胶电泳不仅可以分离不同相对分子质量的 DNA，也可以鉴别相对分子质量相同但构型不同的 DNA 分子。在抽提质粒 DNA 过程中，由于各种因素的影响，使超螺旋（SC）的共价闭合环状结构的质粒 DNA 的一条链断裂，变成开环状（OC）分子，如果两条链发生断裂，就转变为线状（L）分子。这 3 种构型的分子有不同的迁移率。在一般情况下，超螺旋型分子迁移速度最快，其次为线状分子，最慢的为开环状分子。当提取到的质粒 DNA 样品中还有染色体 DNA 或 RNA 时，在琼脂糖凝胶电泳上也可以分别观察到电泳区带，由此可分析样品的纯度。

具体步骤是：①选择合适的水平式电泳仪，调节电泳槽平面至水平，检查稳压电源与正负极的线路。②选择孔径大小适宜的点样梳，垂直架在电泳槽负极的一端，使点样梳底部离电泳槽水平面的距离为 0.5~1.0mm。③制备琼脂糖凝胶（表 2-6）。④加入电泳缓冲液。⑤在待测的 DNA 样品中加 1/5 体积的溴酚蓝指示剂点样缓冲液，混匀后小心地进行点样。⑥开启电源开关，电泳时间依实验的具体要求而定（图 2-15）。

溴酚蓝指示剂中 50% 的蔗糖是为了增加上样 DNA 溶液的密度，以确保 DNA 样品沉入点样孔内，溴酚蓝主要是起 DNA 电泳时前沿指示剂的作用。一般溴酚蓝的电泳迁移位置相当于 300~400bp 双链线状 DNA。因此可以根据溴酚蓝的迁移速率大致估计 DNA 片段的迁移速率。凝胶中 DNA 的浓度计算与纯度分析比紫外光谱分析法和 EB 荧光分析法更直接、准确。

各 DNA、RNA 带在电泳胶上相应的位置中分离得清清楚楚。样品在胶中如有 RNA、染色体 DNA、蛋白质（蛋白质与 DNA 结合，在点样孔内产生荧光亮点），可想办法进一步纯化，如果需要量少可以制备更大容量的琼脂糖凝胶，通过电泳分离，然后从胶中切割下来进行纯化。

DNA 片段的浓度计算：用 λDNA Hind Ⅲ 酶切 DNA 作为标准样品，总 DNA 为 48 502bp，λDNA 用 λDNA 酶切后共有 8 个片段，依次为：23 130bp、9416bp、6557bp、4361bp、2322bp、2077bp、564bp、125bp。λDNA Hind Ⅲ 酶切 DMA 浓度为 0.35μg/μl，上样体积为 3μl。待测 DNA 样品有 pBR322 EcoR Ⅰ 酶切片段，上样 2μl。电泳结果显示，pBR322 EcoR Ⅰ 在紫外灯下条带的亮度与 EcoR Ⅰ 的第四个片段大致相同。因此 pBR322 EcoR Ⅰ 的浓度通过下式计算：

$$\frac{48502(\lambda \text{DNA 总 }bp\text{ 数})}{1050[3\mu l(\text{上样体积})]\times350\text{ng}/\mu l(\lambda\text{DNA 上样浓度})}=\frac{4361(\text{pBR322EcoR I 总 }bp\text{ 数})}{2\mu l\times\text{pBR322EcoR I 的浓度}}$$

注:pBR322EcoR I 酶切 DNA 的浓度−47.2ng/μl。

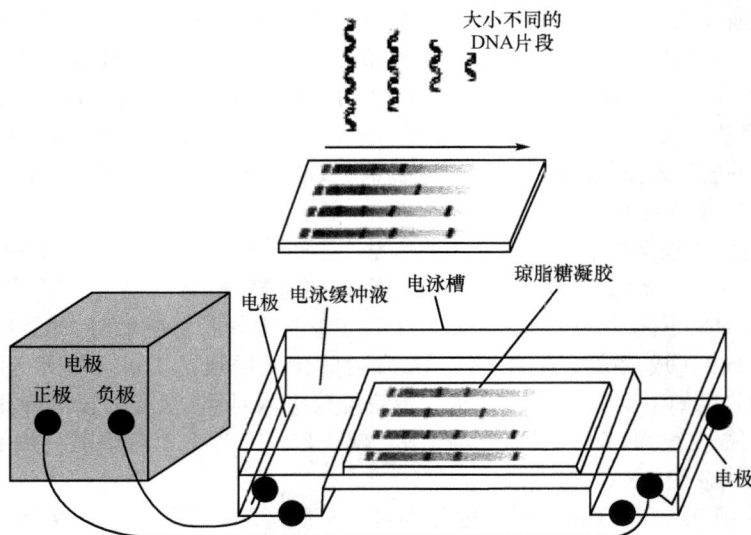

图 2-15　水平式琼脂糖凝胶电泳装置

表 2-6　用于分离不同大小 DNA 片段的琼脂糖含量

琼脂糖含量/%	线性 DNA 片段的有效分离范围/kb
0.1	80
0.3	60~5.0
0.5	30~0.9
0.7	12~0.8
1	10~0.5
1.2	7~0.4
1.5	3~0.2
3	0.07

(四) 非变性聚丙烯酰胺凝胶电泳

非变性聚丙烯酰胺凝胶电泳(Native-PAGE)是在不加入 SDS 巯基乙醇等变性剂的条件下,对保持活性的大分子物质进行聚丙烯酰胺凝胶电泳。未加 SDS 的天然聚丙烯酰胺凝胶电泳可以使生物大分子在电泳过程中保持其天然的形状和电荷,它们的分离是依据其电泳迁移率的不同和凝胶的分子筛作用,因而可以得到较高的分辨率,对于生物大分子的鉴定有重要意义,其方法是在凝胶上进行两份相同样品的电泳,电泳后将凝胶切成两半,一半用于活性染色,对某个特定的生物大分子进行鉴定,另一半用于所有样品的染色,以分析样品中各种生物大分子的种类和含量。

基本步骤如下:

1. 制胶的电泳缓冲液　一般采用 90nmol/L Tris-硼酸缓冲液。

2. 凝胶丙烯酰胺含量　根据待测 DNA 片段大小的范围,制备相应含量的丙烯酰胺凝胶(表 2-7)。如制备 5% 的聚丙烯酰胺凝胶,则取 5ml 10×TBE 缓冲液,8.33ml 29:1(m:m)的丙烯酰胺/亚甲双丙烯酰胺溶液和 36.67ml 水,混合后(最好抽真空几分钟)加入 25μl TEMED 和 25μl 10% 过硫酸铵,混匀,加入制胶模具,插入加样孔梳子,在室温下让凝胶聚合 30min 以上。

3. 加 DNA 样品　凝胶聚合后,拔出加样孔梳子,连同制胶模具的玻璃固定在电泳槽上,具加样孔一端为上方。上下电泳槽加入电泳缓冲液,使凝胶上下两端完全接触电泳缓冲液,接触处不得有气泡。DNA 样品和标准 DNA 如同琼脂糖凝胶电泳一样处理后加入加样孔。

4. 电泳条件 上方的缓冲液槽为负极,下方的缓冲液槽为正极。电泳电压为 5V/cm,在室温下电泳。

5. DNA 的溴化乙啶染色和 DNA 片段大小估算同琼脂糖凝胶电泳。

表 2-7 丙烯酰胺浓度与线形 DNA 片段的有效分离范围

丙烯酰胺含量/%	线形 DNA 片段的有效分离范围/kb	丙烯酰胺含量/%	线形 DNA 片段的有效分离范围/kb
3.0	1000	8.0	60~400
3.5	100~1000	12.0	50~200
5.0	100~500	20.0	5~100

三、DNA 的纯化

根据实验要求不同,在需要高纯度 DNA 的实验中,对提取的 DNA 样品须进一步纯化。常用的 DNA 纯化方法有:氯化铯-溴化乙啶连续梯度离心法、离子交换层析法、琼脂糖凝胶电泳洗脱法、"基因纯"试剂纯化等。大量提取的质粒 DNA 纯化常用聚乙二醇沉淀法、柱层析法和氯化铯梯度离心法。

(一) 聚乙二醇沉淀法纯化质粒 DNA

聚乙二醇(polyethylene glycol,PEG)沉淀法是一种分级沉淀法。该法被广泛用于碱裂解法制备的质粒 DNA 的纯化。原理是:首先将粗提质粒 DNA 用氯化锂(LiCl)处理沉淀大分子 RNA,用 RNA 酶消化污染的小分子 RNA。然后用含 PEG 的高盐溶液沉淀大的质粒 DNA,使短的 RNA 和 DNA 片段留在上清中。沉淀下来的质粒 DNA 用酚/氯仿抽提及乙醇沉淀。该法简单、经济、适用广,尤其对碱裂解法提取的质粒纯化效果好,适用于分子克隆中所有常规的酶学反应,也能用于高效的哺乳动物细胞的转染。但 PEG 法不能有效分离带切口的环状质粒 DNA 与闭环质粒 DNA。

具体步骤:

1. 将核酸溶液转入 15ml 离心管中,再加 3ml 用冰预冷的 5mol/L 溶液,充分混匀,于 4℃ 以 10 000r/min 离心 10min。其中 LiCl 可沉淀相对分子质量较大的 RNA。

2. 将上清转移到另一 30ml 离心管内,加等量的异丙醇,充分混匀,于室温以 10 000r/min 离心 10min,回收沉淀的核酸。

3. 小心去掉上清,敞开管口,将管倒置以使最后残留的液滴流尽。于室温用 70% 乙醇洗涤沉淀及管壁,流尽乙醇,用与真空装置相连的巴斯德吸管吸去附于管壁的所有液滴,敞开管口并将管倒置,在纸巾上放置几分钟,以使最后残余的痕量乙醇蒸发殆尽。

4. 用 500μl 含 20μg/ml 胰 RNA 酶(不含 DNA 酶)的 TE(pH 8.0)溶解沉淀,将溶液转移到一微量离心管中,于室温放置 30min。

5. 加 500μl 的 1.6mol/L NaCl[含 13%(W/V)聚乙二醇(PEG 8000)],充分混合,用微量离心机于 4℃ 以 12 000r/min 离心 5min,以回收质粒 DNA。

6. 吸出上清,用 400μl TE(pH8.0)溶解质粒 DNA 沉淀。用酚、酚-氯仿、氯仿各抽提 1 次。

7. 将水相转到另一微量离心管中,加 100μl 的 10mol/L 乙酸铵,充分混匀,加 2 倍体积(约 1ml)乙醇,于室温放置 10min,于 4℃ 以 12 000r/min 离心 5min,以回收沉淀的质粒 DNA。

8. 吸去上清,加 200μl 处于 4℃ 的 70% 乙醇,稍加振荡,用微量离心机于 4℃ 以 12 000r/min 离心 2min。

9. 吸去上清,敞开管口,将管置于实验桌上直到最后可见的痕量乙醇蒸发殆尽。

10. 用500μl TE(pH8.0)溶解沉淀,1:100稀释后测量A_{260},计算质粒DNA的浓度($A_{260}=50\mu g/ml$),然后将DNA储存于-20℃。

(二) 琼脂糖凝胶电泳洗脱法

此方法适用于小剂量DNA的纯化和酶切DNA片段的回收。DNA样品在琼脂糖凝胶电泳分带后,切取含待纯化DNA带的琼脂糖凝胶块,装入透析袋后,置于电泳槽中进行电泳1~2h,使DNA脱离琼脂糖凝胶,再反向电泳1~2min,使附着在透析袋上的DNA重新进入缓冲液中。吸取透析袋中的洗脱液于离心管中,12 000r/min离心10min,转移上清液到另一离心管中,加入2体积的无水乙醇,混匀后于-20℃放置过夜,于4℃ 12 000r/min离心10min,去净上清液,放在超净工作台内干燥或真空干燥。最后把干燥的沉淀溶于50μl TE缓冲液中,-20℃保存备用。

(三) 氯化铯-溴化乙锭连续梯度离心法

用氯化铯-溴化乙锭梯度法纯化得到的质粒DNA具有纯度高、步骤少、方法稳定,且获得的质粒DNA多数为超螺旋构型等特点,但成本高,需要有超速离心机等设备。这种方法适用于纯化大剂量DNA,昂贵的氯化铯,纯化时间长。

CsCl是一种相对分子质量较大的重金属盐,在超速离心场较长时间力的作用下,就会在离心管中形成浓度梯度。当DNA的沉降速度与扩散速度达到平衡时,染色体DNA、质粒、RNA等各分离颗粒在密度梯度中沉降或漂浮,它们在密度梯度中的位置分布不依据沉降速率、相对分子质量大小及离心时间,而是取决于它们之间的密度差。由于它们之间在介质梯度里的水合作用不同,因此其密度也总有区别。为了增加样品中各成分的密度差别,将DNA样品加溴化乙锭一起离心。溴化乙锭(EB)是一种吖啶类染料,它可以嵌入双链DNA的碱基对之间,使DNA的解旋体积增大,浮力密度变小。EB容易插入线状的DNA,而与环状质粒DNA的结合量小于与线状DNA的结合量,从而使两者的浮力密度出现悬殊的差异。当DNA的沉降速度与扩散速度达到平衡,在合适的CsCl密度梯度范围中,DNA就处在一定的位置上,这时DNA的浮力密度就等于该位置上的CsCl的密度。由于质粒DNA的浮力密度大于线状DNA,线状DNA的区带在上层,闭合质粒DNA的区带在下层,两者能明显地分开而达到分离的目的。而DNA与RNA的浮力密度是与CsCl-H_2O相互作用有关,RNA在CsCl中总是与Cs⁻相结合,故密度很大。在超离心时,RNA就沉入离心管管底,这样就可以与质粒DNA相分离。

操作步骤如下:

1. DNA溶液置于一离心管中,每毫升加1g固体氯化铯,30℃下缓慢溶解,再加溴化乙锭溶液(10mg/ml)至终浓度0.7mg/ml。溶液中氯化铯终浓度为1.55g/ml,折射率为1.3860。

2. 室温下8000r/min离心5min,吸取液面浮渣下的清液置于一塑料离心管中,用液状石蜡盖在液面上,20℃下以45 000r/min离心36~40h。

3. 在紫外灯下观察待纯化的DNA带。在DNA带下方用21号针对刺穿离心管壁收集DNA。

4. 在收集的DNS液体中加入等体积用水饱和的正丁醇,充分混匀,以1500r/min离心3min,吸取下层水相。如此处理4~6次,直至水相液体在紫外灯下无橘红色。

5. 透析除去DNA液中的氯化铯。

(四) DNA的浓缩

在DNA提取和纯化的过程中,会出现提取的DNA溶液的浓度达不到下一步实验要求的情况,此时必须进行DNA溶液的浓缩。沉淀是浓缩核酸最常用的方法。其优点有:①改变核酸的溶解缓冲液;②重新调整核酸的浓度;③去除溶液中某些盐离子与杂质。

实验室常用的方法有:乙醇沉淀法、正丁醇抽提法和聚乙二醇浓缩法等。

乙醇沉淀法：在含有一价阳离子的 DNA 溶液中加入 2 体积的无水乙醇，使 DNA 沉淀，通过离心收集沉淀的 DNA，再溶于适量的 TE 缓冲液中。沉淀 DNA 采用的一价阳离子盐有 NaAc、NaCl、NH_4Ac，终浓度分别是 0.25mol/L，1.0mol/L，2.0mol/L。若用二价阳离子 Mg^{2+}，当 $MgCl_2$ 的终浓度达到 10mmol/L 时，可提高小片段 DNA（小于 200bp）的回收率。

乙醇处理时的温度通常是 $-20℃$，时间在 30min 以上，若 DNA 片段比较小同（小于 1kb），或量比较少（少于 $0.1\mu g/ml$），则在 $-70℃$ 下沉淀，或延长沉淀时间。

四、RNA 的提取、检测与纯化

细胞内的 RNA 有 rRNA、mRNA、tRNA 等多种。一个典型的哺乳动物细胞约含 10^{-5} RNA，其中，80% ~ 85% 为 rRNA，其余 15% ~ 20% 为各种低分子量 RNA（如 tRNA、核内小分子 RNA）。这些 RNA 多数有确定的大小和核苷酸序类，能用电泳、密度梯度离心、阴离子交换等技术加以分离纯化。而 mRNA 是约占细胞总 RNA 的 1% ~ 5%，大小和核苷酸序列各不相同。然而大多数真核生物细胞 mRNA 在其 3′端有一多聚腺苷酸[poly(A)]残基组成的尾，尾的长度一般足以吸附于寡脱氧胸苷酸[oligo(dT)]-纤维素，使得 mRNA 可以用亲和层析法分离。在基因操作过程中，主要涉及的是 mRNA 的分离、提纯和检测。mRNA 是单链的，而 RNA 酶非常稳定，因此与 DNA 的操作相比，要严格防止 RNA 被内源性或外源性 RNA 酶分离。

（一）细胞总 RNA 的提取

在细胞内大部分 RNA 以核蛋白复合体的形式存在，在分离时必须加入蛋白质变性剂，释放出 RNA，并将 RNA 与 DNA、蛋白质及其他物质分离。提取的细胞总 RNA 的方法和提取基因组 DNA 的方法类似，但要严格灭活内源性或外源性 RNA 酶。下面介绍常用的酚-异硫氰酸胍抽提法。

1. 提取步骤

（1）破碎组织细胞，得到细胞沉淀物，转移到离心管中。方法同 DNA 的提取。

（2）向离心管中的细胞沉淀物加入 Trizol 试剂，进一步破碎细胞，溶解细胞内成分。

（3）加入氯仿，混匀后离心。溶液分为上清层（水相）、中间层和有机相（下层）。RNA 位于上清层中，DNA 位于中间层，蛋白质位于有机相。

（4）取上层水相于一新的离心管，加入异丙醇，离心。RNA 进入异丙醇中并沉淀。

（5）弃去上清液，加入乙醇离心。RNA 进入乙醇中并沉淀。

（6）小心弃去上清液，然后室温或真空干燥，然后将沉淀重置于无 RNase 水中，即为细胞总 RNA 提取液，保存于 $-70℃$。

2. 主要试剂及作用 Trizol 试剂为 Gibco 公司根据酚-异硫氰酸胍抽提法设计的试剂，适用于多数生物材料。Trizol 主要成分是苯酚和异硫氰酸胍，它是直接从细胞或组织中提取总 RNA 的试剂，在破碎和溶解细胞时能保持 RNA 的完整性。苯酚的主要作用是裂解细胞，使细胞中的蛋白，核酸物质解聚得到释放。苯酚虽可有效地变性蛋白质，但不能完全抑制 RNA 酶活性，因此 TRIzol 中还加入了 8-羟基喹啉、异硫氰酸胍、β-巯基乙醇等来抑制内源和外源 RNA 酶。异硫氰酸胍属于解偶剂，是一类强力的蛋白质变性剂，可溶解蛋白质并使蛋白质二级结构消失，导致细胞结构降解，核蛋白迅速与核酸分离。β-巯基乙醇的主要作用是破坏 RNase 蛋白质中的二硫键。0.1% 的 8-羟基喹啉可以抑制 RNA 酶，与氯仿联合使用可增强抑制作用。

Trizol 法适用于人类、动物、植物、微生物的组织或培养细菌，样品量从几十毫克至几克。用 Trizol 法提取的总 RNA 绝无蛋白和 DNA 污染。RNA 可直接用于 Northern 斑点分析，斑点杂交，体外翻译，分子克隆。

3. 操作中应注意的问题 RNA 酶的存在非常广泛，所有的组织中均存在 RNA 酶，人的皮肤、手指、试剂、容器等均可能被污染,且 RNA 酶具有一定的耐高温的能力。因此 RNA 提取过程的关键是建立一个无 RNA 酶的实验环境,因此在整个操作过程中要防止 RNase 的污染。应尽量使用无 RNA 酶的实验器材;枪头、塑料制品和玻璃制品可以用 0.1% DEPC(焦碳酸二乙酯)水溶液在 37℃ 处理过夜,然后在 120℃ 下高压灭菌 30min 以去除残留的 DEPC。玻璃制品也可用干热灭菌去除 RNA 酶(180℃ 烘烤 2h)。配制溶液应使用无 RNA 酶水(无 RNA 酶水的配制方法:双蒸水加入 DEPC 至终浓度 0.01% V/V,放置过夜,然后 120℃ 下高压灭菌 30min,备用)。此外,实验过程中经常更换新手套,使用专用超净台;整个实验过程中使用的试剂,实验器材和无 RNA 酶水应专用,避免交叉污染。

(二) 细胞总 RNA 的检测

提取的细胞总 RNA 后可以用琼脂糖凝胶电泳法初步判断提取的效果,主要可判断样品的完整性。方法同 DNA 的检测。

在用琼脂糖凝胶电泳法初步判断提取的效果提取总的 RNA 后,再用紫外分光光度法对所提取的样品进行其浓度和纯度分析。在波长 260nm 的紫外线下,$1A$ 值的光密度相当于 $40\mu g/ml$ 的单链 RNA。样品浓度的计算公式为:样品浓度($\mu g/ml$)= $A_{260} \times 40\mu g/ml \times$ 稀释倍数。由于蛋白质在 280nm 处有最大吸收峰,用 A_{260}/A_{280} 可分析样品的纯度。若比值为 2,说明纯度高。若小于 2,说明有 DNA 杂质。

(三) mRNA 的分离和纯化

细胞内的 mRNA 含量很低,约占细胞总 RNA 的 1%~5%,种类繁多,大小和核苷酸序列各不相同。不同的细胞所表达的某种蛋白的 mRNA 的种类和产量是不同的。大多数真核生物细胞 mRNA 在其 3′ 端均有一多聚腺苷酸[poly(A)]残基组成的尾,尾的长度一般足以吸附于寡脱氧胸苷酸[oligo(dT)]-纤维素,使得 mRNA 可以用亲和层析法分离。

基本步骤:oligo(dT) 纤维素用 NaOH 悬浮预处理后装入柱床,依次用灭菌水、加样缓冲液冲洗柱床冲洗柱床。然后将总 RNA 液上柱,用高盐缓冲液洗脱并测量收集洗脱液的 A_{260}。当总 RNA 流径 oligo(dT) 纤维素时,在高盐缓冲液作用下,含有多 poly(A) 尾的 mRNA 被特异的吸附在 oligo(dT) 纤维素柱上,其他成分仍留在溶液中,被先洗下。当洗出液中 A 为 0,改用低盐浓度溶液洗脱。mRNA 可溶于低盐浓度溶液,被洗下。收集此时的洗脱液,测定 A_{260},合并含有 RNA 的洗脱组分。一般,经过两次 oligo(dT) 纤维素柱,可得到较纯的 mRNA。

(赵 青)

第三章 生物化学实验

第一节 基础生物化学实验

实验一 分光光度计的使用

（一）实验目的

1. 掌握分光光度法的原理。

2. 掌握分光光度计的基本操作方法。

（二）实验原理

分光光度法（spectrophotometry）是利用物质特有的吸收光谱，对物质进行鉴定和测定其含量的技术。物质的吸收光谱与它们本身的分子结构有关，不同物质由于其分子结构不同，对不同波长光线的吸收能力也不同。每种物质都具有特异的吸收光谱，在一定条件下，其吸收程度与该物质浓度成正比，因此可利用各种物质不同的吸收光谱及其强度，对不同物质进行定性和定量的分析。

大多数物质本身具有一定的颜色，也有一些物质本身虽是无色的，但加入适当的试剂后可生成有色的物质，溶液的浓度越大，其颜色越深，且对光的吸收越大。所以，可通过测定比较溶液在某一波长下的吸光度值来确定溶液的浓度，这种方法叫做比色分析法。比色分析法又分为光电比色法和分光光度法，我们着重讨论分光光度法。

因为分光光度法具有灵敏度强、精确度高、操作简便快速，对于复杂的组分系统，无需分离即可检测出其中所含的微量组分的特点，因此分光光度法目前已成为生物化学研究中广泛使用的技术之一。

分光光度法依据的原理是 Lambert-Beer 定律。该定律阐明了溶液对单色光吸收的多少与溶液浓度及溶液厚度之间的关系。

1. 分光光度法的基本原理

（1）Lambert 定律：当一束单色光垂直通过一均匀的溶液时，一部分光会被溶液吸收，因此光线的强度会减弱。设：入射光强度为 I_0，溶液的厚度为 L，出射光即透过光强度为 I，则 I/I_0 表示光线透过溶液的程度，称为透光度（T）。若溶液的浓度不变，则透过溶液的厚度越大，光线强度的减弱越显著，即光吸收的量与溶液的厚度成比例关系，Lambert 定律证明：

$$\lg I_0/I = K_1 L \tag{1}$$

K_1 是常数，L 为溶液的厚度（光径）。

（2）Beer 定律：当一束单色光通过溶液介质时，若溶液的厚度不变而浓度不同时，溶液的浓度越大，则光吸收越大，透过光的强度越弱，即溶液对光的吸收与溶液的浓度成比例关系，Beer 定律可用下式表示：

$$\lg I_0/I = K_2 C \tag{2}$$

K_2 是常数，C 为溶液的浓度。

（3）Lambert-Beer 定律：如果同时考虑液层厚度和溶液浓度对光吸收的影响，将（1）式与（2）式合并，则：

$$\lg I_0/I = KCL \tag{3}$$

此公式为 Lambert-Beer 定律的数学形式。

因 $T=I/I_0$ $-\lg T=\lg I_0/I$

令 $A=\lg I_0/I$ 则 $A=-\lg T=KCL$ 即 $A=KCL$ (4)

T 为透光度；A 为吸光度(光密度、消光度)；K 为常数(消光系数)，表示物质对光线吸收的能力，常用表示方法有百分浓度消光系数和摩尔浓度消光系数两种。

百分浓度消光系数：即以百分浓度来表示的消光系数，它等于溶液浓度为 1%、液层厚度为 1 cm 时的光密度值。

摩尔浓度消光系数：即以摩尔浓度来表示的消光系数，它等于溶液浓度为 1 mol/L、液层厚度为 1 cm 时的光密度值。

消光系数是物质的重要特性，它与入射光的波长以及溶液的性质和温度有关，也与仪器的质量有关。在入射光波长、溶液种类和温度一定的条件下，消光系数是一个定值，通过实验可以测得。消光系数值越大，该物质吸收光的能力越强，测定的灵敏度越高。

2. 分光光度法的应用

(1) 用标准管法计算待测液浓度：实际测量过程中，用一已知浓度的标准液和一未知浓度的待测液经同样处理显色，读取吸光度，就可以得出下列算式：

$$A_{标}=KC_{标}L, \quad A_{测}=KC_{测}L$$

由于两种溶液的液层厚度相等，即 L 值相等。另外温度相同，而且是同一物质的两种不同浓度，在测定时所用波长也相同，所以 K 值相等，故

$$C_{测}=\frac{A_{测}}{A_{标}} \times C_{标}$$

式中，$C_{标}$=标准液浓度，$A_{标}$=标准液吸光度，$C_{测}$=待测液浓度，$A_{测}$=待测液吸光度。

根据上式可知，对于相同物质和相同波长的单色光来说，溶液的吸光度和溶液的浓度呈正比。用已知标准液的浓度及吸光度就可按公式算出待测液的浓度。

(2) 用标准曲线法求出待测溶液的浓度：当分析大批待测溶液时，采用标准曲线法则比较方便。先配制一系列浓度由低到高的标准溶液，按测定管同样方法处理显色，在最大吸收波长(λ_{max})处读取各管吸光度。以各管吸光度 A 为纵轴，各管溶液浓度为横轴，在方格坐标纸上作图得标准曲线。在标准液的一定浓度范围内，溶液的浓度与其吸光度之间呈直线关系。以后进行测定时，只要待测液以相同条件在 λ_{max} 处读取吸光度 A，就可从标准曲线上查得该待测的相应浓度，操作条件应与制作标准曲线时相同。需要特别指出的是，在制作标准曲线时，至少需配制 5 种浓度递增的标准溶液，测出的数据至少要有 3 个点落在直线上，这样的标准曲线方可用来求待测溶液的浓度。

标准曲线范围选择在待测物浓度 0.5 ~ 2 倍之间较好，并使吸光度在 0.05 ~ 1.00 为宜，所作标准曲线仅供短期使用。当待测液吸光度超过线形范围时，应将标本稀释后再测定。标准曲线制作与待测液应在同一台仪器上进行，有时尽管型号相同，操作条件完全一样，因不是同一台仪器，其结果会有一定误差。当测定条件发生变化时，应重新制作标准曲线。

(3) 利用摩尔消光系数 ε 求待测液浓度：当溶液浓度为 1mol/L、溶液厚度为 1cm 时的吸光度值称为摩尔消光系数，以 ε 表示，此时 ε 与 A 相等。

在已知 ε 的情况下，读取待测液的吸光度 A，可直接推算出溶液的浓度：

$$C=A/\varepsilon$$

此计算式常用于紫外吸收法，如蛋白质溶液含量测定，因蛋白质在波长 280nm 下具有最大吸收峰，利用已知蛋白质的在波长 280nm 时的摩尔消光系数，再读取待测蛋白质溶液的吸光度，即可算出待测蛋白质的浓度，无需显色，操作简便。

（三）操作步骤

722 型分光光度计是一种简洁易用的分光光度计,特点是用液晶板直接显示透光度和吸光度,用光栅做单色器,简化操作,使用方便,提高灵敏度和稳定性。

操作方法如下:

1. 接通电源,打开检测室盖(此时光门自动关闭),开启电源开关,指示灯亮,预热 20min。

2. 调节波长旋钮至所需波长。

3. 比色杯分别盛装空白液、标准液和待测液,依次放入检测室比色杯架内,使空白液对准光路。

4. 检查 722 型分光光度计的旋钮,使选择钮指向透光度"T",灵敏度钮置 1 档(此时放大倍率最小)。

5. 打开检测室盖,按"0"键,使数字显示为"0.00",盖上检测室盖(光门打开),按"100"键,使数字显示为"100.0",重复数次,直至达到稳定。

6. 吸光度 A 的测量:调整选择钮显示"A",读数显示为".000"。如果不是此值,可调消光零旋钮,使其达到要求。再移动拉杆,使标准液和待测液分别置于光路,读取"A"值。然后再使空白液对准光路,如"A"值仍为".000",则以上标准液与待测液读数有效。

7. 打开检测室盖,取出比色杯,倾去比色液,用水冲洗干净,倒置于铺有滤纸的平皿中。

8. 浓度 C 的测定:选择开关由"A"旋置"C",将已标定浓度的标准液放入光路,调节浓度旋钮,使数字显示为标定值,再将待测液放入光路,即可读出待测液的浓度值。

9. 关闭电源开关,拔去电源插头,取出比色杯架,检查检测室内是否有液体溅出并擦净。

10. 检测室内放入干硅胶袋,盖上盖后套上仪器布罩。

11. 将测得数据带入公式,计算待测液浓度 $C_{测} = A_{测} \cdot C_{标}/A_{标}$。

（四）注意事项

1. 分光光度计是贵重的精密仪器,需加倍爱护,注意防震、防潮、防光和防腐蚀。仪器须安装在稳固的工作台上,不可随意搬动。操作时,动作轻柔,以防损坏仪器的配件。仪器应放在干燥的地方,光电管附近放置干燥剂。防止长时间的连续照射,避免强光照射。试管架或试剂瓶不得放置于仪器上,以防试剂溅出腐蚀机壳。拉比色杆时动作要轻,以防溶液溅出,腐蚀机件。若不慎将试剂溅在仪器上,应立即用棉花或纱布擦干净。

2. 手持比色杯的毛面(粗糙面),不可用手或滤纸等摩擦比色杯的透光面;比色杯先用蒸馏水冲洗后,再用比色液润洗才能装比色液。盛装比色液时,约达比色杯 2/3 体积,不宜过多或过少;若不慎使溶液流至比色杯外,须用棉花或擦镜纸吸干,才能放入比色架。比色杯用后应立即用自来水冲洗干净。若不能洗净,用 5% 中性皂溶液或洗洁精稀溶液浸泡,也可用新鲜配制的重铬酸钾洗液短时间浸泡,然后用水冲净倒置晾干。

3. 测定溶液浓度的吸光度值在 0.1~0.8 最符合光吸收定律,线性好、读数误差较小。如吸光度不在 0.05~1.0,可适当稀释或加浓比色液再进行比色。

4. 仪器连续工作的时间不宜过长,每次读完比色架内的一组读数后,立即打开检测室盖,以防光电管疲乏。仪器连续使用不应超过 2h,必要时可间歇半小时再用。仪器用完之后,须切断电源,套上干净的布罩。仪器较长时间不使用,应定期通电,使用前预热。

【思考题】

1. 分光光度法的原理依据的是什么定律?

2. 使用比色皿时有何注意事项?

3. 使用分光光度计应注意些什么?

（余利红）

实验二　Folin-酚试剂法(Lowry 法)测定蛋白质浓度

(一) 实验目的

1. 掌握 Folin-酚试剂法(Lowry 法)测定血清蛋白质含量的方法。

2. 掌握标准曲线的制作。

3. 熟悉酚试剂法测定血清蛋白质含量的原理及优缺点。

(二) 实验原理

Folin-酚试剂法的显色原理包括两步反应:第一步是在碱性条件下,蛋白质分子的肽键与 Cu^{2+} 螯合,生成蛋白质-铜络合物;第二步是此络合物将磷钼酸-磷钨酸试剂(Folin 试剂)还原,产生深蓝色(磷钼蓝和磷钨蓝混合物),在一定条件下,颜色深浅与蛋白质含量成正比,利用蓝色深浅与蛋白质浓度的线性关系作标准曲线并测定样品中蛋白质的浓度。

优点:此方法操作简便,灵敏度比双缩脲法高 100 倍,定量范围为每 $25 \sim 250 \mu g/ml$ 蛋白质,是测定蛋白质含量的常用方法。

缺点:Folin 试剂显色反应由酪氨酸、色氨酸和半胱氨酸引起,因此样品中若含有酚类、柠檬酸和巯基化合物均有干扰作用。此外,不同蛋白质因酪氨酸、色氨酸含量不同而使显色强度稍有不同。

(三) 实验试剂和器材

1. 坐标纸、722 型分光光度计、刻度吸管、试管、试管架等。

2. 碱性铜试剂

甲液:称取无水碳酸钠 10g,氢氧化钠 2g,酒石酸钾钠 0.25g 溶于 500ml 蒸馏水中。

乙液:取硫酸铜 0.5g 溶于 100ml 蒸馏水中。

临用前取甲液 50ml,乙液 1ml 混合,即为碱性铜试剂。此液需临用前配制。

3. 标准蛋白质溶液(250μg/ml)准确称取结晶牛血清白蛋白 25mg,溶于生理盐水溶液中,以容量瓶定容至 100ml。

4. 生理盐水　0.9% NaCl 溶液。

5. 酚试剂　取钨酸钠($NaWO_4 \cdot 2H_2O$)100g 和钼酸钠($Na_2MoO_4 \cdot 2H_2O$)25g,溶于 700ml 蒸馏水中,再加入 85% 磷酸 50ml 和浓盐酸 100ml 充分混匀,置于 1500ml 圆底烧瓶中温和地回流 10h,冷却,取下冷凝装置,再加入硫酸锂($Li_2SO \cdot H_2O$)150g,蒸馏水 50ml,溴水数滴,开口继续沸腾 15min,驱除过量的溴,冷却后稀释至 2000ml,过滤,溶液应呈黄色或金黄色(如带绿色者不能使用,应继续加溴煮沸),置于棕色瓶中保存。试剂放置过久,变成绿色时,可再加溴数滴煮 15min,恢复原有的金黄色可以应用。

(四) 实验步骤

1. 样品的稀释　准确取血清 0.1ml,置于 50ml 容量瓶中,加生理盐水至刻度,倒置摇匀,此为稀释 500 倍的血清待测样品。

2. 取玻璃试管 7 支,按表 3-1 操作。

表 3-1　Folin-酚试剂法(Lowry 法)测定血清蛋白质含量的测定步骤

加入物(ml)	0	1	2	3	4	5	待测
蛋白质标准溶液(250μg/ml)	—	0.2	0.4	0.6	0.8	1.0	—
待测样品	—	—	—	—	—	—	1.0
生理盐水	1.0	0.8	0.6	0.4	0.2	—	

续表

加入物(ml)	0	1	2	3	4	5	待测
碱性铜	5.0	5.0	5.0	5.0	5.0	5.0	5.0
			混合均匀,置于室温放置10min				
酚试剂	0.5	0.5	0.5	0.5	0.5	0.5	0.5
相当血清蛋白质浓度(g/L)		25	50	75	100	125	

各管充分混合均匀,置于室温放置30min,以0管调零点,在波长650nm比色,分别读取各管吸光度值。以蛋白质浓度为横坐标,吸光度值为纵坐标,绘制标准曲线。

3. 利用制作的标准曲线得到待测蛋白质浓度　用待测样品的吸光度值在标准曲线上查到对应的蛋白质浓度。

4. 利用公式计算得到待测蛋白质浓度

按下列公式计算:

$$蛋白质含量(g/L) = \frac{待测管吸光度值}{标准管吸光度值} \times 标准管相当血清蛋白浓度(g/L)$$

（五）注意事项

1. 酚试剂在酸性条件下较稳定,而碱性铜试剂是在碱性条件下与蛋白质作用生成碱性的铜-蛋白质溶液。当酚试剂加入后,应迅速摇匀(加一管摇一管),使还原反应产生在磷钼酸-磷钨酸试剂被破坏之前。

2. 血清稀释的倍数应使蛋白质含量在标准曲线范围之内,若超过此范围则需将血清酌情稀释。

3. 按顺序添加试剂。

【思考题】

1. Folin-酚试剂法测定蛋白质含量的原理是什么?

2. 有哪些因素可干扰Folin-酚试剂法测定蛋白含量?

3. 绘制标准曲线应注意什么?

（陈新美）

实验三　聚丙烯酰胺凝胶电泳分离血清乳酸脱氢酶同工酶

（一）实验目的

1. 掌握聚丙烯酰胺凝胶电泳分离蛋白原理。

2. 掌握聚丙烯酰胺凝胶电泳基本操作方法。

3. 熟悉乳酸脱氢酶的检测原理。

（二）实验原理

聚丙烯酰胺凝胶电泳(polyacrylamide gel electrophoresis, PAGE)比薄膜电泳分辨率高,常用于分离蛋白质及较小分子的核酸。聚丙烯酰胺凝胶是由单体丙烯酰胺(acrylamide,简称Acr)和交联剂又称为共聚体的N, N-甲叉双丙烯酰胺(methylene-bisacrylamide,简称Bis)在加速剂和催化剂的作用下聚合交联成三维网状结构的凝胶,以此凝胶为支持物的电泳称为聚丙烯酰胺凝胶电泳,简称PAGE。聚丙烯酰胺凝胶因富含酰胺基,使凝胶具有稳定的亲水性。它在水中无电离基团,不带电荷,几乎没有吸附及电渗作用,是一种比较理想的电泳支持物。在聚丙烯酰胺凝胶形成的反应过程中,需要有催化剂过硫酸铵(APS)和加速剂四甲基乙二胺(TEMED)的参与。催化剂在凝胶形成中提供自由基,通过自由基的传递,引发丙烯酰胺与甲叉双丙烯酰胺聚合反应,加速剂则可加快催化剂释放自由基的速度。

根据凝胶装置形式可分为圆盘电泳(disc-eleetrophoresis)和垂直板电泳(slab-electrophoresis)。圆盘电泳是在直立的玻璃管中进行,混合物分离后形成很窄区带,在凝胶中呈圆盘状,故名圆盘电泳。垂直板电泳是凝胶制成薄板状,样品按重力方向进行的电泳。电泳在电极缓冲液、凝胶缓冲液、凝胶孔径一致的体系中进行,称为连续 PAGE;电泳在电极缓冲液、凝胶缓冲液 pH 不同、凝胶孔径不同的体系中进行,称为不连续 PAGE。不连续 PAGE 分离中包括 3 种物理效应,即样品的浓缩效应、电泳分离的电荷效应和分子筛效应。而连续 PAGE,则不具备浓缩效应。不论圆盘电泳或垂直板电泳都有连续和不连续电泳之分。

溴酚蓝是蓝色、带负电荷的指示剂,分子量小于蛋白质和核酸分子,电泳前加入样品中,电泳时依靠观察蓝色的溴酚蓝电泳区带移动的距离,从而推断蛋白质(或核酸)样品移动的距离。电泳样品中加入较高浓度的蔗糖(或甘油),使上样液比重和黏稠度增加,从而使样品中的蛋白质(或核酸)在电泳缓冲液中不扩散并下沉。

乳酸脱氢酶(LDH)同工酶是由催化的反应相同、分子结构和理化性质不同的一组酶组成,在 pH8.3 的缓冲液中,由于分子筛效应和电荷效应,它们分别以不同的速度在以聚丙烯酰胺凝胶为支持物的电场中泳动,可分离出五种同工酶,泳动速度为 $LDH_1 > LDH_2 > LDH_3 > LDH_4 > LDH_5$。显色原理为:

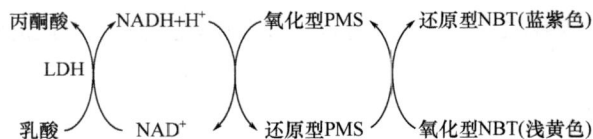

本实验介绍连续聚丙烯酰胺凝胶圆盘状电泳分离血清乳酸脱氢酶同工酶,凝胶在乳酸脱氢酶的底物显色混合液放置一段时间,即可呈现明显的紫蓝色带。反应产生的还原性 NBT 的量与酶含量成正比,用光密度扫描仪扫描可测出各同工酶的百分含量。

正常血清中各同工酶的百分含量为:LDH_1 25 ~ 31,LDH_2 38 ~ 45,LDH_3 17 ~ 22,LDH_4 5 ~ 8,LDH_5 3 ~ 6。急性心肌梗死时,血清 LDH_1 明显升高;肝炎等肝脏病变时,主要是 LDH_5 明显升高。因此,LDH 同工酶的测定可作为临床上某些疾病的辅助诊断。

(三) 实验试剂和器材

1. 凝胶缓冲液(pH 8.9)　称取三羟甲基氨基甲烷(Tris)6.0g,乙二胺四乙酸(EDTA)1.17g,NaCl 1g,加蒸馏水至 100ml。

2. 30% 丙烯酰胺储存液　称取丙烯酰胺 30g,甲叉双丙烯酰胺 0.8g,用蒸馏水溶解并加至 100ml(注:丙烯酰胺是强烈的神经毒素,可经皮肤吸收,且它的作用具有累积性,操作时应小心)。

3. 10% 过硫酸铵(AP)　称取过硫酸铵 2g,加蒸馏水至 100ml。临用前配制,置 4℃ 冰箱存放,最长不超过 1 周。

4. pH 7.4 0.2mol/L 磷酸盐缓冲液。

5. 0.1% NAD+溶液　称取 NAD+ 1mg,加 pH 7.4 0.2mol/L 磷酸盐缓冲液 1.0ml,溶解后备用。

6. 0.5mol/L 乳酸钠溶液　吸取 60% 的乳酸钠溶液 1.0ml,加 pH 7.4 0.2mol/L 磷酸盐缓冲液 2.0ml。

7. 0.1%酚嗪甲酯硫酸盐(PMS)溶液　称取 PMS 5mg,加蒸馏水 5.0ml。

8. 0.1%氯化硝基四氮唑蓝(NBT)溶液　称取 NBT 10mg,加 pH7.4 0.2mol/L 磷酸盐缓冲液 10ml。

9. 加速剂(四甲基乙二胺,TEMED)　原包装液,密封避光,4℃冰箱备用。

10. 溴酚蓝蔗糖溶液　称取溴酚蓝 0.1mg,蔗糖 4g,加蒸馏水至 10ml。

11. 显色混合液　0.1mol/L 磷酸盐缓冲液 12ml,0.5mol/L 乳酸钠溶液 6ml,NBT 溶液 7.5ml,NAD$^+$溶液 4ml,PMS 溶液 0.75ml(最后加),混匀备用。

12. 电极缓冲液(pH 8.3)　称取 Tris 6g,甘氨酸 28.8g,蒸馏水 850ml 溶解,调 pH 至 8.3,用蒸馏水定容至 1000ml,4℃冰箱保存,用时作 10 倍稀释。

13. 保存液　7%冰乙酸。

14. 电泳玻管、注射器、长针头、锥形瓶、细长滴管、可调式定量移液器、电泳仪、圆盘形电泳槽。

(四) 实验步骤

1. 制备凝胶柱

(1) 取 10cm×0.6cm 的玻管(两端磨平),一端插入带有玻珠的橡胶管内,垂直安放在试管架上。

(2) 取小烧杯或锥形瓶,配制凝胶溶液:pH8.9 的缓冲液 0.9ml,丙烯酰胺储存液 0.9ml,蒸馏水 2.7ml,四甲基乙二胺(TEMED)50μl,过硫酸铵溶液 0.25ml,轻轻混匀。

(3) 用长滴管吸取凝胶溶液,沿玻管管壁注入至距上端约 2cm 处。若有气泡,可轻轻叩打玻管,排除气泡。立即用滴管沿凝胶管管壁加入蒸馏水约 0.5cm 高度。加水时必须缓慢细心,尽量减少胶液表面的震动与混合。静置 10min,待凝胶与水交界面可见一分界线后,凝胶即完全聚合。用滴管吸去凝胶管的水层,或将凝胶管倒置,轻轻甩掉水分,并用滤纸吸干。

2. 样品配制　取正常血清 1ml,加入蔗糖溴酚蓝溶液 0.2ml,混匀备用。

3. 电泳

(1) 选择合格的凝胶管(凝胶无气泡、裂痕、剥离或聚合不匀),去橡胶管,垂直插入电泳槽上槽的橡胶塞孔中,使凝胶顶层正好可见。

(2) 加样:取样品液 50μl,沿管壁加在胶面上,记录各管编号和样品种类。

(3) 用胶头滴管吸取电泳缓冲液沿管壁慢慢加入凝胶管中,直至顶端。注意:加入缓冲液时,不要溅起样品液。然后,在上槽和下槽中加够电泳缓冲液。

(4) 上槽接负极,下槽接正极,接通电源,调节电流为每管 3mA,电压 220V,电泳 60min。待示踪染料迁移到管的下口约 0.5cm 处,切断电源。

4. 剥胶与显色

(1) 在电泳完毕前 10min,配置显色混合液,并置于恒温箱中预热。

(2) 取下凝胶管,用带有 10cm 长针头的注射器,内盛蒸馏水作为润滑剂。将针头插入胶柱与管壁之间,边注水边旋转玻管,直至胶柱与管壁分开。然后用吸球在玻管一端轻轻加压,使凝胶柱从玻管中缓慢滑出。

(3) 将取出的胶柱浸入显色混合液中,避光,于 37℃染色 20min。染色后,先用水洗去多余的染料,再放入 7%乙酸中脱色,直至余色全部脱去为止。

5. 定量　用光密度扫描仪扫描,可计算出各同工酶的百分含量。

(五) 注意事项

1. Acr(丙烯酰胺)和 Bis(甲叉双丙烯酰胺)都是神经毒剂,对皮肤有刺激作用,应在通风橱内操作。操作者务必小心,需戴医用乳胶手套,切勿接触皮肤或溅入眼内,操作后注意洗手。Acr 和 Bis 在低温下稳定,应放棕色瓶干燥低温(4℃)保存。30%单体交联剂应装棕色瓶中,储存于冰箱(4℃),能部分地防止水解,但也只能保存 1~2 个月。可测定 pH(4.9~5.2)来检查是否失效,失效液不能聚合。

2. 制胶过程中用蒸馏水封住胶面是为了阻止空气中的氧气对凝胶聚合的抑制作用。

3. 制备凝胶用的玻璃管要用洗液浸泡清洁,如玻璃管不清洁,倒胶后在管壁会出现气泡。

4. 制备凝胶时,加入催化剂和加速剂混合后在 10 ~ 30min 内聚合,故应尽快注入玻璃管。如室温过高,为防止过快聚合,可冰浴中操作。如果凝胶不聚合,通常是由于制备的试剂浓度不准确或者凝胶混合液中漏加某一试剂,也可能是试剂不纯所致。应重新配制混合液。

5. 红细胞中 LDH$_1$ 与 LDH$_2$ 活性很高,因此标本严禁溶血。LDH$_4$ 与 LDH$_5$ 对热很敏感,因此底物显色液的温度不能超过 50℃,否则易变性失活。PMS 对光敏感,故底物显色液需避光,否则显色后凝胶板背景颜色较深。

【思考题】

1. 简述聚丙烯酰胺凝胶电泳分离蛋白质原理。
2. 比较醋酸纤维素薄膜电泳与聚丙烯酰胺凝胶电泳各有何优缺点?
3. 简述 LDH 测定的显色原理。

(李雅楠)

实验四　过氧化氢酶 K_m 的测定

(一) 实验目的

1. 掌握 K_m 值的概念意义,作图求 K_m 的常用方法。
2. 掌握过氧化氢酶 K_m 测定的原理及操作方法。

(二) 实验原理

底物浓度对反应速度有显著影响。在其他因素不变的情况下,底物浓度的变化对反应速度影响的作图呈矩形双曲线,而酶促反应速度与底物浓度关系的数学方程式是米-曼氏方程式。

K_m 是酶促反应速度为最大速度一半时的底物浓度,是酶的重要特征性常数,测定 K_m 是酶动力学研究中的重要内容。

测定 K_m 的方法是在一系列[S]下进行酶促反应,以取得各相应的 V,然后用这些数据作图求出。同时也可求出 V_{max}。

1. 求 V_m、K_m 的常用作图法

(1) Lineweaver 和 Burk 作图法(双倒数作图法)

$$V = \frac{V_{max} \times [S]}{K_m + [S]}$$

两边取倒数

$$\frac{1}{V} = \frac{K_m}{V_{max}} \times \frac{1}{[S]} + \frac{1}{V_{max}}$$

以 $\frac{1}{V}$ 对 $\frac{1}{[S]}$ 作图得一直线,其延长线与横轴的截距为 $-\frac{1}{K_m}$(图 3-1)。

$$\because \frac{1}{V} = 0 \text{ 时 } \quad 0 = \frac{K_m}{K_{max}} \times \frac{1}{[S]} + \frac{1}{V_{max}}$$

$$\therefore \frac{1}{[S]} = -\frac{1}{K_m}$$

此法由于是取倒数,加之各点在图上分布不匀,因而误差较大。

（2）Hanes-Woolf 作图法（$[S]/V$ 对 $[S]$ 作图法）

将 Lineweaver-Burk 双倒数方程式的两边乘以 $[S]$ 得：

$$\frac{[S]}{V} = \frac{1}{V_{max}} \times [S] + \frac{K_m}{V_{max}}$$

以 $\frac{[S]}{V}$ 对 $[S]$ 作图得一直线，直线外推至横轴上的截距为 K_m（图 3-2）。

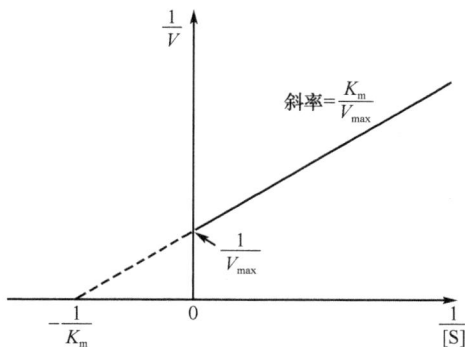

图 3-1 双倒数作图法

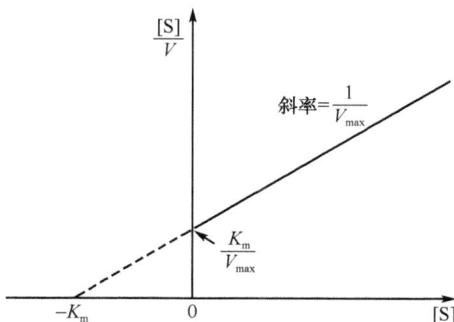

图 3-2 Hanes-Woolf 作图法

$$\because \frac{[S]}{V} = 0$$

$$0 = \frac{[S]}{V_{max}} + \frac{K_m}{V_{max}}$$

$$\therefore [S] = -K_m$$

2. 过氧化氢酶 K_m 值测定原理 本实验测定红细胞中过氧化氢酶的米氏常数。过氧化氢酶催化下列反应：

$$2H_2O_2 \xrightarrow{\text{过氧化氢酶}} 2H_2O + O_2 \uparrow$$

H_2O_2 浓度可用 $KMnO_4$ 在硫酸存在下滴定测知。

$$2\ KMnO_4 + 5H_2O_2 + 3H_2SO_4 \rightarrow 2MnSO_4 + K_2SO_4 + 5O_2 \uparrow + 8H_2O$$

求出（单位时间内）反应前后 H_2O_2 的浓度差即为反应速度。用 Hanes-Woolf 作图法求出过氧化氢酶的米氏常数。

（三）实验试剂

1. 0.05mol/L（0.1mol/L）草酸钠标准液 将草酸钠（A.R.）于 100～105℃烘 1h。冷却后，准确称取 0.67g，用水溶解倒入 100ml 量瓶中，加入浓 H_2SO_4 5ml，加蒸馏水至刻度，充分混匀，此液可储存数周。

2. 约 0.02mol/L $KMnO_4$ 储存液 称取 $KMnO_4$ 3.4g 溶于 1000ml 蒸馏水中。加热搅拌，待全部溶解后，用表面皿盖住，在低于沸点温度下加热数小时，冷后放置过夜，玻璃丝过滤，棕色瓶内保存。

3. 0.004mol/L $KMnO_4$ 应用液 取 0.05mol/L 草酸钠标准液 20ml，于锥形瓶中，加浓 H_2SO_4 1ml，于 70℃水浴中用 $KMnO_4$ 储存液滴定至微红色，根据滴定结果算出 $KMnO_4$ 储存液的标准浓度，稀释成 0.004mol/L，每次稀释都必须重新标定储存液。

4. 约 0.08mol/L H_2O_2 液 取 20% H_2O_2（A.R.）40ml 于 1000ml 量瓶中，加蒸馏水至刻度，临用时用 0.004mol/L $KMnO_4$ 标定之，稀释至所需浓度。

5. 0.2mol/L pH7.0 磷酸盐缓冲液。

（四）实验步骤

1. 血液稀释　吸取新鲜（或肝素抗凝）血液 0.1ml，用蒸馏水稀释至 10ml，混匀。取此稀释血液 1.0ml，用磷酸盐缓冲液（pH7.0，0.2mol/L）稀释至 10ml，得 1：1000 稀释血液。

2. H_2O_2 浓度的标定　取洁净锥形瓶两只，各加浓度约为 0.08mol/L 的 H_2O_2 2.0ml 和 25% H_2SO_4 2.0ml，分别用 0.004mol/L $KMnO_4$ 滴定至微红色。从滴定用去 $KMnO_4$ ml 数，求出 H_2O_2 的摩尔浓度。

3. 反应速度的测定　取干燥洁净 50ml 锥形瓶 5 只，编号，按表 3-2 操作。

表 3-2　反应速度测定步骤

加入物（ml）	1	2	3	4	5
H_2O_2（约 0.08mol/L）	0.50	1.00	1.50	2.00	2.50
蒸馏水	3.00	2.50	2.00	1.50	1.00

将各瓶置 37℃ 水浴预热 5min，依次加入 1：1000 稀释血液每瓶 0.5ml，边加边摇，继续保温准 5min，按顺序向各瓶加 25% H_2SO_4 2.0ml，边加边摇，使酶促反应立即终止。

最后用 0.004mol/L $KMnO_4$ 滴定各瓶至微红色。记录 $KMnO_4$ 消耗量（ml）。

（五）实验计算

1. 标定的 H_2O_2 浓度

$$H_2O_2(mol/L) = \frac{0.004mol/L\ KMnO_4 \times KMnO_4\ 滴定量(ml) \times \frac{5}{2}}{2ml}$$

2. 酶促反应前各瓶的 H_2O_2 浓度（mol/L）：

$$C_{H_2O_2} = \frac{H_2O_2\ 浓度 \times 加入\ H_2O_2\ 的体积}{4} = \frac{H_2O_2\ 物质的量}{4}$$

（式中：4 为反应液量 4ml）

3. 反应速度的计算。以反应消耗的 H_2O_2 物质的量表示。

反应速度 = 加入的 H_2O_2 物质的量−剩余的 H_2O_2 物质的量。

即：H_2O_2 浓度×加入的体积−$KMnO_4$ 浓度×消耗的 $KMnO_4$ 体积×5/2

（式中：5/2 为 $KMnO_4$ 与 H_2O_2 反应中物质的量换算系数）

4. 求 K_m 值。

下面引用一次实验结果为例，求过氧化氢酶的 K_m 值，供计算参考。

已知 $KMnO_4$ 浓度为 0.004mol/L，标定出 H_2O_2 浓度为 0.08mol/L，列表 3-3 计算如下：

表 3-3　求氧化氢酶 K_m 值计算参考表

计算程序	1	2	3	4	5
①加入 H_2O_2 ml 数	0.50	1.00	1.50	2.00	2.50
②加入 H_2O_2 mmol/L=①×0.08	0.04	0.08	0.12	0.16	0.20
③底物浓度[S]（mol/L）= ②÷4	0.01	0.02	0.03	0.04	0.05
④酶促反应后，$KMnO_4$ 滴定 ml	1.35	3.70	6.40	9.80	13.20
⑤剩余 H_2O_2 mmol=④×0.004×5/2	0.0135	0.037	0.064	0.098	0.132
⑥反应速度 V=②−⑤	0.0265	0.043	0.056	0.062	0.068
⑦[S]/V=③÷⑥	0.377	0.465	0.536	0.645	0.735

以底物浓度为横坐标,$[S]/V$ 为纵坐标,按 Hanes 作图法求得 $K_m = 0.032mol/L$。

(六) 注意事项

1. H_2O_2 取量要准确。

2. 酶促保温准 5min,即每个反应瓶从加入稀释血液到用 H_2SO_4 终止酶促反应的时间要控制准 5min。

3. 滴定终点要准确(微红色),且 5 个反应瓶要同一标准。

【思考题】

1. 何谓 K_m 值? K_m 值的意义是什么?

2. 血液稀释的目的是什么?

3. 在反应速度的测定中,加入硫酸有哪些作用?

(李雅楠)

实验五 温度、pH 和抑制剂对酶活性的影响

一、温度对酶活性的影响

(一) 实验目的

掌握温度对酶活性影响的原理及其操作方法。

(二) 实验原理

温度对酶活性有显著影响,温度降低,酶促反应速度降低以至完全停止反应。从低温起逐渐升温,反应速度加快,当上升至某一温度时,酶促反应速度达到最大值,此温度称为酶作用的最适温度。温度继续升高,反应速度反而下降。人体内大多数酶的最适温度在 37℃ 左右。

本实验以淀粉酶催化淀粉水解为例。淀粉酶催化淀粉水解成各种糊精和麦芽糖,淀粉及其水解产物均能吸附碘,但吸附程度不同,因此呈现不同颜色。

淀粉水解反应:淀粉　蓝糊精→紫糊精→红糊精→无色糊精→麦芽糖

遇碘呈现颜色:蓝色　　蓝色　　紫色　　红色　　无色　　无色

因此可以用碘液检查淀粉的水解程度,判断淀粉酶在不同温度影响下其活性的大小。

(三) 实验试剂

1. 0.25% 淀粉酶液。

2. 1% 淀粉液。

3. 碘液　4% 母液:称取碘 4g,碘化钾 6g,同溶于 100ml 蒸馏水中,储于棕色瓶。用前稀释 8 倍至 0.5%,备用。

(四) 实验步骤

1. 预处理酶　取试管 3 支,编号后各加 0.05% 淀粉酶 2ml,第 1 管在沸水浴中煮沸 10min,第 2 管置冰浴中预冷 10min,第 3 管置 37℃ 水浴中预热 10min。

2. 取试管 4 支,编号,按表 3-4 操作。

表 3-4 温度对淀粉酶活性影响的实验步骤

加入物	1 0 ~ 4℃	2 0 ~ 37℃	3 37℃	4 100 ~ 37℃
1% 淀粉液(ml)	2	2	2	2
预 处 理	置 0 ~ 4℃冰浴 10min		置 37℃水浴 10min	
0.25% 淀粉酶液(μl)	(预冷)200	(预冷)200	(37℃)200	(煮沸)200
保温	再置 0 ~ 4℃冰浴约 10min		再置 37℃水浴约 10min	
加碘液	1 滴	移至 37℃水浴约 5min 后加 1 滴	1 滴	1 滴

(五) 注意事项

1. 加淀粉酶液后要充分摇匀,以保证化学酶促反应充分进行。

2. 淀粉酶液预处理时,在沸水浴中煮沸时间要充分。

3. 保温时间应以第 3 管内的液体与碘不显色为准,可每隔 30s 蘸取第 3 管液少许与碘反应以检查之。

4. 控制好加碘液的时间,且 4 支管加碘液时要尽量同步。

【思考题】

1. 酶促反应的最适温度是酶的特征性常数吗?它与哪些因素有关?

2. 请比较本实验中第 1 与第 4 管的结果,它们在本质上有无区别?你的根据是什么?

3. 本实验在设计上有何不足之处?有何完善本实验的建议?

二、pH 对酶活性的影响

(一) 实验目的

熟悉 pH 对酶活性影响的原理及其操作方法。

(二) 实验原理

环境 pH 显著影响酶活性,pH 既影响酶蛋白本身,也影响底物的解离程度和电荷,从而改变酶与底物的结合和催化作用。在某一特定 pH 时,酶活性达到最大值,这一 pH 称为酶的最适 pH。不同的酶最适 pH 不尽相同。人体内多数酶的最适 pH 在 7.0 左右。

本实验以淀粉酶液催化淀粉水解为例,观察在不同 pH 条件下淀粉的水解程度来判断 pH 对酶活性的影响,检查淀粉水解的方法如前所述。

(三) 实验试剂

1. 1% 淀粉液。

2. 碘液。

3. 磷酸盐缓冲液 pH 4.9,pH 6.8,pH 8.2。

(四) 实验步骤

1. 取试管 3 支,按表 3-5 加入试剂。

表 3-5 pH 对酶活性影响的实验步骤

加入物(ml)	1	2	3
磷酸盐缓冲液(ml)	2(pH 4.9)	2(pH 6.8)	2(pH 8.2)
1% 淀粉液(ml)	2	2	2
0.25% 淀粉酶液(μl)	200	200	200

将各管混匀,取白瓷板1块,向各凹分别加1滴稀碘液,每隔30s用滴管从第2管中取溶液1滴,加到已加有1滴碘液的小凹中,仔细观察颜色变化。直至与碘不呈色(即只显碘的浅棕色)时,向各管加入碘液1~2滴,摇匀后观察各管颜色变化。

(五) 注意事项

1. 加淀粉酶液后要充分摇匀。

2. 加碘液检查淀粉的水解程度时,要仔细观察颜色变化。

3. 控制好加碘液的时间,且3支管加碘液时要尽量同步。

【思考题】

酶促反应最适 pH 是不是一个常数? 它与哪些因素有关?

附:几种酶的最适 pH(表 3-6)

表 3-6　几种酶的最适 pH

酶	底物	最适 pH
胃蛋白酶	鸡蛋清蛋白	1.5
	血红蛋白	2.2
丙酮酸羧化酶	丙酮酸	4.8
延胡索酸	延胡索酸	6.5
	苹果酸	8.0
过氧化物	H_2O_2	7.6
胰蛋白酶	苯甲酸精氨酰胺	7.7
	苯甲酸精氨酸甲酯	7.0
碱性磷酸酶	甘油-3-磷酸	9.5
精氨酸酶	精氨酸	9.7

三、抑制剂对酶活性的影响

(一) 实验目的

1. 掌握竞争性抑制剂的作用原理。

2. 熟悉琥珀酸脱氢酶的作用及丙二酸的竞争性抑制作用。

(二) 实验原理

能使酶活性增加的物质称为激动剂,能与酶结合使酶活性降低或失活的物质称为抑制剂。根据抑制剂与酶结合的特点可分为可逆与不可逆抑制剂。可逆抑制又可分为竞争性抑制、非竞争性抑制和反竞争性抑制三种类型。

丙二酸是琥珀酸脱氢酶的竞争性抑制剂。因为它与琥珀酸的分子结构相似,故能与琥珀酸竞争琥珀酸脱氢酶的活性中心。丙二酸与酶结合后,酶活性受到抑制,则不能再催化琥珀酸的脱氢反应。抑制程度的大小,随抑制剂与底物两者浓度的比例而定。如果底物浓度不变,酶活性的抑制程度随抑制剂的浓度增加而增强。如果抑制剂浓度不变,酶活性随底物浓度的增加而逐渐恢复。

琥珀酸脱氢酶能催化琥珀酸脱氢生成延胡索酸。本实验以甲烯蓝(蓝色,也称亚甲蓝、亚甲基蓝、次甲基蓝)为受氢体,在隔绝空气的条件下,从琥珀酸脱下的氢可由甲烯蓝接受,甲烯蓝被还原成无色的甲烯白(见反应式)。因此,琥珀酸脱氢酶的活性改变可根据甲烯蓝的褪色程度来判断,并借此观察丙二酸对琥珀酸脱氢酶活性的抑制作用。

$$
\begin{array}{c}
\text{COOH} \\
| \\
\text{CH}_2 \\
| \\
\text{CH}_2 \\
| \\
\text{COOH}
\end{array}
+ \text{MB}
\xrightarrow[\text{脱氢酶}]{\text{琥珀酸}}
\begin{array}{c}
\text{COOH} \\
| \\
\text{CH} \\
\| \\
\text{CH} \\
| \\
\text{COOH}
\end{array}
+ \text{MB} \cdot 2\text{H}
$$

琥珀酸　　　甲烯蓝　　延胡索酸　甲烯白

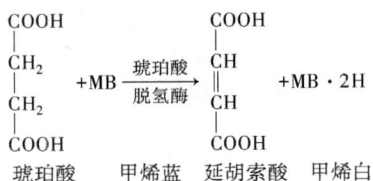

（三）实验试剂和器材

1. 0.2mol/L 琥珀酸。

2. 0.02mol/L 琥珀酸。

3. 0.2mol/L 丙二酸。

4. 0.02mol/L 丙二酸。

以上四种溶液均先用 5mol/L NaOH 调节至 pH 7，再用 0.01mol/L NaOH 调节至 pH 7.4。

5. 1/15 mol/L pH 7.4 磷酸盐缓冲液。

6. 0.02% 甲烯蓝（亚甲蓝）溶液。

7. 液状石蜡。

8. 新鲜动物肝脏，捣碎机，纱布，手术剪，棉花少许。

（四）实验步骤

1. 提取液的制备　取新鲜动物肝脏50g，放入烧杯内用冰冷的蒸馏水洗3次（洗去肝中的一些可溶性物质和其他一些受氢体，以减少对本实验的干扰），再加冰冷的1/15 mol/L pH 7.4 磷酸盐缓冲液200ml，放入捣碎机，捣碎1min，用双层纱布过滤。在过滤过程中可稍加挤压，借以帮助滤液的流出，将滤液储存在洁净的烧杯内，冷藏备用。

2. 取中试管 5 支，按表 3-7 操作。

表 3-7　丙二酸抑制琥珀酸脱氢酶的实验步骤

加入物	1	2	3	4	5
0.2mol/L 琥珀酸（滴）	10	10	—	—	10
0.02mol/L 琥珀酸（滴）	—	—	10	10	—
0.2mol/L 丙二酸（滴）	—	—	10	—	—
0.02mol/L 丙二酸（滴）	—	10	—	10	—
蒸馏水（滴）	10	—	—	—	40
肝提取液（ml）	1.5	1.5	1.5	1.5	—
0.02% 甲烯蓝（亚甲蓝）溶液（滴）	4	4	4	4	4

3. 将上述各管摇匀，于溶液上滴加液状石蜡15滴（约0.5cm厚，以隔绝空气），室温放置，观察各管甲烯蓝褪色情况（哪管快而比较彻底？），并记录所需时间。

（五）注意事项

1. 肝提取液中含有大量的琥珀酸脱氢酶，应严格控制加入的肝提取液的量，从而保证每管加入的酶量一致，同时也应该尽量准确地控制其他加入试剂，才能观察到明显而准确的反应结果。

2. 溶液上覆盖液状石蜡后，不应再摇动试管。本实验原理是氧化还原反应，空气中的氧气能够使反应生成的甲烯白重新被氧化成甲烯蓝。因此，混合液上覆盖液状石蜡以隔绝空气。

【思考题】

1. 简述丙二酸抑制琥珀酸脱氢酶活性的原理？这种抑制作用是属于哪种类型的？

2. 改变底物或抑制剂的浓度,对酶的活性有何影响?

(陈新美)

实验六 蔗糖酶的专一性

(一) 实验目的

1. 掌握酶的专一性的概念、类型。

2. 熟悉蔗糖酶的专一性测定的原理及其操作方法。

(二) 实验原理

酶的催化作用具有专一性,即酶对催化的底物有选择性。一种酶只能作用于一种或一类化合物或一定的化学键,催化一定的化学反应并生成一定的产物。

本实验中利用蔗糖 (双糖)、棉籽糖 (三糖)、淀粉 (多糖)作为底物来观察蔗糖酶的专一性。

这三种底物分子的单糖单位和糖苷键各有不同,它们的结构式如下(图 3-3 和图 3-4)

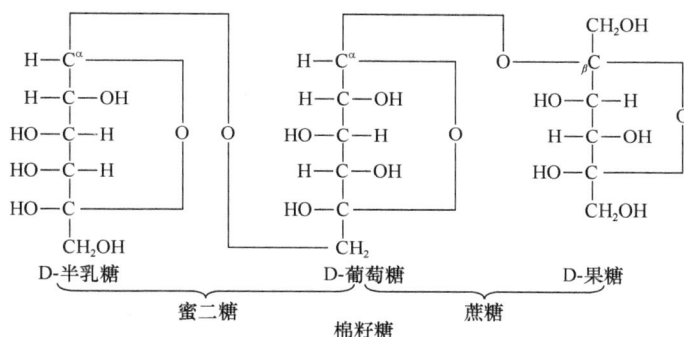

图 3-3 棉籽糖结构式

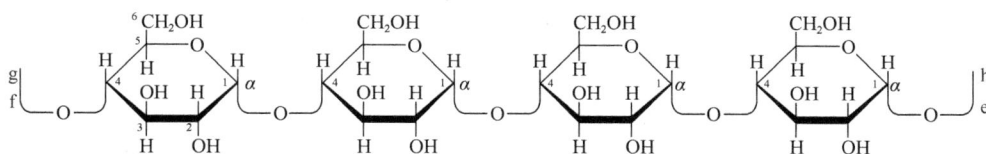

图 3-4 淀粉结构式

这三种底物都无还原性,经加入蔗糖酶后,如果蔗糖酶能使糖苷键水解(蔗糖酶可水解 β-1,2-糖苷键),则将产生具有还原性的游离半缩醛羟基或具有还原性的单糖,这可以利用班氏试剂来检测。

(三) 实验试剂

1. 1% 蔗糖。

2. 1% 棉子糖。

3. 1% 淀粉。

4. pH 4.8 0.2mol/L 醋酸盐缓冲液;0.2mol/L 醋酸 200ml 与 0.2mol/L 醋酸钠 300ml 混合。

5. 班氏试剂(Benedict 试剂) 称取柠檬酸钠 173g 和无水 Na_2CO_3 100g 溶于蒸馏水 700ml 中,加热促溶,冷却,慢慢倾入 17.3% $CuSO_4$ 溶液 100ml,边加边摇,再加蒸馏水至 1000ml 混匀,如混浊可过滤,取滤液,此试剂可长期保存。

（四）实验步骤

1. 蔗糖酶液的制备　取新鲜酵母约 1 g 于研钵中,取蒸馏水 7ml,分次加入,边加边研磨 8 ~ 10min,用漏斗垫脱脂棉过滤,滤液加入 2 倍蒸馏水稀释。

2. 取试管 7 支,按表 3-8 操作。

表 3-8　蔗糖酶专一性实验步骤

加入物(滴)	1	2	3	4	5	6	7
蔗糖酶液	10	—	10	—	10	—	10
蒸馏水	—	10	—	10	—	10	—
1% 蔗糖	10	10	—	—	—	—	—
1% 棉籽糖	—	—	10	10	—	—	—
1% 淀粉	—	—	—	—	10	10	—
醋酸盐缓冲液(ml) (0.2mol/L pH4.8)	1.5	1.5	1.5	1.5	1.5	1.5	1.5

各管混匀后,置于 40 ~ 50℃ 水浴保温 30min,于各管加入班氏试剂 2ml,充分摇匀,将试管置沸水中 3min,观察各管颜色变化,有无沉淀产生,并记录实验结果。

（五）注意事项

1. 摇匀要充分,以保证化学反应充分进行。

2. 加入班氏试剂并摇匀后,各管置沸水中煮沸的时间要充分。

3. 观察各管颜色变化时,要特别留意有无沉淀产生。

【思考题】

1. 酶作用的专一性有哪几种类型?根据实验结果,新鲜酵母中的蔗糖酶属哪种类型的专一性?

2. 本实验的设计中,各管具有何种意义?

3. 仔细观察第 1 与第 3 管的实验结果有何不同,并讨论。

（陈新美）

实验七　运动对全血乳酸(Lactic Acid LD)含量的影响

（一）实验目的

1. 掌握血乳酸测定的原理和方法。

2. 熟悉兔耳血管取血的方法。

（二）实验原理

肌肉剧烈运动时,氧的供应不足,糖酵解增加,产生大量乳酸并通过细胞膜入血。本实验方法测定末梢血乳酸,观察运动对动物血中乳酸含量的影响。

全血乳酸测定方法原理:以氧化型辅酶 I (NAD$^+$)为受氢体,乳酸脱氢酶(LDH)催化乳酸脱氢产生丙酮酸,使 NAD$^+$ 转化成 NADH。其中酚嗪甲酯(PMS)递氢使氯化硝基四氮唑蓝(NBT)还原为紫色呈色物,呈色物的吸光度在 530nm 时与乳酸含量呈线性关系。

（三）实验器材和试剂

1. 器材　大白兔、注射器、兔固定器、离心机、水浴箱、试管、吸管、微量吸量器等。

2. 试剂 试剂盒(南京建成生物所生产)。

(1) 蛋白沉淀剂:溶液 50ml×1 瓶,室温保存,如有结晶,则取上清进行实验。

(2) 试剂一:缓冲液 60ml×1 瓶,4~8℃冰箱保存。

(3) 试剂二:酶试剂 0.6ml×1 支,使用时要用消毒的吸头,用不完的要 4~8℃放冰箱保存。

(4) 试剂三:显色溶液 6ml×2 瓶,4~8℃避光冰箱保存。

(5) 试剂四:粉剂×2 支,0℃以下冷冻保存。

显色剂的配制:测试前取 1 瓶试剂三 6ml 来溶解试剂四粉剂 1 支,使二者充分混合即配成显色剂,4~8℃避光冰箱保存。

(6) 试剂五:终止液 60ml×2 瓶,4~8℃冰箱保存。

(7) 试剂六:3mmol/L 标准液 2ml×1 支,4~8℃冰箱保存。

(四) 实验步骤

1. 取运动前后的动物(兔)血 用 1.5ml 离心管加入肝素钠溶液(每 25μl 抗凝 500μl 全血),在动物(兔)安静状态下取耳缘静脉血于抗凝管内,标记运动前。让动物(兔)剧烈运动 10min 后再取一次耳缘静脉血,标记运动后。

2. 制备无蛋白血滤液

(1) 取标记运动前后的 1.5ml 离心管 2 支,在各管中加入 0.6ml 蛋白沉淀剂。

(2) 对号加入 0.1ml 肝素抗凝全血后加盖轻轻颠倒混匀,静置 10min 后,3000r/min 离心 8min,取上清液进行乳酸测定。

(注:如果取的血样少,可以取 0.05ml 全血加 0.3ml 蛋白沉淀剂。)

3. 取玻璃试管 4 支,按表 3-9 操作。

表 3-9 运动前后乳酸测定表

加入物(ml)	空白管	标准管	运动前管	运动后管
蒸馏水	0.02	—	—	—
标准液(3mmol/L)	—	0.02	—	—
上清液	—	—	0.02	0.02
缓冲液	1.0	1.0	1.0	1.0
酶试剂	0.01	0.01	0.01	0.01
显色剂	0.2	0.2	0.2	0.2

混匀,37℃水浴准确反应 10min 每管加入终止液 2ml,混匀,用空白管调零点,530nm 波长测各管吸光度。

4. 计算 全血中乳酸的计算公式:

$$全血中乳酸含量(mol/L) = \frac{测定管吸光度值}{乳酸标准管吸光度值} × 标准管浓度(3mmol/L) × 样品测试前稀释倍数(7 倍)$$

(五) 注意事项

1. 用微量移液枪加试剂和样品,要注意吸量准确。

2. 吸取无蛋白血滤液时,避免吸入蛋白沉淀。

3. 如蛋白沉淀有结晶,则取上清进行实验。

【思考题】

1. 兔耳血管取血应注意哪些问题?

2. 兔剧烈运动时,机体能量代谢发生什么变化?

(朱文渊)

实验八　转氨基作用(圆形纸层析鉴定)

(一) 实验目的

1. 掌握转氨基作用的原理和鉴定氨基酸的方法。

2. 通过实验熟悉氨基酸纸层析的操作方法。

(二) 实验原理

转氨基作用广泛存在于机体各组织器官中,是氨基酸代谢中的一个重要反应。在氨基转移酶(转氨酶)作用下,将某氨基酸的 α-氨基转移到另一种 α-酮酸的酮基上,得以产生新的 α-酮酸和新的 α-氨基酸。各种转氨基反应均有专一的氨基转移酶催化。机体内以丙氨酸氨基转移酶(ALT 或 GPT)和天冬氨酸氨基转移酶(AST 或 GOT)研究最多。

本实验用纸层析的方法来观察动物肝脏组织中所含的丙氨酸氨基转移酶(ALT 或 GPT)催化 α-酮戊二酸与丙氨酸进行的氨基转移作用。其反应过程如下:

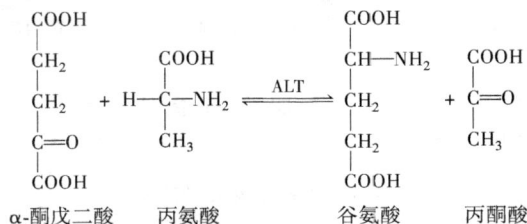

α-酮戊二酸　　丙氨酸　　　　　　谷氨酸　　　丙酮酸

纸层析是分配层析法的一种,是以滤纸为支持物,与滤纸纤维结合的水(占纸重 20% ~ 22%)为固定相,以有机溶剂醇酚等作为流动相。由于被分离的氨基酸在两相中的分配系数不同,随流动相它们在纸上移动的距离也不同,因此,各成分得到分离。各种氨基酸在滤纸上的移动速率用 R_f(Rate flow)值表示:

$$R_f = \frac{色斑中心至点样原点中心的距离}{溶剂前缘至原点中心的距离}$$

某物质在一定条件下(温度、层析时间、溶剂)分配系数是一定的,故移动速率(R_f 值)也恒定,因此可根据 R_f 值来鉴定该斑点是何物质,从而推论新鲜肝脏匀浆中,丙氨酸与 α-酮戊二酸之间在丙氨酸氨基转移酶作用下,是否发生了转氨基作用。

纸层析法根据溶剂流动方向的不同,可分为垂直型和水平型,使流动相自下而上(上行法)或自上而下(下行法)扩展的为垂直型;而水平型则是将圆形滤纸置于水平位置,溶剂由中心向四周扩散的层析。本实验采用圆滤纸进行水平型层析,将待测与标准氨基酸层析后,用茚三酮反应使之显色,观察对比色斑,计算 R_f 值。

茚三酮除与脯氨酸和羟脯氨酸的反应呈黄色,所有的 α-氨基酸都能与茚三酮反应生成紫红色,最终形成蓝紫色化合物,此反应十分灵敏,不仅适合大多数氨基酸,同样也适合于蛋白质、多肽的鉴定。1:1 500 000 浓度的氨基酸水溶液也能发生此反应,由此也可用于氨基酸的定量测定。

(三) 实验试剂和器材

1. 新鲜动物肝脏。

2. 研钵或匀浆器,沸水浴,恒温水浴,点样大头针,表面皿或平皿,圆形滤纸,喷雾器,电炉或吹风机或烘箱,镊子,圆规,直尺等。

3.0.01mol/L pH 7.4 磷酸盐缓冲液　0.2mol/L Na$_2$HPO$_4$ 溶液 81ml 与 0.2mol/L NaH$_2$PO$_4$ 溶液 19ml 混匀,再用蒸馏水稀释 20 倍。

4.0.1% 丙氨酸　称取丙氨酸 0.10g,用 0.01mol/L pH 7.4 磷酸盐缓冲液配成 100ml。

5.1% 谷氨酸　称取谷氨酸 1.00g,加蒸馏水 20ml,用 5% KOH 溶液调至中性,再用 0.01mol/L pH 7.4 磷酸盐缓冲液定容至 100ml。

6.1% 丙酮酸钠溶液　称取丙酮酸钠 1.00g,用 0.01mol/L pH 7.4 磷酸盐缓冲液配成 100ml。

7.0.1% 茚三酮乙醇溶液　称取 0.10g 茚三酮,溶于 100ml 95% 乙醇中。

8. 展层溶剂(酚：水 = 4∶1)取苯酚 4 容积加水 1 容积,混匀,此液须当天配制。

9.0.25% 碘乙酸　称取碘乙酸 0.25g 加蒸馏水 1ml,用 5% KOH 溶液调至中性,再加 0.01mol/L pH 7.4 磷酸盐缓冲液至 100ml,(也可用溴乙酸代替碘乙酸)。

10.5% 三氯醋酸溶液。

(四) 实验步骤

1. 酶液的制备　取新鲜动物肝脏组织 1g,置研钵或匀浆器中研碎,加预冷的 0.01mol/L pH 7.4 磷酸盐缓冲液 5ml,磨成匀浆,纱布过滤备用。

2. 转氨基反应　取干燥小试管(或离心管)2 只,分别标明测定管与对照管,按表 3-10 操作。

表 3-10　转氨基反应测定表

加入物(滴)	测定管	对照管
肝匀浆	10(37℃水浴保温 5min)	10(沸水浴中煮沸 5min)
0.25% 碘乙酸溶液	5	5
1% 谷氨酸溶液	10	10
1% 丙酮酸钠溶液	10	10
	40℃水浴保温 10min	
5% 三氯醋酸溶液	2	2
	沸水浴中煮沸 5min	

冷却后,滤纸过滤或 2000r/min 离心 3～5min,将滤液或上清液分别移入同样编号的小试管中,留待层析用。

3. 层析

(1) 将手洗净后,取直径为 12cm 圆滤纸一张,用圆规作半径为 1.5cm 的同心圆,用铅笔过圆心作三条夹角为 60° 的直线,与同心圆相交的 6 个点(此为点样处),按顺时针方向标注各区域 1、2、3、4、5、6(图 3-5)。

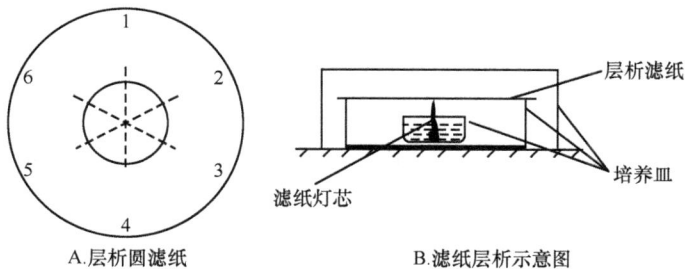

A.层析圆滤纸　　B.滤纸层析示意图

图 3-5　滤纸层析示意图

（2）用一支大头针在 1 处点 0.1% 丙氨酸 2~3 次,注意每次待干燥(可用吹风机吹干)后,再重复点下一次,使点样斑点的直径不要太大(一般不超过 3mm)。照此方法,另取一支大头针在 4 处点 0.1% 谷氨酸溶液 2~3 次;同样办法在 2、6 处各点测定管滤液 2~3 次,在 3、5 两处各点对照管滤液 2~3 次。

（3）用大头针在滤纸圆心处,由下向上戳一小孔(约 1mm 直径,如铅笔芯粗细),另取同类滤纸(0.5cm×2.5cm)一条,剪成梳子状,卷成圆筒,捻紧如灯芯,从滤纸点样背面插入小孔(约突出滤纸面 1mm,勿使灯芯突出滤纸过高)。

（4）加约 2.5ml 展层溶剂至直径 3~5cm 的表面皿（或干燥小平皿）中,把表面皿置于直径为 10cm 的中号培养皿中。

（5）将圆滤纸平放在中号培养皿上,使滤纸圆筒灯芯浸入展层溶剂中。取另一大号平皿反向盖上(图 3-5B,此时若用同样大小的中号培养皿盖上则更理想)。

（6）待展层溶剂经过圆筒灯芯向上,升至圆滤纸,并向四周扩展,约 45min 后,层析溶剂前缘距滤纸边缘 1cm 时,取出滤纸,拨去灯芯,用铅笔划出溶剂前沿。

4. 显色　将圆滤纸在电炉上烘干或在 60℃ 烘箱中烘干或用吹风机吹干(吹风温度不宜过高,否则斑点变黄),用喷雾器均匀喷撒 0.1% 茚三酮乙醇溶液,再置电炉上烘干或在 60℃ 烘箱中烘干或用吹风机吹干,此时在滤纸的不同位置上可见蓝紫色的同心弧型色斑出现,用铅笔圈下各显色斑点,比较色斑的位置,并按表 3-11 记录有关数据,计算各斑点氨基酸的 R_f 值。

表 3-11　各斑点氨基酸的 R_f 值计算表

	丙氨酸	谷氨酸	对照管	测定管
点样处至色斑中心距离(cm)				
点样处至溶剂前沿距离(cm)				
R_f 值				

将测定管、对照管各色斑的 R_f 值与已知氨基酸的 R_f 值进行对比,确定它们各是什么氨基酸。据此解释转氨基作用。

（五）注意事项

1. 做实验时,要把手洗干净,将圆滤纸放在一洁净的普通纸上进行,尽量避免手与滤纸纸面接触,以免汗迹污染,影响显色结果的分析。

2. 点样后的大头针应及时弃去,以免混用而相互污染,导致结果混乱。

3. 在层析操作时,圆滤纸千万不能折叠,一律用铅笔作标记(勿用圆珠笔)。

4. 滤纸灯芯卷得不要太紧,且要呈圆筒状,否则,展层不呈圆形,影响 R_f 值的计算。

5. 此实验可两人一组,显色后将圆滤纸沿 1、4 直线剪开,两人分别留用。

6. 纸层析技术不仅用于氨基酸的分离和定性,同样可用于定量测定(把蓝紫色斑点剪下,用硫酸铜乙醇溶液洗脱下来比色);还可用于分离鉴定肽类、核苷及核苷酸、抗生素、有机酸等小分子物质的分离和分析。

7. 苯酚具有腐蚀性,勿沾在手上,若沾在手上应及时用自来水或肥皂水冲洗。

【思考题】

1. 为什么对照管只出现一个色斑,而测定管出现两个色斑?

2. 简述纸层析法的主要原理。

3. 影响 R_f 值的因素有哪些?

（陈新美）

第二节　临床生物化学实验

实验一　血清谷丙转氨酶活性的测定

（一）实验目的

1. 掌握谷丙转氨酶活性的测定方法。
2. 了解谷丙转氨酶的作用机理及临床意义。

（二）实验原理

谷丙转氨酶（alanine transaminase，ALT 又叫做 GPT），主要存在于各种细胞中，尤以肝细胞为最，肝细胞内谷丙转氨酶的浓度比血清高 1000～5000 倍。正常时，只有少量释放入血中，血清中其酶的活性即可明显升高。在各种病毒性肝炎的急性期，药物中毒性肝细胞坏死时，谷丙转氨酶大量释放入血中。因此它是诊断病毒性肝炎、中毒性肝炎的重要指标。因此谷丙转氨酶是急性肝细胞损害的敏感标志，有很大的临床实用价值。

血清谷丙转氨酶显著增高常见于急性肝炎，尤其对无黄疸、无症状肝炎的早期诊断更有帮助，其阳性率高，阳性出现时间较其他试验早，其活性的高低随肝病的进展和恢复而升降，据此可观察病情及预后。谷丙转氨酶持续处于高水平或反复波动，表示病变仍在进行或转为慢性肝炎。若黄疸加重，ATL 反而降低，即所谓的"胆酶分离"现象，常是肝坏死的先兆。慢性肝炎、肝硬化、肝癌等谷丙转氨酶活性轻度升高。胆道疾病、心肌和骨骼肌损伤也可引起谷丙转氨酶升高。

血清谷丙转氨酶参考值，正常成人 5～40U/L。

血清谷丙转氨酶作用于丙氨酸及 α-酮戊二酸组成的基质，产生丙酮酸及谷氨酸。丙酮酸与显色剂 2,4-二硝基苯肼作用生成丙酮酸二硝基苯肼，在酸性溶液中显黄色，在碱性溶液中成醌型显棕红色。基质液保温后加入血清，反应体系中产生丙酮酸的多少，即反映出酶活性的大小。标准丙酮酸液与检品同样处理呈色，进行比色定量，测出血清中酶活性单位。本法以 1ml 血清与谷丙转氨酶基质液在 37℃ 保温 30min 生成 2.5μg 丙酮酸为 1 个谷丙转氨酶活性单位。

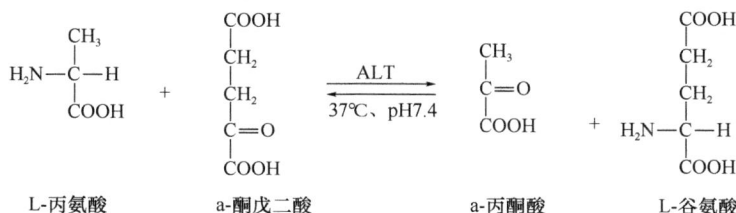

L-丙氨酸　　　　a-酮戊二酸　　　　　　　　a-丙酮酸　　　　　L-谷氨酸

丙酮酸　　　2.4-二硝基苯肼　　　　丙酮酸二硝基苯腙(黄色)

(棕红色)

(三) 实验试剂和器材

1. pH 7.4 的磷酸盐缓冲液 KH_2PO_4 2.18g, Na_2HPO_4 11.92g 或 $Na_2HPO_4 \cdot 2H_2O$ 14.95g 或 $Na_2HPO_4 \cdot 12H_2O$ 30g 加水溶成 1000ml。

2. 谷丙转氨酶基质液(pH 7.4) 精确称取 L-丙氨酸 1.78g,α-酮戊二酸 29.2mg,放烧杯内,加 pH 7.4 的磷酸盐缓冲液约 30ml,再加 1mol/L NaOH 液 0.5ml,溶解混匀,校正 pH 至 7.4,将其全部移入 100ml 容量瓶中,再加磷酸盐缓冲液至刻度,混匀,加氯仿数滴防腐,置冰箱中存放。

3. 显色剂 取 2,4-二硝基苯肼 20mg,溶于 17ml 的浓盐酸中,加水至 100ml,置棕色瓶中放冰箱内。

4. 标准丙酮酸储备液(含丙酮酸 2mg/ml) 精确称取已干燥到恒重的丙酮酸钠 250mg(或丙酮酸 200mg),于 200ml 容量瓶中,用磷酸盐缓冲液溶解并稀释至刻度,混匀。

5. 标准丙酮酸应用液(含丙酮酸 50μg/ml) 取储备液 2.5ml,用磷酸盐缓冲液准确稀释至100ml。

6. 0.4/ml 的 NaOH 液 称取 16g NaOH 加水溶成 1000ml。

(四) 实验步骤

1. 取中试管四支标好号,按表 3-12 加试剂。

表 3-12 谷丙转氨酶活性测定各试剂加入表

管号	基质液	血清	丙酮酸	水
A(检品)	0.5ml	0.1ml	—	—
B(检对照)	—	0.1ml	—	—
S(标准)	0.5ml	—	0.1ml	—
S′(标对照)	—	—	—	0.1ml

2. 4 个管同时放入 37℃ 水浴中。准确保温 30min,按时取出,尽快地按表 3-13 继续加入试剂,加完后混匀。

表 3-13 谷丙转氨酶活性测定表

管号	呈色试剂	基质液
A	0.5ml	—
B	0.5ml	0.5ml
S	0.5ml	—
S′	0.5ml	0.5ml

3. 室温(25℃±5℃)放置 10min(或 56℃ 5min),然后各加 0.4mol/L NaOH 液 5.0ml,加此碱液时要慢慢加入(约 1min),边加边混匀。

4. 室温(25℃±5℃)放置 30min,然后比色,用波长 520nm 比色,用水调零点。

5. 计算

$$谷丙转氨酶活性单位 = \frac{DA-DB}{Ds-Ds'} \times 5 \times \frac{1}{0.1} \div 2.5 = \frac{DA-DB}{Ds-Ds'} \times 20$$

(五) 酶活性标准曲线制备

配制一系列不同浓度的标准丙酮酸液,并且各加以适量的基质液,作成标准曲线,具体做法见表 3-14。

表 3-14　谷丙转氨酶活性标准曲线的制备

管号	1	2	3	4	5	空白
标准丙酮酸(50μg/ml)	0.05	0.1	0.2	0.3	0.4	-
基质液(ml)	0.5	0.5	0.5	0.5	0.5	0.5
蒸馏水(ml)	0.45	0.4	0.3	0.2	0.1	0.5
丙酮酸含量(μg)	2.5	5.0	10	15	20	-
相当 GPT 单位	10	20	40	60	80	0

各管混匀,放 37℃ 水浴 5min,然后各加呈色试剂 0.5ml,混匀。以下操作与上述操作 3,4 相同,以蒸馏水调零点读取各管吸光度值。以吸光度为纵坐标,酶活性单位为横坐标,作图绘成标准曲线。

(六) 注意事项

1. 应用新的不溶血的血清测定。

2. 超过 200 单位者要用生理盐水将血清稀释 10 倍后重做。

3. 操作中加 0.4 mol/L NaOH 液时,需以较慢速度加入,并且边加边摇匀(约 20 秒加完为宜)。加快时则 α-酮戊二酸引起的发色增强。

4. 本实验中各试剂加量需要准确,并且要注意控制条件保持一致,保温时间要严格,其后形成苯腙过程,发色过程的温度及时间都要一致。

5. 本法测定谷丙转氨酶正常值为 40U 以下。

【思考题】

1. 血清中谷丙转氨酶的测定有何临床意义?

2. 血清谷丙转氨酶的测定有何注意点? 为什么要避免溶血?

(廖兆全)

实验二　血清钙的测定-甲基麝香草酚蓝比色法

(一) 实验目的

1. 掌握血清钙的测定方法。

2. 了解血清钙测定的临床意义。

(二) 实验原理

1. 血清钙降低　临床较多见,可发生于:①甲状旁腺功能减退;②维生素 D 缺乏症;③婴儿手足搐搦症及骨质软化症;④钙或维生素 D 摄取不足或吸收不良,如长期低钙饮食、腹泻、阻塞性黄疸、急性坏死性胰腺炎或妊娠后期等;⑤肾脏疾病,如慢性肾炎累及肾小管时影响钙的回吸收使血钙降低;⑥代谢性碱中毒时游离钙减少,肾小管回吸收钙减少;⑦低蛋白血症,如恶性肿瘤、严重肝病、黑热病及各种原因所致的大量蛋白尿等,均可使血清白蛋白减少而致血清钙降低,但扩散型钙可正常或只轻微降低,故临床无低血钙的症状。

2. 血清钙增高　可见于:①甲状旁腺功能亢进,因甲状旁腺激素可使骨盐溶解,释放入血,并促进肾小管对钙的重吸收;②骨肿瘤,如多发性骨髓瘤或骨转移癌等;③急性骨萎缩,如骨折后及肢体麻痹等;④大量应用维生素 D 治疗;⑤血液内二氧化碳张力增加的疾病,如肺气肿、慢性肺功能衰竭等。

3. 血清钙参考值,正常成人 2.25 ~ 2.75mmol/L。

血清中钙离子在碱性溶液中与甲基麝香草酚蓝结合,生成蓝色的络合物。加入适当的 8-羟基喹啉,可消除镁离子对测定的干扰,与同样处理的钙标准液进行比较,可求得血清总钙的含量。

(三) 实验试剂和器材

1. 甲基麝香草酚蓝储存液　称取 8-羟基喹啉 4.0g 于 50ml 去离子水中,再加浓硫酸 5ml,搅拌促使其溶解,移入 1L 容量瓶中,加甲基麝香草酚蓝 0.2g,聚乙烯吡咯烷酮(PVP)6.0g,最后用蒸馏水稀释至刻度,储存于棕色瓶中,置冰箱保存。

2. 碱性溶液　取二乙胺溶液 35ml 于 1L 容量瓶中,用去离子水稀释至刻度,室温保存。

3. 显色应用液　临用前,根据标本量取①液 1 份与②液 3 份混合即可。

4. 钙标准液(2.5mmol/L)　配制方法同上法。

(四) 实验步骤

按表 3-15 步骤进行。将各管混匀,静置 10min 后,分光光度计用 610nm 波长,10mm 光径比色杯,以空白管调零,进行比色,读取各管吸光度。

表 3-15　血清钙测定步骤

加入物	空白管	标准管	测定管
血清(μl)	—	—	50
钙标准液(μl)	—	50	—
去离子水(μl)	50	—	—
显色应用液(ml)	4.0	4.0	4.0

(五) 计算

$$血清钙(mmol/L) = \frac{测定管吸光度}{标准管吸光度} \times 2.5$$

【思考题】

1. 血清钙主要有哪些生理功能?

2. 血清钙的测定有何临床意义?

(李雅楠)

实验三　尿淀粉酶活性测定

(一) 实验目的

1. 掌握温氏法测定尿淀粉酶的原理和方法。

2. 了解尿淀粉酶测定的临床意义。

(二) 实验原理

淀粉酶(amylase,AMY)主要来源于胰腺和腮腺,人血清淀粉酶易通过肾小球滤膜而出现于尿中。测定尿液淀粉酶的临床意义主要有:

1. 急性胰腺炎　尿液淀粉酶活性一般于发病 12 ~ 24h 开始增高,比血清淀粉酶迟 6 ~ 10h,但由于肾脏对淀粉酶的清除率增强,尿淀粉酶活性可高于血清一倍以上,多数在持续 3 ~ 10 天后恢复正常。

2. 慢性胰腺炎　血清和尿淀粉酶活性一般不增高,但如急性发作时可有中等程度的增高。

3. 其他疾病　任何原因所致的胰腺管阻塞,如胰腺癌、胰腺损伤、急性胆囊炎等,均可使血和尿淀粉酶活性增高。

4. 淀粉酶减低多见于肝硬化、肝炎、肝癌、急性或慢性胆囊炎等。

在溶液中碘与淀粉起反应生成很强的蓝紫色络合物。淀粉酶水解淀粉,形成不与碘起反应的麦芽糖和其他碎片。本实验用逐次稀释法做成稀释度的尿液,加等量的淀粉液在45℃条件下保温15min,然后加碘液,根据淀粉的碘反应结果(有淀粉呈蓝色,淀粉被分解则为紫色、红色或无色)找出使淀粉水解的尿的稀释度最大的检品管,由它计算出尿中酶活性单位。

本实验淀粉酶活性的表示方法是:测定尿液1ml所含淀粉酶在45℃、15min内能分解0.1%淀粉液1ml时为一个单位。

（三）实验试剂和器材

1. 生理盐水。

2. 0.1% 淀粉。

（四）实验步骤

1. 取试管10支,标明管号,各加生理盐水1ml。

2. 取尿液1ml,加到第一管中,将该管液体吸入再吹出,反复两次混匀,然后准确吸1ml移加到第二管中,用同样方法混匀。

3. 用同样试管以同样方法逐管向下稀释。如此继续到第九管,混匀后由其内吸出1ml弃去。第10管仍为生理盐水,为对照组。

4. 准备好45℃水浴。

5. 由第10管开始向前,各加0.1%淀粉液2ml。立即将各管混匀,放到45℃水浴中,计时。

6. 保温15min,准时取出,立即浸冷水中冷却。

7. 各加碘液一滴,混匀,观察各管色调。

8. 判定结果　找出不显示蓝色(即无淀粉)的稀释度最大的管,以该管的尿液稀释液稀释倍数乘2即为所测尿液的淀粉酶活性单位数。

（五）注意事项

1. 尿淀粉酶活性测定有许多新法,但本法简单、容易掌握,临床上常用。

2. 每次吸和吹的过程,不仅要试管内混匀,而且要注意吸管内壁残留的液体,以免造成误差。

【思考题】

1. 尿淀粉酶活性的测定有何临床意义?

2. 临床上还有哪些尿淀粉酶活性的测定方法?

（李雅楠）

实验四　血清尿素氮的测定

（一）实验目的

1. 掌握血清尿素氮含量的测定方法。

2. 了解血清尿素氮含量测定的临床意义。

(二) 实验原理

尿素氮是体内氨的主要代谢产物。尿素氮主要通过血流经肾小球滤过后随尿液排出体外。高蛋白饮食引起血清尿素浓度和尿液中排出量显著升高。血清尿素浓度男性比女性平均高 $0.3 \sim 0.5 mmol/L$。随着年龄的增加有增高的倾向。成人日间生理变动平均为 $0.63 mmol/L$。妊娠妇女由于血容量增加,尿素浓度比非孕妇低。

血液尿素增加的原因可分为肾前性、肾性和肾后性三个方面。

1. 肾性增高见于急性肾炎、慢性肾炎、中毒性肾炎、严重肾盂肾炎、肾结核、肾血管硬化症、先天性多囊肾和肾肿瘤等引起的肾功能障碍。尤其是对尿毒症的诊断有特殊价值,其增高程度与病情严重性成正比,如氮质血症期 BUN 超过 9mmol/L,至尿毒症期 BUN 可超过 20mmol/L,有助于病情的估计。

2. 肾前性增高见于充血性心力衰竭、重度烧伤、休克、消化道大出血、脱水、严重感染、糖尿病酸中毒、肾上腺皮质功能减退、肝肾综合征等。

3. 肾后性增高见于因尿路梗阻增加肾组织压力,使肾小球滤过压降低时,如前列腺肥大、肿瘤压迫所致的尿道梗阻或两侧输尿管结石等。

血尿素氮减少较少见,常表示严重的肝病,如肝炎合并广泛的肝坏死。

在强酸和加热条件下,二乙酰一肟生成二乙酰。后者与尿素反应生成红色复合物。加入硫脲和钙离子可提高反应灵敏度、线性和显色的稳定性。

(三) 实验试剂、器材

1. 酸性试剂 于 1 升容量瓶中加入蒸馏水 100ml,然后加入浓硫酸 44ml 及 85% 磷酸 66ml,冷却后加入硫脲 50mg 及硫酸镉 $(3CdSO_4 \cdot 8H_2O)2g$,溶解后用蒸馏水稀释至 1L,储存于棕色瓶中,置冰箱,可保存半年以上。

2. 20g/L 二乙酰一肟试剂 二乙酰一肟 20g,用蒸馏水溶至 1L,储存于棕色瓶中,置冰箱,可保存半年以上。

3. 尿素标准液 10.71mmol/L(相当于氮 300mg/L)精确称取干燥恒重纯尿素 64.2mg,用蒸馏水溶解后加入苯甲酸 100mg,以蒸馏水加至 100ml。

(四) 实验步骤

1. 取三支试管,按表 3-16 操作。

表 3-16 血清尿素氮的测定步骤

	空白管	标准管	测定管
血清或血浆	—	—	0.02
尿素标准液	—	0.02	—
蒸馏水	0.02	—	—
酸性试剂	5.0	5.0	5.0
二乙酰一肟试剂	0.5	0.5	0.5

2. 将各管混匀,煮沸 10min,流水冷却。在 540nm 用 1cm 光径比色杯以空白管调零,读取各管吸光度。

3. 计算

$$尿素(mmol/L) = \frac{测定管吸光度}{标准管吸光度} \times 10.71$$

（五）注意事项

1. 血清尿素含量超过线性范围 12mmol/L 时,应将血清稀释后测定。
2. 尿液标本用蒸馏水稀释 50～200 倍后测定。
3. 显色后,随时间延长有轻度褪色现象,故显色后应及时比色。

【思考题】

1. 血清尿素氮主要有哪些来源和去路？血清尿素氮的测定有哪些临床意义？
2. 影响实验结果准确性的主要环节在哪里？

（李雅楠）

实验五　血清载脂蛋白 AI 和载脂蛋白 B 测定免疫透射比浊法

（一）实验目的

1. 熟悉血清载脂蛋白 AI 和载脂蛋白 B 测定原理。
2. 了解免疫透射比浊法标准曲线制备方法。

（二）实验原理

抗原抗体按一定比例反应时,在溶液内生成细小颗粒的抗原抗体复合物均匀分散在溶液介质内。当光线通过这一浑浊液时,浑浊液内的颗粒能吸收光线,光线被吸收的量与浑浊颗粒的量成正比,这一定量方法称为免疫透射比浊法。血清载脂蛋白 AI(apo AI)或载脂蛋白 B(apo B)与试剂中 apo AI 或 apo B 抗体相结合,在一定条件下形成不溶性免疫复合物,使溶液浑浊,浑浊度与 apo AI 或 apo B 的量成正比,以此作为定量测定 apo AI 或 apo B 的依据。

（三）实验试剂

1. 样品稀释液　0.01mol/L 的磷酸盐缓冲液(pH 7.4)中含 0.15mol/L 氯化钠、40g/L PEG-6000 及表面活性剂适量(如 Tween 20),用 G5 玻芯漏斗抽滤后备用。
2. 羊或兔抗人 apo AI 或 B 抗血清应用液　apo AI 抗血清效价以 1：16,apo B 抗血清效价以 1：32～1：64 为宜。临用前取抗血清 200μl 加 0.9% NaCl 液 700μl,混匀待用,4℃ 放置一周有效。
3. 参考血清　购买符合国际标准的定值血清,-20℃ 保存。

（四）实验操作

1. 标本应是及时抽取并分离的空腹血清。
2. 按 apo AI 抗血清或 apo B 抗血清 100μl,加相应的 apo 缓冲液 900μl,混合成单一的抗血清应用液(apo 抗体液)。最好临用时当天配制。
3. apo AI、apo B 测定,按表 3-17 操作。

表 3-17　血清载脂蛋白 AI 和载脂蛋白 B 测定表

加入物(μl)	空白管	标准管	测定管
血清标本	—	—	5
参考血清	—	5	—
磷酸盐缓冲液	5	—	—
抗血清应用液	1000	1000	1000

混匀后,25 ~ 37℃放置 10min,在波长 340nm 处比色,以空白管调零测定各管吸光度。直接计算结果或根据标准曲线读出结果。

4. 标准曲线　以 $y=a+bx+cx^2+dx^3$ 的三次方程回归曲线进行定标,制作参考标准曲线。将定值血清释成 1:1、1:2、1:4、1:8、1:16 五种浓度,与标本同步操作,根据标准定值计算出每个标准管 apo AI 或 apo B 浓度,以浓度对吸光度值,按曲线回归计算作图,因在 y 轴上有一定截距,所以不能用单点标准。操作准确时浓度与吸光度值的相关系数应在 0.985 以上。

（五）参考值范围

血清 apo AI:1.0 ~ 1.5g/L;apo B:0.5 ~ 1.1g/L。

（六）注意事项

1. 购买效价高,单价特异的 apo AI、apo B 抗血清。

2. 为了准确测定 apo AI、apo B,必须做标准曲线。

3. 免疫透射比浊法应以多点(5~7 点)定标,按曲线回归运算。

（七）临床意义

apo AI 水平与高脂血症、冠心病呈负相关。apo B 水平与高脂血症及动脉硬化性疾病呈正相关。

【思考题】

1. 血清 apo AI 和 apo B 测定的临床意义?

2. 免疫透射比浊法标准曲线制备方法?

（黄　炜）

实验六　过氧化脂质测定(丙二醛测定法)

（一）实验目的

学习过氧化脂质测定的原理及方法。

（二）实验原理

过氧化脂质降解的主要终产物是丙二醛,丙二醛在酸性条件下与硫代巴比妥酸(TBA)反应生成红色产物,反应如下:

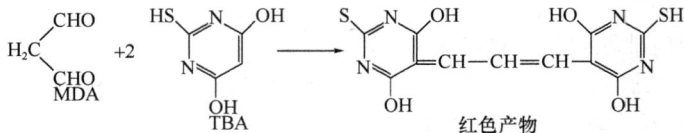

通过测定此红色产物在最大吸收 532 ~ 535nm 波长处的吸光度,即可测定过氧化脂质的含量。这是间接测定脂质过氧化速率和强度最常用的方法。

由于许多非脂性低分子化合物(如糖类、唾液酸、胆红素、某些氨基酸等)也能与 TBA 反应生成有色复合物。故在测定 535nm 波长处的吸光度的同时,还须测定 580nm 波长处的吸光度,以除去这些非脂性低分子化合物的干扰。

（三）实验试剂

1. 20% 磷钨酸溶液。

2. 0.8% 硫代巴比妥酸(TBA)溶液　称取 TBA 0.8g,50% 冰乙酸溶解后,定容至 100ml,置棕色瓶中于4℃保存。

（四）实验操作

1. 吸取血清(或血浆)0.5ml 于有盖的磨口试管中,加入20%磷钨酸溶液5ml,振荡混匀。静置15min。

2. 离心2500r/min,15min,弃去上清液。

3. 沉淀中加入蒸馏水2ml,0.8%TBA溶液1ml,混匀。

4. 加盖,置100℃水浴中加热60min后,冷水冷却。

5. 离心3500r/min,15min。

6. 小心吸取红色上清液,用蒸馏水调零,分别测535nm 和580nm 波长处 A_{535} 和 A_{580}。

7. 计算结果

$$血清(血浆)过氧化脂质(nmol/L) = 0.21 + 26.5 \times (A_{535} - A_{580})$$

（五）注意事项

1. 第1次离心后,弃去上清液时,须防止因沉淀物丢失而使结果降低。

2. 本法不用有机溶剂抽提红色产物,因而比其他方法减少2次离心,缩短了操作时间。

（六）临床意义

正常参考值:3.71±0.72nmol/L。

健康人血清过氧化脂质水平随年龄增长而增高(70岁以后下降),无性别差异。血清过氧化脂质水平增高主要见于与机体衰老有关的成人疾病,如动脉粥样硬化、冠心病、血栓性疾病、肺气肿、白内障等。此外,患糖尿病、肝病、胆囊炎、妊娠中毒症等疾病时,血清过氧化脂质水平常明显升高。

【思考题】

体内过氧化脂质是如何产生的?

（黄　炜）

实验七　维生素C的定量测定

（一）实验目的

1. 学习定量测定维生素C的原理和方法。

2. 进一步掌握滴定法的基本操作技术。

（二）实验原理

维生素C是人类所需最重要的维生素之一,缺乏时会导致坏血病,因此又称为抗坏血酸。维生素C分布很广,具有很强的还原性。在碱性溶液中加热并有氧化剂存在时,抗坏血酸易被氧化而被破坏。在中性和微酸性环境中,抗坏血酸能将染料氧化型2,6-二氯酚靛酚还原成无色的还原型2,6-二氯酚靛酚,同时将抗坏血酸氧化成脱氢抗坏血酸。

氧化型的2,6-二氯酚靛酚在酸性溶液中呈红色,在中性或碱性溶液中呈蓝色。因此,当用氧化型2,6-二氯酚靛酚滴定含有抗坏血酸的酸性溶液时,在抗坏血酸尚未全部被氧化时,滴下的2,6-二氯酚靛酚立即被还原成无色。但溶液中的抗坏血酸被氧化完全时,滴下的2,6-二氯酚靛酚立即使溶液呈现红色。所以,当溶液从无色转变成微红色时,即表示溶液中的抗坏血酸刚刚全部被氧化,此时即为滴定终点。从滴定时氧化型2,6-二氯酚靛酚标准溶液的消耗量,可以计算出被检物质中抗坏血酸的含量。

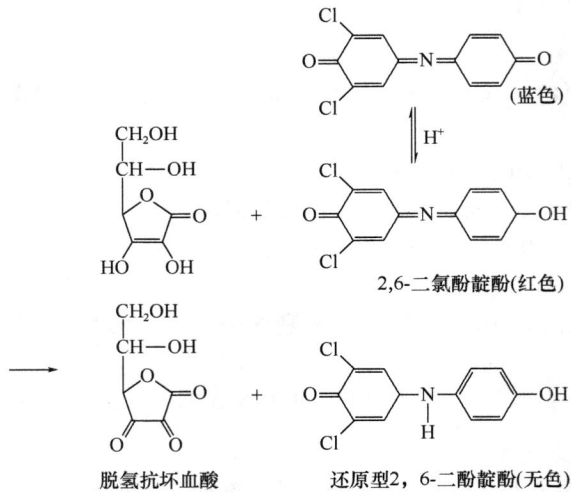

脱氢抗坏血酸   还原型2,6-二酚靛酚(无色)

（三）实验试剂和材料

1. 新鲜蔬菜、新鲜水果。

2. 2% 草酸溶液　草酸 2g 溶于 100ml 蒸馏水。

3. 1% 草酸溶液　溶 1g 草酸于 100ml 蒸馏水。

4. 标准抗坏血酸溶液　准确称取 50mg 纯抗坏血酸,溶于 1% 草酸溶液,并稀释至 500ml。储存于棕色瓶内,4℃冷藏,最好临用时配制。

5. 1% 盐酸溶液。

6. 0.1% 2,6-二氯酚靛酚溶液　溶 500mg 2,6-二氯酚靛酚于 300ml 含有 104mg $NaHCO_3$ 的热水中,冷却后加水稀释至 500ml,滤去不溶物,储存于棕色瓶内,冷藏(4℃约可保存 1 周)。使用前需按照下法标定:取 5ml 标准抗坏血酸溶液加 5ml 1% 草酸,以 2,6-二氯酚靛酚滴定呈粉红色,并在 15s 内不褪色为终点。计算 2,6-二氯酚靛酚溶液的浓度,最后将 2,6-二氯酚靛酚溶液调节至每 1ml 相当于抗坏血酸 0.088mg。

7. 标准抗坏血酸溶液　溶解 100mg 纯抗坏血酸粉状结晶于 1% 草酸中,然后稀释到 500ml。储存于棕色瓶内,冷藏,最好临用时配制。

（四）实验操作

1. 样品制备　用水将新鲜蔬菜和水果洗干净,再用纱布或吸水纸吸干表面水分,然后称取 20g,加 2% 草酸 100ml 置组织捣碎机中打成浆状。称取浆状物 5g,倒入 50ml 容量瓶中以 2% 草酸溶液稀释至刻度(如浆状物泡沫极多,可加数滴辛醇),静置 10min,过滤(最初数毫升滤液弃去),滤液备用(如滤液颜色太深,滴定时不易辨别终点,可先用白陶土脱色)。

2. 滴定

（1）标准液滴定:准确吸取标准抗坏血酸溶液 1ml(含 0.1mg 抗坏血酸),置 100ml 锥形瓶中,加 9ml 1% 草酸,用微量滴定管将 0.1% 2,6-二氯酚靛酚滴定至淡红色,并保持 15s 即为终点。记录染料的滴定量,由所用染料的体积计算出 1ml 染料相当于多少毫克抗坏血酸。

（2）样品液测定:准确吸取滤液两份,每份 10ml,分别放入两个 100ml 锥形瓶内,滴定方法同前。滴定过程必须迅速,不要超过 2min。因为在本滴定条件下,一些非维生素 C 还原物质的还原作用较迟缓,快速滴定可以避免或减少它们的影响。

要使结果准确,滴定使用的染料不应少于 1ml 或多于 4ml。样品含抗坏血酸太高或太低时,可酌量增减样液。

3. 计算结果

$$维生素\ C(mg/100g) = \frac{维生素\ C\ 毫克数}{100\ 克样品} = \frac{V \times T}{W} \times 100$$

V：滴定时所用去染料毫升数；T：1ml 染料所能氧化的抗坏血酸毫克数；W：10ml 样品液相当于所含样品的克数。

（五）注意事项

1. 市售 2,6-二氯酚靛酚质量不一，如杂质多，应当提高浓度，但也不宜过浓，以滴定标准抗坏血酸溶液时，染料用量在 2ml 左右为宜。

2. 2% 草酸可抑制抗坏血酸氧化酶，1% 草酸因浓度太低不能完成上述作用。若样品中含有大量 Fe^{2+} 可用 8% 乙酸溶液提取，如仍用草酸为提取剂，Fe^{2+} 可以还原二氯酚靛酚，如用乙酸则 Fe^{2+} 不会很快与染料起作用。

3. 样品中某些杂质亦能还原二氯酚靛酚，但速度均较抗坏血酸慢，故终点以淡红色存在 15s 为准。

4. 抗坏血酸还能以脱氢抗坏血酸及结合抗坏血酸形式存在，它们同样具有抗坏血酸的生理作用，但不能将二氯酚靛酚还原脱色。

5. 生物组织提取液中常有色素存在，影响滴定，虽可用白陶土将提取液脱色，但最适用的白陶土不易得到，往往不能将颜色脱尽。

【思考题】

1. 本实验采用的定量测定维生素 C 的方法有何优缺点？

2. 简述维生素 C 的生理意义。

（黄　炜）

实验八　维生素 B_1 的荧光测定法

（一）实验目的

学习荧光法测定维生素 B_1 的原理和方法。

（二）实验原理

维生素 B_1（硫胺素）属于水溶性维生素，在碱性高铁氰化钾溶液中，能被氧化成一种蓝色的荧光化合物——硫色素，在紫外线下，硫色素发出荧光。在给定条件下以及没有其他荧光物质干扰时，此荧光强度与硫色素的浓度成正比。利用人造沸石对维生素 B_1 的吸附作用去除样品中的干扰荧光测定的杂质，然后洗脱维生素 B_1，测定其荧光强度。

（三）实验试剂和材料

1. 麸皮。

2. 碱性高铁氰化钾　取 1ml 1% 的高铁氰化钾溶液，用 15% NaOH 稀释至 15ml。

3. 2.5mmol/L 无水乙酸钠溶液　205g 无水乙酸钠用水溶解并稀释至 1000ml。

4. 25% 酸性 KCl 溶液　8.5ml 浓 HCl 用 25% KCl 溶液稀释至 1000ml。

5. 25% KCl 溶液，无水正丁醇，15% NaOH 溶液，20%（W/V）连二亚硫酸钠（$Na_2S_2O_4 \cdot 2H_2O$），0.04% 溴甲酚绿指示剂。

6. 维生素 B_1 标准液的配制

（1）维生素 B_1 标准储备液（25μg/ml）：准确称取标准品维生素 B_1 100mg 溶于 0.01mmol/L

盐酸中,稀释至1000ml,于4℃冰箱中保存。

(2)维生素 B₁ 标准工作液:维生素 B₁ 标准储备液稀释100倍,用冰乙酸调至 pH4.5。避光,储存于4℃冰箱。

(四)实验操作

1. 样品制备　称取 2~10g 样品于100ml 三角瓶中,加入50ml 0.1mol/L 盐酸,搅拌直到颗粒物分散均匀,在沸水浴中水解样品30min。水解液冷却后,滴加2mol/L乙酸钠,用0.04%溴甲酚绿作外指示剂调至 pH 为4.5。离心 3000r/min,10min。向上清液中加入人造沸石 2~4g,振摇30min,用布氏漏斗抽滤,用蒸馏水洗涤沸石 3 次,洗液弃去。然后用 5ml 酸性 KCl 搅拌,洗脱 3 次,洗脱液合并,并用25% 酸性 KCl 溶液定容至25ml。

2. 氧化　将 5ml 样品净化液分别加入 1、2 试管中。在避光条件下将 3ml 15% NaOH 溶液加入试管 1 中,将 3ml 高铁氰化钾溶液加入试管 2 中,振摇15s,然后加入10ml 正丁醇,剧烈振摇90s。重复上述操作,用标准工作液代替样品净化液。静置分层后吸去下层碱性溶液,加入 2~3g 无水硫酸钠使溶液脱水。

3. 测定

(1)于激发光波长365nm,发射光波长435nm 测量样品管及标准管的荧光值。

(2)待样品及标准的荧光值测量后,在各管的剩余液(5~7ml)中加 0.1ml 20% 连二亚硫酸钠溶液,立即混匀,在20s 内测出各管的荧光值,作为各自的空白值。

4. 计算

$$维生素~B_1(mg/100g) = \frac{(A-B) \times S}{(C-D) \times m} \times f \times \frac{100}{1000}$$

A:样品荧光值;B:样品管空白荧光值;C:标准管荧光值;D:标准管空白荧光值;f:稀释倍数;m:样品的质量(g);S:标准管中的维生素 B₁ 含量(μg)。

100/1000:样品中维生素 B₁ 量由 μg/g 折算成 mg/100g 的折算系数。

(五)注意事项

加入人造沸石要过量,保证维生素 B₁ 的定量吸附。

【思考题】

1. 什么食物中含较多的维生素 B₁?

2. 维生素 B₁ 在生物体内代谢中起什么作用? 维生素 B₁ 缺乏症有什么症状?

(黄　炜)

实验九　免疫组化技术检测组织中 VEGF 的表达
——链霉菌抗生物素蛋白-过氧化物酶连结法

(一)实验目的

1. 掌握免疫组化技术的原理。

2. 了解免疫组化技术在临床上的应用。

(二)实验原理

应用免疫学基本原理——抗原抗体反应,即抗原与抗体特异性结合的原理,通过化学反应使标记抗体的显色剂(荧光素、酶、金属离子、同位素)显色来确定组织细胞内抗原(多肽和蛋白质),对其进行定位、定性及定量的研究,称为免疫组织化学技术(immunohistochemistry)或免疫细胞化学技术(immunocytochemistry)。免疫组织化学技术按照标记物的种类可分为免疫荧光法、免疫酶法、免疫铁蛋白法、免疫金法及放射免疫自影法等。用于病理诊断的主要有免疫荧光法和免疫酶法。

免疫酶标方法基本原理是先以酶标记的抗体与组织或细胞作用,然后加入酶的底物,生成有色的不溶性产物或具有一定电子密度的颗粒,通过光镜或电镜,对细胞表面和细胞内的各种抗原成分进行定位研究。免疫酶标技术是目前最常用的技术。它与免疫荧光技术相比的主要优点是:定位准确、对比度好、染色标本可长期保存,适合于光、电镜研究等。

免疫酶标方法的发展非常迅速,已经衍生出了多种标记方法,且随着方法的不断改进和创新,其特异性和灵敏度都在不断提高,使用也越来越方便。目前在病理诊断中广为使用的当属PAP 法(过氧化物酶-抗过氧化物酶法)、ABC 法(卵白素-生物素-过氧化物酶复合物法)、SP 法(链霉菌抗生物素蛋白-过氧化物酶连结法)等,其中 SP 法是最常用的方法。

(三) 实验试剂和器材

1. 主要器材　烤箱、光学显微镜、高压锅、染色缸、湿盒、肝癌组织石蜡切片。

2. 试剂

(1) 乙醇、二甲苯、苏木素、中性树胶。

(2) Ⅰ抗:特异性抗人 VEGF 多克隆抗体(santa cruz biotechnology)。

(3) 免疫组织化学超敏 SP(兔)试剂盒。

(4) 枸橼酸盐缓冲液(citrate buffer):0.1mol/L 枸橼酸溶液,称取 21.01g 枸橼酸($C_6H_8O_7 \cdot H_2O$)溶于 1000ml 蒸馏水中;0.1mol/L 枸橼酸钠溶液,称取 29.41g 枸橼酸钠($C_6H_5Na_3O_7 \cdot 2H_2O$)溶于 1000ml 蒸馏水中;工作液,取 9ml 0.1mol/L 枸橼酸溶液和 0.1mol/L 枸橼酸钠溶液,加入 450ml 蒸馏水中,溶液 pH 为 6.0±0.1。

(5) 1×PBS(pH7.4,无 Ca^{2+} 和 Mg^{2+})溶液:取 NaCl 8g,KCl 0.2g,$Na_2HPO_4 \cdot 12H_2O$ 3.628g,KH_2PO_4 0.24g 共溶于 800ml 蒸馏水中,充分溶解,调解 pH 至 7.4,定容至 1000ml。

(6) 酶底物显色剂(3,3-二氨基苯联胺,DAB):按试剂盒说明配制。

(四) 实验步骤

1. 切片脱蜡至水　切片 50~60℃烤箱烘烤 30min,置于二甲苯中脱蜡 2 次,每次 10min;转移入无水乙醇中浸泡 2 次,每次 10min,把残余二甲苯洗净;切片依次逐级浸泡乙醇溶液:95%、75%,每级浸泡 5min,转移至蒸馏水中。

2. 抗原修复　水化切片转移至 0.01mol/L 枸橼酸缓冲液(pH6.0),高压修复 2~3min,冷却至室温。

3. 免疫反应　取出切片,PBS 洗 3 次,每次 3min;滴加 50μl 过氧化酶阻断剂(试剂 A)/片,室温温育 20min,以消除内源性过氧化物酶的影响,PBS 洗 3 次,每次 3min;除 PBS 后,滴加 50μl 正常非免疫动物血清(试剂 B)/片,室温温育 20min;除血清,滴加 50μl PBS 稀释 1∶100 的兔抗人 VEGF 抗体,用 PBS 缓冲液代替一抗做阴性对照。4℃过夜,PBS 洗 3 次,每次 5min;除 PBS,滴加 50μl 生物素标记的鼠抗兔二抗(试剂 C),室温 20min,PBS 洗 3 次,每次 3min;除 PBS,滴加 50μl 链霉素抗生物素-过氧化物酶溶液(试剂 D),室温 20min,PBS 洗 3 次,每次 3min。

4. DAB 显色反应　配制适量 DAB 显色液,每切片滴加 100μl 新鲜配制的 DAB,光镜下观察 3~10min,显色明显时,适时终止反应,自来水冲洗干净,苏木素复染 2min,自来水冲洗返蓝。梯度酒精脱水干燥,二甲苯透明,中性树胶封片,光镜下观察。

5. VEGF 阳性结果判定　VEGF 蛋白主要分布于细胞质中,阳性细胞显示棕黄色或棕褐色颗粒,根据着色细胞占视野细胞总数的多少计为 0~3 分,根据阳性细胞的着色强度按无着色、黄色、棕黄色和棕褐色分别视为 0、1、2、3 分，根据两项积分之和判断其结果，0 ~ 2 分(弱)，3 ~ 4 分(中)，5 ~ 6 分(强)。

(五) 注意事项

1. 去除切片上的液体时切勿用力甩，用纸巾从边缘轻轻吸去液体，以防脱片。
2. 免疫组化过程中要防止切片干燥，以免脱片。
3. DAB 在配制完后最长宜放置 30min 以内，过时不能使用。
4. DAB 显色时必须在镜下严格控制，以检出物达到最强显色而背景无色为最佳效果。

【思考题】

1. 免疫组化技术可以具体应用在哪些研究领域？请举几个应用实例。
2. 免疫组化技术在临床上的应用？

(路　蕾)

实验十　糖化血红蛋白的测定

(一) 实验目的

1. 掌握离子交换层析法(手工微柱法)测定糖化血红蛋白的原理。
2. 了解糖化血红蛋白测定的方法。

(二) 实验原理

成人红细胞中的血红蛋白有 HbA(占 95% ~ 97% 以上)，HbA_2(占 2.5%)，HbF(占 0.2%)。当 HbA 中的部分血红蛋白被糖基化后，其中由于 HbA 的 β 链 N 末端的缬氨酸分子与葡萄糖等己糖分子相结合而使其在血红蛋白电泳中成为 HbA 之前的快泳-HbA_1，在离子交换柱层析中亦在 HbA 之前首先被洗脱，分为 HbA_{1a}、HbA_{1b}、HbA_{1c}(与葡萄糖结合)和 HbA_{1d}。HbA_1 的主要成分是 HbA_{1c}，约占 80%。HbA_{1c} 的生成量取决于血糖的浓度，正常人占 4% ~ 6%。红细胞的平均寿命为 120d，在红细胞存活的过程中，血中葡萄糖浓度会有或多或少的波动，红细胞越接近死亡，其血红蛋白与葡萄糖的接触时间也就越长，即 GHb 含量就越高。在红细胞平均寿命一半时段中所测得的平均血糖值与 HbA_{1c} 最吻合，所以 HbA_{1c} 值能反映过去 1 ~ 2 个月间的平均血糖值，GHb 测定是了解糖尿病患者较长时间内血糖控制水平的良好指标。GHb 的形成是不可逆的，其浓度与红细胞寿命和该时期内血糖的平均浓度及作用时间有关，不受每天葡萄糖浓度的影响，也不受运动或饮食的影响。

2002 年美国糖尿病协会(ADA)已将其作为监测糖尿病控制的金标准，对其应用也作了明确的规定：即所有糖尿病患者均应常规测定 HbA_{1c}。目前通常认为检测 HbA_{1c} 的临床意义有三点：①在糖尿病的筛选普查中有早期提示的价值，可作为轻症、2 型、"隐性" 糖尿病的早期诊断指标。②在糖尿病的治疗中，HbA_{1c} 是评价血糖控制好坏的重要标准。③预示微、小血管并发症，估价糖尿病慢性并发症的发生与发展情况。

多种分析技术可用于分离和测定糖化血红蛋白，主要是利用 GHb 和 Hb 的物理化学性质的不同而进行的，如离子交换层析法、亲和层析法、电泳法、比色法和放射免疫分析法等。目前国内使用较多的是阳离子交换层析法，其中主要是使用商品化的微柱法。离子交换层析法分手工和自动两种，本篇采用的手工微柱法不需特殊仪器，重复性良好，且测定的精确度较为理想，在临床观察中测定结果与临床表现较为吻合，比较适宜在样本量不大的实验室使用。

在偏酸溶液中,GHb 及 HbA 均具有阳离子的特性,弱酸性阳离子交换树脂与带正电荷的 GHb 和 HbA 有亲和力,但由于血红蛋白 β 链 N 末端缬氨酸糖化后所带电荷较 HbA 少,因此,当它们经过阳离子交换层析柱时,就可被偏酸的缓冲液平衡过的树脂来吸附,但 GHb 与 HbA 对树脂的亲和力不同,用 pH 7.0 的磷酸盐缓冲液可以先将正电荷较少,吸附力较弱的 GHb 漂洗下来,再用 pH 6.7 的磷酸盐缓冲液洗脱正电荷较多,吸附力较强的 HbA。用分光光度计即可测定洗脱液中的 HbA_{1c} 占总 HbA 的百分数。

(三) 实验试剂和器材

1. 主要器材 分光光度计,岛津 UV730。

2. 试剂

(1) HbA_{1C} 测定药盒(Bio-rad):树脂微柱(内含弱酸离子交换树脂-磷酸盐缓冲液);洗脱液(洗液 a:磷酸盐缓冲液 pH 7.0,洗液 b:磷酸盐缓冲液 pH 6.7);溶血素。

(2) HbA_{1C} 标准品。

(四) 实验步骤

1. 所有冷藏试剂及标本均在 25℃ 温箱中预温 20min。

2. 将 EDTA-2Na 抗凝全血 0.1ml 加入溶血素 1.5ml 中,溶血放置 10min 以上,制成血红蛋白溶液。

3. 取 100μl 溶血产物,加入预先混匀沉淀好的由低离子强度的弱酸性阳离子交换树脂组成的微柱(内含弱酸离子交换树脂-磷酸缓冲液)。先用洗脱液 a1.5ml 预洗,然后用洗液 b 洗脱 HbA_{1C} 液并与血红蛋白稀释液一同比色(波长 505nm),每次测定做高、低标准各一份。

4. 计算 HbA_1C 占总血红蛋白的百分含量:$HbA_{1C}(\%) = (HbA_{1c}$ 洗脱液吸光度/HbA 洗脱液吸光度)×100。

(五) 注意事项

1. 微柱法受温度的影响较大,测定环境的室温最好控制在 25℃。

2. 每次测定必须做一标准测定管。

【思考题】

1. 糖化血红蛋白测定的方法有哪些以及优缺点?

2. 检测糖化血红蛋白的临床意义?

(路 蕾)

第三节 综合性生物化学实验

实验一 激素对血糖浓度的影响

一、肾上腺素、胰岛素对血糖含量的影响

(一) 实验目的

1. 掌握血糖测定的原理与方法。

2. 掌握血糖含量的正常范围及生理意义。

3. 熟悉血糖含量的调节机制,掌握肾上腺素和胰岛素对血糖含量的影响。

（二）实验原理

血液中的葡萄糖称为血糖,正常人空腹静脉血糖含量为 $3.89 \sim 6.11 mmol/L$。血糖含量的相对恒定,是机体对糖的代谢来源和代谢去路进行精细调节,使之维持动态平衡的结果。血糖含量的测定是反映体内糖代谢状况的一项重要指标。

升糖激素与降糖激素的作用相互对抗又彼此协调,共同维持着血糖浓度的恒定。肾上腺素是重要的升糖激素,它通过增加血糖的代谢来源,减少其代谢去路而使血糖浓度增高。胰岛素是唯一的降糖激素,其作用是增加血糖的代谢去路,而减少其代谢来源。一旦胰岛素分泌障碍,必然导致高血糖,甚至出现尿糖。本实验通过给家兔注射肾上腺素和胰岛素,对比注射前后血糖浓度的变化,观察激素对血糖浓度的影响。

（三）实验试剂和器材

1. 胰岛素注射液(市售胰岛素 40U/ml)。

2. 肾上腺素注射液(市售肾上腺素 1mg/ml)。

3. 25% 葡萄糖注射液。

4. 吸管、分光光度计、电热恒温水浴箱、碘酒棉球、酒精棉球、注射器等。

（四）实验步骤

1. 动物准备取血

（1）取预先饥饿一昼夜(或空腹 16h 以上)的家兔 2 只,分别作注射胰岛素和肾上腺素标记,称重并记录之。

（2）取血:固定家兔,用手轻揉耳缘,使耳静脉血管扩张,用抗凝剂处理后的注射器从耳缘静脉远端(末梢)刺入血管抽血,一次可采血 $1 \sim 1.5 ml$,取血后用干棉球压迫耳静脉止血,立即注入盛有抗凝剂的离心管内,并标明"胰前"、"肾前",轻轻摇匀,以防血液凝固。也可心脏取血:在左侧第 $3 \sim 4$ 肋间,触摸心跳最明显处,消毒后穿刺进针取血。

（3）注射激素:向家兔腹部皮下分别注射胰岛素(1U/kg)和肾上腺素注射液(0.4mg/kg)。记录注药时间。

（4）注射胰岛素 30min,注射肾上腺素 15min 后,分别按上述方法取血,同样标以"胰后"、"肾后"。

（5）将离心管在 3000r/min 离心,5min(或静置分层),分离出血浆备用;

2. 血糖含量的测定　取试管 4 支,编号,按表 3-18 操作。

表 3-18　激素注射前后血糖含量测定表

试剂(ml)	0	1	2	3
葡萄糖标准液(1mg/ml)	—	0.1	—	—
激素注射前 血浆	—	—	0.1	—
激素注射后 血浆	—	—	—	0.1
蒸馏水	0.1	—	—	—
邻甲苯胺	5.0	5.0	5.0	5.0

将各管分别混匀后,置沸水欲中煮沸 15min,然后取出在冷水中冷却至室温,在分光光度计波长 630nm 处,以"0"号空白管校正吸光度值为零,读取各管吸光度(显色后 2h 内颜色稳定)。

结果处理:分别计算出注射胰岛素、肾上腺素前后血糖浓度变化及血糖降低和升高的百分率。

计算公式：

$$血糖(mmol/L) = \frac{A_{测}}{A_{标}} \times 5.55$$

（五）注意事项

1. 血液离体后血细胞代谢会继续消耗葡萄糖（每小时葡萄糖含量下降5%～10%），取血后应尽快分离血浆，以免测定结果偏低。

2. 溶血、严重黄疸、乳糜样血浆，应先制备无蛋白血滤液，然后再进行测定，否则影响测定结果。

【思考题】

1. 比较注射激素前、后血糖浓度的变化，这些变化说明什么？

2. 血糖主要有哪些代谢来源与去路？升糖激素和降糖激素的作用机制是什么？

3. 血糖浓度测定有何临床意义？

4. 血清中的还原性物质如尿酸、维生素C、谷胱甘肽等，会影响本实验的测定结果吗？为什么？

5. 对于溶血、严重黄疸、乳糜样血浆，为什么要制备无蛋白血滤液？制备无蛋白血滤液依据什么原理？

二、血清葡萄糖含量的测定-邻甲苯胺法测血糖含量

（一）实验目的

1. 掌握邻甲苯胺法测定血糖的原理和方法。

2. 掌握标准曲线的制作。

（二）实验原理

血样中的葡萄糖在酸性环境中加热时，脱水生成5-羟甲基-2-呋喃甲醛（羟甲基糖醛），后者与邻甲苯胺缩合成蓝色的醛亚胺（Schiff 碱），颜色深浅与葡萄糖含量成正比。利用此呈色反应，可根据待测血样光密度值。从标准曲线上求得血中葡萄糖的含量。

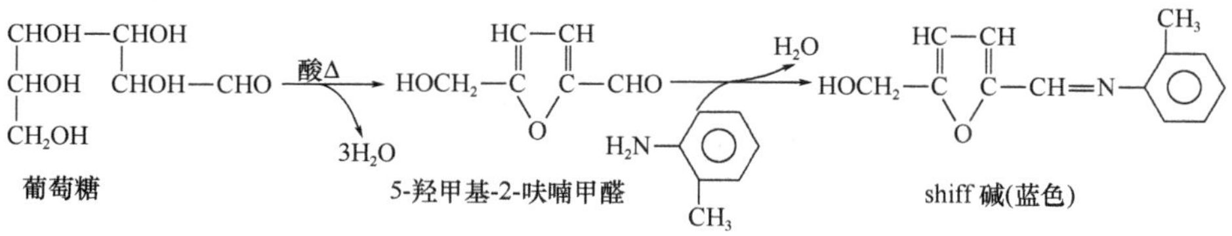

由于邻甲苯胺只与醛糖作用而显色，此种测定法不受血液中其他还原物质的干扰。测定时也无需去除血浆或血清中的蛋白质。

此法测得正常人的空腹血糖值为（70～100）mg/100ml，家兔约为130mg/100ml。

（三）实验试剂和器材

1. 新鲜血清。

2. 标准葡萄糖储存液（10mg/ml）。

3. 邻甲苯胺试剂 硫脲2.5g溶于冰乙酸750ml中，将此溶液移入1000ml容量瓶内，加邻甲苯胺150ml、2.4%硼酸溶液100ml，加冰乙酸定容至1000ml。置棕色瓶中，可保存2个月。

4. 试管及试管架、刻度吸量管、分光光度计、水浴箱、混旋仪。

（四）实验步骤

1. 葡萄糖标准曲线的制备　取 10ml 容量瓶 5 只分别编号为 1、2、3、4、5,依次加入葡萄糖储存标准液 0.5ml、1.0ml、2.0ml、3.0ml、4.0ml。再以饱和苯甲酸溶液稀释至 10ml 刻度,混合。以上葡萄糖浓度分别为 50mg/dl、100mg/dl、200mg/dl、300mg/dl、400mg/dl,此即 1-5 瓶稀释的葡萄糖标准液,待用。

然后取 6 只试管,分别编号为 0、1、2、3、4、5,并按表 3-19 操作。

表 3-19　血糖含量测定标准曲线的制备

试剂(ml)	0	1	2	3	4	5
邻甲苯胺	5.0	5.0	5.0	5.0	5.0	5.0
加入上述 1~5 瓶稀释葡萄糖标准液	—	0.1	0.1	0.1	0.1	0.1
蒸馏水	0.1	—	—	—	—	—

混合后,置沸水浴中煮沸 15min,取出在冷水中冷却,用分光光度计在波长为 630nm 处进行比色.以"0"管作为空白校零点,测出各管吸光度。

以吸光度为纵坐标,相应管中葡萄糖浓度为横坐标,在坐标纸上绘制标准曲线。

2. 样品的测定　取干燥试管 2 支,编号,按表 3-20 加入血清及各种试剂。

表 3-20　血糖含量测定表

管号 试剂(ml)	测定管	空白管
血清	0.1	—
蒸馏水	—	0.1
邻甲苯胺试剂	5.0	5.0

混匀后,置沸水浴中煮 15min,取出置冷水中冷却,在分光光度计中于波长 630nm 处,以空白管校零点,读取测定管光密度,查标准曲线,即可测定血清或血浆中的葡萄糖浓度。

（五）注意事项

1. 由于邻甲苯胺试剂中醋酸浓度很高,使用不慎时容易损坏比色仪器,须加注意。
2. 测定时,样品煮沸时间和比色时间必须与标准管一致。

【思考题】

1. 本实验中哪些仪器要干燥?
2. 测定血清或血浆中的葡萄糖浓度,为何要绘制标准曲线?
3. 测定时,为何样品煮沸时间和比色时间必须与标准管一致?

（赵　青）

实验二　血清清蛋白的分离及电泳鉴定

（一）实验目的

1. 掌握盐析法、凝胶层析、分离提纯蛋白质的原理和方法。

2. 掌握醋酸纤维薄膜电泳分离蛋白质的原理和方法。

（二）实验原理

血清蛋白主要由清蛋白和球蛋白组成,各行使其重要的功能。

蛋白质分子的分离是研究蛋白质分子结构与功能关系的一种技术手段。本实验利用盐析方法将血清中的清蛋白分离,并用电泳技术观察蛋白质分离效果。

1. 蛋白质分子能稳定存在于水溶液中是因为有两个稳定因素:水化膜和表面电荷。当维持蛋白质的稳定因素被破坏时,蛋白质分子可相互聚集沉淀而析出。蛋白质分子沉淀析出的方法很多,根据对蛋白质稳定因素破坏的不同,有中性盐析法、有机溶剂沉淀法、等电点沉淀法、重金属盐法以及生物碱试剂法等。

本次实验采用盐析法分离血清清蛋白。所用的中性盐是硫酸铵$[(NH_4)_2SO_4]$,高浓度的硫酸铵在水溶液中大量电离成NH_4^+和SO_4^{2-},这些离子通过吸引水分子而破坏蛋白质表面水化膜,并且NH_4^+中和蛋白质表面的负电荷,SO_4^{2-}中和蛋白质表面的正电荷,从而使蛋白质相互聚集而析出。不同的蛋白质因其水化膜的厚度和表面电荷的数量不同,其沉淀所需要的中性盐浓度也就不同。因此,选择不同浓度的中性盐,就能把不同的蛋白质分段沉淀下来,此种盐析法称分段盐析。

盐析后沉淀的蛋白质经水可再溶解。该方法最大特点是能保持蛋白质生物学活性,因此,盐析法是分离蛋白质最常用的方法,不过其分离的纯度不高,所以还需要其他方法进一步纯化。

2. 水溶后的蛋白质含有高浓度中性盐,需要有脱盐过程去除蛋白质遗留的中性盐,常用方法有透析法脱盐和凝胶层析法脱盐。本实验采用凝胶层析法脱盐,在葡聚糖凝胶柱中,蛋白质与硫酸铵的分子量不同,当样品通过层析柱时,蛋白质因其分子量较大而不能进入凝胶颗粒的三维网状结构中,只能在凝胶颗粒之间的间隙流动,所以流程较短,最先流出层析柱;反之,硫酸铵的分子量小,可进入凝胶颗粒的三维网状结构中,所以流程长,流出层析柱的时间较后。分段收集蛋白质洗脱液,即可得到脱盐的蛋白质。

3. 蛋白质分离效果可用电泳方法检测,通过比较电泳图谱中未分离处理的蛋白质电泳区带与分离处理的蛋白质电泳区带的移动位置,判断蛋白质的分离纯化的效果。

电泳法是指带电荷的供试品(蛋白质、核酸等)在惰性支持介质(如纸、醋酸纤维素、琼脂糖凝胶、聚丙烯酰胺凝胶等)中,于电场的作用下,向其对应的电极方向按各自的速度进行泳动,使组分分离成狭窄的区带,用适宜的检测方法记录其电泳区带图谱或计算其百分含量的方法。

本次实验采用醋酸纤维素膜电泳。醋酸纤维素膜是由纤维素的羟基乙酰化制成的薄膜,这种膜对蛋白质样品吸附性小,几乎能完全消除纸电泳中出现的"拖尾"现象,又因为膜的亲水性比较小,它所容纳的缓冲液也少,电泳时电流的大部分由样品传导,所以分离速度快,电泳时间短,样品用量少。

血清蛋白各组分在pH8.6缓冲液的介质中,由于各组分所带的负电荷数量不同和分子量大小不同,故向正极泳动的速度不同,经过一定时间电泳后而彼此分离。

（三）实验器材和试剂

1. 器材　10ml具塞刻度试管、离心管、小试管、5ml吸管、滴管2支、培养皿3套、醋酸纤维薄膜、点样器、电泳槽、电泳仪、1.0cm×20cm层析柱。

2. 试剂

（1）葡聚糖凝胶Sephadex G-25:称10g SephadexG-25,加200ml 0.02mol/L pH 6.5磷酸盐缓冲液溶胀24h。

（2）生理盐水:称取分析纯NaCl 0.89g,蒸馏水稀释至100ml。

（3）饱和硫酸铵溶液：25℃时称取（NH_4）$_2SO_4$ 约767g,溶解至1000ml 蒸馏水中,至不能完全溶解为止,即为饱和硫酸铵溶液。

（4）巴比妥缓冲液（pH 8.6）：称取巴比妥钠15.458g. 巴比妥2.768g,蒸馏水定容至1000ml。

（5）氨基黑10B染色液：称取氨基黑10B 0.5g,加入100ml 漂洗液不断振摇,直到完全溶解。

（6）漂洗液：取95% 乙醇450ml,冰醋酸100ml,混匀后,用蒸馏水稀释到1000ml。

（四）实验操作

1. 盐析沉淀蛋白质

（1）取10ml 有塞刻度试管1 支,加入盐析用蛋白质溶液（血清：生理盐水 = 1：2V/V）2.5ml,缓慢滴加等量饱和（NH_4）$_2SO_4$ 溶液,边滴加边摇匀,见有沉淀析出,静置20min。

（2）将双层滤纸放入漏斗中,漏斗出口套入试管。把盐析液体倒入双层滤纸中过滤,弃去沉淀,保留滤液。

2. 凝胶层析脱盐

（1）装柱：装柱前,关闭层析柱下端出口。已溶胀的Sophadex G-25 凝胶颗粒与蒸馏水比例为1：1,混匀后倒入层析柱中（柱体积约150ml,注意一气呵成完成装柱）,然后让凝胶颗粒自然下沉。填充好的凝胶柱要求无分层、无裂隙、无气泡。

（2）调流速：打开层析柱下端出口调流速,流速为20 滴/分,要求流速缓慢、连续、恒定。调好流速后不能随意间断。凝胶柱上面要注意加蒸馏水,并始终维持蒸馏水高于凝胶柱0.5cm（注意不能让空气因水位下降而进入凝胶柱,否则要重新装柱）。

（3）加样品滤液：待柱中蒸馏水面降至凝胶面时,取1ml 滤液加样,待柱中样品液面再次降至凝胶面时,加蒸馏水,并维持蒸馏水高于凝胶柱0.5cm。

（4）收集洗脱液：用蒸馏水洗脱,分管收集,每管10 滴。从每管收集液中取出一半,用1 滴10% 三氯醋酸检测（三氯醋酸使蛋白质变性、沉淀）,有沉淀出现者即为蛋白质洗出管,连续用三氯醋酸检测收集管,直至不再出现蛋白质沉淀时停止收集。取对应沉淀最多的收集管用于电泳鉴定。

（5）洗凝胶柱：继续用蒸馏水洗柱,流出液用1% $BaCl_2$ 检测,直至无白色沉淀出现后（表明硫酸铵已洗脱）,洗柱完毕关闭出口,回收凝胶颗粒。

3. 醋酸纤维素薄膜电泳鉴定蛋白质分离效果

（1）取醋酸纤维素薄膜一片（4cm×8cm）,在薄膜无光泽面距一端1.5cm用铅笔划一线作点样位置,将薄膜浸入 pH8.6 巴比妥缓冲液中,待完全渗透后取出用滤纸吸掉表面水珠。

（2）点样：用点样器蘸蛋白质层析液印在点样线上一侧,另一侧蘸血清点印作对照。

（3）电泳：将点样后薄膜条置于电泳槽中的两个支架上,搭桥,点样端置于负极。支架上的醋酸纤维素薄膜两端通过纱布连接缓冲液,平衡5min 后通电,以电压10～15V/cm 膜长,电流0.4～0.6mA/cm 膜宽;通电约45min。

（4）染色：用镊子将电泳后薄膜取出,直接浸入盛有氨基黑10B 染色液培养皿中染色5min。

（5）漂洗：将薄膜从培养皿中取出,用漂洗液漂洗,中间换液1～2 次,每次约3min,至薄膜背景无色,区带清晰为止,观察电泳图谱中分离的蛋白质电泳区带,并与血清蛋白电泳区带比较。

（五）注意事项

1. 装柱要均匀,一气呵成,不能有气泡,不能分层,如有应重新装柱。

2. 层析收集时,要求流速缓慢、连续、恒定。

3. 层析完成后凝胶不能倒掉须回收。

【思考题】

1. 电泳时,醋酸纤维素薄膜的点样端为什么要放在负极?
2. 分析电泳图谱的结果,说明原因。

(黄 炜)

实验三 血清 γ-球蛋白的分离与纯度鉴定

(一) 实验目的

掌握盐析法分离蛋白质(包括凝胶过滤脱盐和透析脱盐两种方法)的原理和方法。

(二) 实验原理

1. 蛋白质盐析的原理 蛋白质分子是生物大分子,其大小恰在胶粒的大小范围内,分子中亲水基团多位于分子表面,疏水基团多位于分子结构内部。所以蛋白质分子在水中能以胶体颗粒存在形成胶体溶液。蛋白质在水中形成亲水胶体,亲水胶体颗粒有两个稳定因素:胶粒上的电荷与水化膜。蛋白质在水溶液中呈两性电离。在环境的 pH≠pI 时,蛋白质颗粒可带正或负电荷,同性电荷相斥,故使蛋白质不易凝聚沉淀。另外由于蛋白质分子带有电荷,故可吸引水分子(水分子为极性分子)排列围绕在其周围形成水化膜,使蛋白质分子相互分隔开来。破坏这两个或其中任何一个因素,即可减弱胶体的稳定性,使蛋白质发生沉淀。高浓度盐溶液在水溶液中电离,其正、负离子吸引水分子,从而夺取水化膜,并中和部分电荷。这样,就不同程度地除去了上述的两个稳定因素,使蛋白质凝聚、沉淀,这就是蛋白质的盐析。

由于各种蛋白质的颗粒大小、电荷的多少及亲水程度不同,其盐析所需最低浓度也不相同。例如:球蛋白不溶于半饱和的 $(NH_4)_2SO_4$ 溶液,γ-球蛋白不溶于 1/3 饱和的 $(NH_4)_2SO_4$ 溶液,而清蛋白不溶于饱和的 $(NH_4)_2SO_4$ 溶液。因此可利用不同浓度的硫酸铵溶液将血清或其他混合液中的这些不同的蛋白质分开。

2. 脱盐的原理

(1) γ-球蛋白的脱盐(凝胶过滤法):凝胶过滤亦称凝胶层析,是一类利用有一定孔径范围的多孔凝胶进行层析的技术。当样品流经这类凝胶固定相时,不同分子大小的组分会因进入网孔受阻滞的程度不同而以不同的速度通过层析柱,从而达到分离的目的。

当样品通过层析柱时,分子量较大的物质因为不能或较难于通过网孔而进入凝胶颗粒,沿着凝胶颗粒间的间隙流动,所以流程较短,向前移动速度较快,受阻滞的程度较小,最先流出层析柱;反之,分子量较小的物质,因为颗粒直径小,可通过网孔而进入凝胶颗粒,所以流程长,向前移动速度较慢,受阻滞的程度较大,流出层析柱的时间较后。本实验中使用盐析提纯混有大量的 $(NH_4)_2SO_4$ 的 γ-球蛋白溶液(通过 G-25 凝胶柱),根据上述原理 γ-球蛋白先流出层析柱,而 $(NH_4)_2SO_4$ 后流出层析柱,从而达到 γ-球蛋白脱盐的目的。

(2) 清蛋白的脱盐(透析法):透析是利用蛋白质等生物大分子不能透过半透膜的性质进行分离纯化的一种方法,利用该方法可分离大、小分子的混合物。NH_4^+ 和 SO_4^{2-} 可以透过半透膜而清蛋白则不能,因此,可用透析法使清蛋白溶液脱盐。

3. 浓缩的原理 利用半透膜还可以进行大分子溶液的浓缩。将盛有待浓缩的大分子溶液的透析袋放入高浓度且吸水性强的多聚物溶液中,袋内溶液中的水即可迅速被袋外的多聚物所吸收而有效地浓缩。本实验采用该法浓缩 γ-球蛋白溶液。

（三）实验试剂和器材

1. 主要器材　20cm×1cm 层析柱及层析架、离心管、离心机、烧杯、试管、玻璃纸。

2. 试剂

（1）动物血清。

（2）PBS(磷酸盐缓冲生理盐水)：用 0.01mol/L 磷酸盐缓冲液(pH 7.2)配制的 0.9% NaCl 溶液。

（3）饱和硫酸铵液(pH 7.2)：用浓氨水将饱和硫酸铵溶液调 pH 至 7.2。

（4）葡聚糖凝胶 G-25。

（5）奈氏试剂：称105g KI 放于 500ml 三角烧瓶内，加110g I_2，再加 100ml 蒸馏水，待溶解后，加汞150g，猛烈振摇 7～10min，至 I_2 的红色将近消失，用冷水冲洗烧瓶使之冷却并继续振摇到红色褪尽绿色出现为止。以上操作最好不超过15min，倾出上清液，用少量蒸馏水冲洗剩余的汞，将洗液与上清液合并，用水稀释至 2000ml，此为奈氏试剂储存液，储存于棕色瓶中，可长期使用。

取奈氏试剂储存液 150ml，加蒸馏水 150ml，加无 Na_2CO_3 的 10% NaOH 700ml 混匀，如显混浊可静止，倾出上清液，此为奈氏试剂应用液，要储存在棕色瓶中。

此试剂的酸碱度极为重要，可取 1mol/L HCl 20ml 加酚酞指示剂 2 滴，用奈氏试剂滴定至终点，奈氏试剂最适消耗数为 11.0～11.5ml。低于 9.5ml，则碱性太强显色时易生红色沉淀，高于 11.5ml，则酸性太强，显色时呈色太浅。

无 Na_2CO_3 的 10% NaOH 配制法：称取 NaOH 550g 置于大烧瓶内，加蒸馏水 500ml 混合并使其溶解，放置数日，待 Na_2CO_3 沉淀后，取上清液（此为饱和 NaOH 溶液）稀释 20 倍，用 1 mol/L H_2SO_4 滴定，计算饱和 NaOH 溶液的浓度，然后正确稀释成 10% 溶液。

（6）碱溶液：Na_2CO_3 2g 溶于 100ml 0.1 mol/L NaOH 中。

（7）稀铜溶液：$CuSO_4 \cdot 5H_2O$ 0.5g 溶于 100ml 1% 酒石酸钾钠中，用蒸馏水稀释 5 倍。

（8）浓蔗糖液：蔗糖的饱和溶液。

（9）聚乙二醇。

（四）实验步骤

1. 盐析　取离心管 1 支，加入血清 2ml，再加入等量 PBS 溶液稀释血清，摇匀后逐滴加入 pH 7.2 的饱和硫酸铵溶液 2ml，边加边摇，然后静置 15min，再离心（3000r/min）8min。将上清液（主要含清蛋白）倾入试管中，以备后续实验用。

离心管底部的沉淀用 1ml PBS 液搅拌溶解，再逐滴加饱和硫酸铵 0.5ml（相当于 33% 饱和度硫酸铵），摇匀后放置 15min，离心（3000r/min）8min，倾弃上清液（主要含 α、β-球蛋白），其沉淀即为初步纯化的 γ-球蛋白。如果要更纯的 γ-球蛋白，可重复盐析过程 1～2 次。

2. 脱盐　称取葡聚糖凝胶 G-25 20g，放入 1000ml 烧杯内，加入蒸馏水约 500ml，小火煮沸 1h（应随时补充蒸馏水，以免煮干），静止冷却后倾弃上层蒸馏水再加入 PBS 液 100ml，取上述凝胶混合液 30～50ml 用玻棒轻轻搅拌使之悬起装柱。层析柱（20cm×1cm）下口套一小段橡皮管和螺旋夹。待全部凝胶都倾入柱内（凝胶要装填均匀，若分多次加入凝胶，应在放胶前将柱内凝胶顶部搅动悬起，再将凝胶液倾入），使液体缓慢流出，至液面已全部流入凝胶面时将螺旋夹扭紧，装柱工作即完成，可供脱盐使用。

在盛有 γ-球蛋白沉淀物的离心管内，加入 PBS 液 0.5ml 并用玻棒轻轻搅拌，至全部沉淀物溶解后用滴管吸出 γ-球蛋白液，将滴管插入凝胶层析柱内，在管口靠近凝胶面缓慢滴入全部蛋白液。然后，小心拧开螺旋夹，使液体流速控制在每分钟 15～20 滴，待全部蛋白液流入凝胶后，用滴管轻轻在靠近凝胶面加入 PBS 液 1ml（不要搅动凝胶面），待大部分液体流入凝胶柱后，再陆续加入 PBS 液 20ml 左右。

准备 12 支干净的小试管用于收集凝胶柱流出液,每收集 20 滴换 1 个试管直到全部试管都收集到流出液后,将螺旋夹拧紧,以备后面的试验使用。

准备干净的反应板 2 块,每块反应板各孔依次加入收集各管的液体 1 滴,然后在一块反应板上每孔再加入奈氏试剂(即检查 NH$_4^+$ 的试剂,在有 NH$_4^+$ 存在时,呈黄色或橙色)1 滴,记录下各孔的颜色变化,以(-)、(+)、(++)、(+++)表示不呈色或呈色深浅的变化。在另一块反应板上每孔各加碱溶液 1 滴及稀铜溶液 1 滴,观察双缩脲反应的呈色深浅,并用上述符号记录各管的颜色变化。

将双缩脲反应呈色最深的孔所对应的管内液体留供醋酸纤维素薄膜电泳检查纯度及浓缩实验使用。实验后,将层析柱内凝胶倾入回收瓶中,留供以后实验使用。

3. 透析与浓缩 取玻璃纸(15cm×15cm)1 张,折成袋形,将前面第一次盐析得到的含清蛋白的上清液倾入透析袋内,用线绳缚紧上口。将玻棒悬在盛有半杯蒸馏水的 100ml 烧杯内,使透析袋下半部浸入水中。将杯子放在微量振荡器上振荡 1 h 以上(中间换水 1~2 次),然后将透析袋取下,小心地将线绳解开,用滴管吸出袋内液体并放入干净试管中。用双缩脲法分别检查袋内外液体的蛋白质,再用奈氏试剂检查袋外(烧杯中)液体的 NH$_4^+$,观察透析法除盐的效果。这种方法亦可用于其他蛋白质(如 γ-球蛋白)的脱盐。

另取玻璃纸 1 张,同上法将前面凝胶过滤除盐得到的 γ-球蛋白溶液放入透析袋内,悬于盛有 10ml 浓蔗糖或聚乙二醇溶液的小烧杯内,振荡 1h 以上,观察袋内液体体积的变化。小心收集袋内液体并放入小瓶内,置-20℃冰箱备用。

4. 血清 γ-球蛋白纯度鉴定 以醋酸纤维素薄膜电泳法鉴定。

(五)注意事项

1. 层析柱的胶面要平整,装柱要均匀且无气泡。
2. 上样和加 PBS 液时,要沿管壁缓慢加入,不能冲坏胶面。

【思考题】

1. 本实验在盐析时应注意些什么?
2. 本实验在电泳时应注意些什么?为什么点样端要放在负极?否则会出现什么后果?

(朱文渊)

实验四 细胞 DNA 的分离提取、成分鉴定及含量测定

一、肝细胞核和细胞质的分离

(一)实验目的

掌握动物组织细胞核和细胞质分离的实验方法。

(二)实验原理

动物肝脏用生理盐水制成匀浆,经低速离心,使细胞核沉淀,弃去含细胞质内容物和细胞碎片的上层液体;再用 SSC 溶液悬浮细胞核,然后离心弃上层液,可得到初步纯化的细胞核沉淀。SSC 溶液是含柠檬酸三钠的生理盐水。柠檬酸三钠[或乙二胺四乙酸二钠(EDTA-Na$_2$)]是 2 价金属离子的螯合剂,能消除溶液中的 Mg^{2+},而 Mg^{2+} 是 DNA 酶的激活剂,故抑制 DNA 酶活性。

(三)实验试剂和器材

1. 新鲜肝组织。
2. 1×SSC 溶液(pH7.0) 氯化钠 8.77g(0.15mol)、柠檬酸三钠 4.41g(0.015mol)溶于蒸馏水

1000ml 中。

3. 匀浆器(或研钵)、剪刀、纱布、离心机。

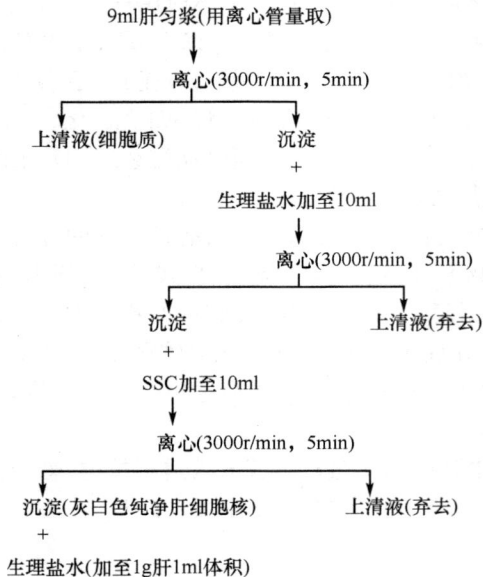

```
        9ml肝匀浆(用离心管量取)
                  ↓
        离心(3000r/min，5min)
          ┌───────────┴───────────┐
      上清液(细胞质)              沉淀
                                   +
                           生理盐水加至10ml
                                   ↓
                      离心(3000r/min，5min)
                    ┌─────────────┴─────────────┐
                 沉淀                      上清液(弃去)
                  +
             SSC加至10ml
                  ↓
        离心(3000r/min，5min)
        ┌─────────────┴─────────────┐
  沉淀(灰白色纯净肝细胞核)        上清液(弃去)
        +
生理盐水(加至1g肝1ml体积)
```

图 3-6　肝细胞核和细胞质的分离纯化示意图

（四）实验步骤

1. 灌洗肝脏　大鼠停食 24h 以上(不给饲料，只给水)，用重物击头致死，剪颈放血，迅速剖开胸腹腔，用注射器吸取预冷的 1×SSC 溶液，从门静脉灌洗肝脏，冲洗肝脏的血液，此时可见肝脏肿大，局部整叶发白，继续灌洗至肝脏发白不留红色斑点为止。

2. 制备匀浆　称取新鲜肝组织 5g，用剪刀剪碎，加入 10ml 预冷的 1×SSC 溶液，在匀浆器中研成匀浆(或放入研钵中充分研磨成肝匀浆)，再加入预冷的 1×SSC 溶液，制成 1 : 6(W : V)的肝匀浆，此过程应在冰浴中进行，匀浆用双层纱布过滤，以除去未打碎的残渣。

以下操作结合流程图 3-6 进行。

3. 分离细胞核与细胞质　用离心管量取 9ml 肝匀浆滤液，以 3000r/min 离心 5min，上清液为初纯细胞质，冰箱保存供提取 RNA 用。沉淀为细胞核部分，用生理盐水洗涤(用玻棒搅起)，用同样转速离心 5min，弃去上清液，保留沉淀。沉淀继续用 1×SSC 溶液洗涤(用玻棒搅起)，以 3000r/min 离心 5min，弃去上清液，沉淀即为灰白色纯净肝细胞核，加生理盐水适量，搅匀，得肝细胞核悬浮液(1g 肝 1ml 体积)。

4. 显微镜观察　取细胞质和核悬液分别置于 2 块载玻片上推成薄片，待干后，用苏木素染色液染 2min，倾去染液，再用伊红染色液染 2min，用自来水冲洗，吸干，分别置于显微镜下观察，染成红色为细胞膜和细胞质，染成蓝色为细胞核部分。此法还可以观察细胞核的纯度。

（五）注意事项

1. 红细胞与细胞核大小相似，而与核一起沉淀，不易分离，故须灌注洗涤肝中红细胞。动物处死到灌洗肝脏动作要迅速，否则血液凝固，不易将红细胞冲走。

2. 制备匀浆和细胞核悬液稀释所用的体积比例，要尽可能准确，以便正确比较各组分含量。

【思考题】

1. 本实验制备匀浆时要注意什么问题？为什么需采用玻璃匀浆器而不能用组织捣碎机？如果制备匀浆时有较多的细胞核被破坏，对结果有何影响？

2. 细胞核纯化过程中，掌握离心速度有何重要意义？

二、肝细胞 DNA 的提取

（一）实验目的

掌握动物组织中 DNA 与 RNA 分离、提取的原理和实验方法。

（二）实验原理

脱氧核糖核酸(DNA)主要(99%)存在于细胞核中，并与组蛋白构成染色质。阴离子去垢剂十二烷基磺酸钠(SDS)使蛋白质变性，而使组蛋白与 DNA 分离，以及使 DNA 酶失活；并且 SDS

还能使细胞膜和核膜裂解,从而使 DNA 释放出来。将氯化钠浓度由 0.15mol/L 调高至 1mol/L,使 DNA 溶解度明显增加,至少是在纯水中溶解度的 2 倍;而 RNA 溶解度降低。再用氯仿-异戊醇抽提,氯仿使蛋白质进一步变性、沉淀;异戊醇可阻止 DNA 溶于氯仿中。DNA 则溶解于抽提液中。经离心,提取上层含 DNA 的抽提液,中层的蛋白质沉淀物和下层的氯仿弃去。最后向抽提液中加入适量的乙醇脱水,DNA 即析出。

(三) 实验试剂和器材

1. 0.05mol/L Tris-HCl-NaCl 缓冲液(pH 7.5)　0.2mol Tris 250ml,NaCl 8.77g(0.15mol)用蒸馏水稀释到 1000ml。

2. 25% 十二烷基磺酸钠(SDS)溶液　25g SDS 溶于 100ml 45% 乙醇中。

3. 95% 乙醇。

4. 氯仿-异戊醇(24:1,V/V)。

5. 固体 NaCl。

6. 离心机、滴管、玻棒。

(四) 实验步骤

以下操作参照流程图 3-7 进行。

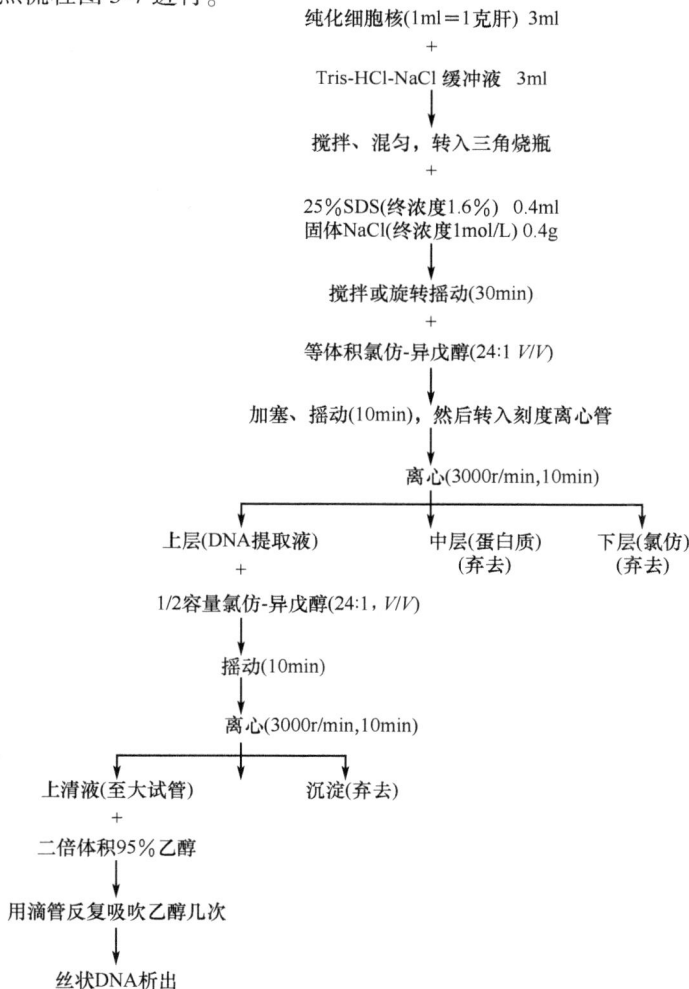

纯化细胞核(1ml＝1克肝) 3ml
+
Tris-HCl-NaCl 缓冲液　3ml

搅拌、混匀,转入三角烧瓶
+
25%SDS(终浓度1.6%)　0.4ml
固体NaCl(终浓度1mol/L) 0.4g

搅拌或旋转摇动(30min)
+
等体积氯仿-异戊醇(24:1 V/V)

加塞、摇动(10min),然后转入刻度离心管

离心(3000r/min,10min)

| 上层(DNA提取液) | 中层(蛋白质)(弃去) | 下层(氯仿)(弃去) |

上层(DNA提取液)
+
1/2容量氯仿-异戊醇(24:1,V/V)

摇动(10min)

离心(3000r/min,10min)

| 上清液(至大试管) | 沉淀(弃去) |

上清液(至大试管)
+
二倍体积95%乙醇

用滴管反复吸吹乙醇几次

丝状DNA析出

图 3-7　纯化肝细胞核中 DNA 提取流程图

1. DNA 与蛋白质分离 　　取上实验中纯化的细胞核,按每克鲜肝加入 1 ~ 1.5 倍体积的 0.05mol/L Tris-HCl-NaCl(pH 7.5)缓冲液,搅拌、混匀,将溶液转入三角瓶中,再慢慢加入 25% SDS 液至最终浓度为 1.6%(共加约 0.4ml),加固体 NaCl 至最终浓度为 1mol/L(0.4g),用玻棒连续搅拌 0.5 ~ 1h,溶液变得黏稠并略带透明,可见有变性蛋白质沉淀,使 DNA 与蛋白质分离。在此过程中核膜也被破裂。

2. 制备 DNA 抽提液 　　加入同体积氯仿-异戊醇(24 ∶ 1,V/V),加塞,摇动 10min,转入离心管,3000r/min 离心 10min,离心管内溶液分三层,最下面是氯仿层,中层是蛋白质,上层是 DNA 的抽提液。吸取上层液,加 1/2 容量氯仿-异戊醇,摇动 10min,3000r/min 离心 10min,上层是初步纯化的 DNA 抽提液。

3. DNA 析出 　　吸取上层液置另一试管中,用二倍体积的 95% 乙醇慢慢铺在抽提液上层,用滴管反复吸吹乙醇几次,见丝状 DNA 析出,分离丝状 DNA 于另一干净试管。

注意:为使得到 DNA 分子不被破坏,除 SDS 其余试剂均需预冷,搅拌与摇动不需过大力。

【思考题】

1. DNA 和 RNA 在细胞内的分布,存在形式如何? 本实验用什么方法除去核酸中的蛋白质?
2. 为什么加入一定量的浓乙醇于 DNA 抽提液中,DNA 会析出?

三、DNA 的鉴定

(一) 实验目的

熟悉 DNA 与 RNA 成分鉴定的原理和实验方法。

(二) 实验原理

核酸由单核苷酸组成,DNA 和 RNA 均可被硫酸水解产生磷酸、有机碱(嘌呤碱与嘧啶碱)和戊糖(RNA 为核糖,DNA 为脱氧核糖),用下列方法就可鉴定其水解成分。

1. 磷酸的鉴定 　　磷酸能与钼酸铵作用产生磷钼酸,后者在还原剂氨基萘酚磺酸或维生素 C 作用下形成蓝色的钼蓝。

2. 嘌呤碱的鉴定 　　嘌呤碱能与硝酸银产生灰白色的絮状嘌呤银化合物沉淀物。

3. 脱氧核糖的鉴定 　　脱氧核糖在浓酸中生成 ω-羟基-γ-酮基戊醛,它和二苯胺作用生成蓝色化合物。

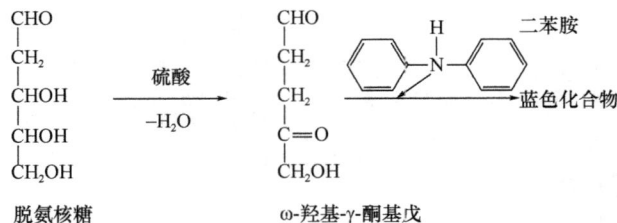

脱氧核糖　　　　　　　　ω-羟基-γ-酮基戊

(三) 实验试剂和器材

1. 钼酸铵试剂 　　2.5g 钼酸铵溶于 20ml 蒸馏水,加 10N H_2SO_4 30ml,最后用蒸馏水稀释至 100ml,放置冰箱保存一个月不变质。

2. 氨基萘酚磺酸试剂 　　取 195ml 的 15% $NaHSO_3$ 溶液(溶液必须透明),加 0.5g 氨基萘酚磺酸及 20% Na_2SO_3 溶液 5ml,并在热水中搅拌使固体溶解(如不能全部溶解,可再加 20% Na_2SO_3 溶液,每次数滴,但加入量以 1ml 为限度),此为储存液,置于冰箱可保存 2 ~ 3 周,如颜色变黄时,须重新配制。应用时可将储存液用蒸馏水稀释 10 倍。

3. 二苯胺试剂 　　取 1g 纯的二苯胺溶于 100ml 蒸馏的冰乙酸中,加入 2.75ml 浓硫酸,放置棕色瓶中,此试剂需临时配制。

4. 5% $AgNO_3$(或饱和苦味酸)。

5. 5% H_2SO_4。

6. 4% 维生素 C。

7. 试管、电炉。

(四) 实验步骤

1. DNA水解　在上述制备的丝状DNA试管内,加入5% H_2SO_4 4ml,在沸水浴中加热10min得到DNA水解液。

2. 嘌呤碱的鉴定　取两支试管,操作见表3-21。

表 3-21　嘌呤碱的鉴定表

管号	水解液	5% H_2SO_4	浓氨水	5% $AgNO_3$
对照管	—	20滴	2~3滴(呈碱性)	10滴
测定管	20滴	—	2~3滴(呈碱性)	10滴

摇匀,静置15min,观察两管中变化。

3. 磷酸的鉴定　取两支试管,操作见表3-22。

表 3-22　磷酸的鉴定表

管号	水解液	5% H_2SO_4	钼酸铵试剂	维生素 C
对照管	—	10滴	5滴	6滴
测定管	10滴	—	5滴	6滴

摇匀,静置数分钟,观察两管颜色的变化。

4. 脱氧核糖的鉴定　取两支试管,操作见表3-23。

表 3-23　脱氧核糖的鉴定表

管号	水解液	5% H_2SO_4	二苯胺试剂
对照管	—	20滴	30滴
测定管	20滴	—	30滴

摇匀,将两管同时放入沸水浴内加热10min,观察两管颜色的变化。

【思考题】

1. DNA 和 RNA 在组成上有何不同? 本实验中用了什么方法进行 DNA 成分鉴定?

2. 将核酸进行降解,可采用什么方法处理? 本实验为何不用其他方法进行处理,而用酸进行水解?

四、核酸含量的测定

核酸由单核苷酸组成,后者含碱基、戊糖、磷酸,三者的比例几乎相等。因此,测定其中任一种组成成分的量,均可借以计算出核酸制品中核酸的含量并判定其纯度。

I. 紫外吸收法测定核酸含量

(一) 实验目的

熟悉核酸含量测定的方法。

（二）实验原理

嘌呤碱和嘧啶碱分子中存在着共轭双键，因此它们在波长 $\lambda_{250nm} \sim \lambda_{280nm}$ 处有强烈的吸收峰。各种核酸所含碱基的种类和其比例各不相同，各种碱基的吸收峰（或最大吸收波长 λ_{max}）也不尽相同，但大多数核酸的 λ_{max} 均接近 260nm 处，吸收强度与核酸浓度呈线性关系，所以通过测定核酸制品溶液在 260nm 处的吸收强度，即可计算出核酸制品溶液中核酸的含量和纯度。

紫外吸收强度可用摩尔消光系数（molar extinction coefficient）即 ε 表示。摩尔消光系数一般指物质浓度为 1 mol/L 液层厚度为 1 cm 时，在其特定波长下的吸光度（A）。当 ε 已知，又测得待测样品溶液在同样液层厚度和特定波长下的 A 值，即可求得其浓度 C：

$$C = \frac{A}{\varepsilon}$$

核酸的 ε 通常以每升含 1mol 磷的溶液在 260nm 的吸光度（A_{260nm}）表示，即 $\varepsilon(p)$ 或 Ep。小牛胸腺 DNA 钠盐的 Ep_{260nm}（pH 7.0）= 6 600，含磷量为 9.2%，因此每毫升含 1μg DNA 钠盐溶液的 A_{260nm} = 0.020；RNA 的 Ep_{260nm}（pH 7.0）= 7700 ~ 7800，含磷量为 9.5%，因此每毫升含 1μg RNA 溶液的 A_{260nm} = 0.022。因此，当用紫外分光光度法测定核酸时，一般规定：在 260nm 波长处，每毫升含 1μg DNA 溶液的 A_{260nm} = 0.020，而 RNA 则相应为 A_{260nm} = 0.022。

（三）实验试剂和器材

1. DNA 制品待测液和 RNA 制品待测液。

2. 紫外分光光度计。

（四）实验操作

1. 将 DNA 制品待测液和 RNA 制品待测液，分别稀释成含 50μg/ml 及 25μg/ml 的 DNA 溶液和 RNA 溶液。

2. 吸取 DNA 溶液（50μg/ml 及 25μg/ml）和 RNA 溶液（50μg/ml 及 25μg/ml）各 5ml 分别置于 4 支离心管中，3000r/min 离心 10min 以除去不溶性杂质。

3. 以蒸馏水作空白，用紫外分光光度计，分别测定各管上清液在 260nm 处的吸光度（A_{260nm}）。

（五）结果计算

核酸浓度的计算：　　　　DNA 浓度（μg/ml）= A_{260nm}/0.020

RNA 浓度（μg/ml）= A_{260nm}/0.022

DNA 和 RNA 制品纯度的计算：

$$核酸纯度(\%) = \frac{样品待测液中测得的核酸浓度(μg/ml)}{样品待测液的核酸制品浓度(μg/ml)} \times 100\%$$

将上述两种浓度两种核酸的样品待测液测定出的 DNA% 和 RNA% 的平均数，分别作为制品中 DNA 和 RNA 的百分含量。

Ⅱ. 二苯胺显色法测定 DNA 含量

（一）实验原理

DNA 含有 2-脱氧核糖，通过测定其含量可以推算出 DNA 含量。在强酸条件下，DNA 水解产生磷酸、嘌呤、嘧啶与脱氧核糖。脱氧核糖在酸性条件下脱水生成 ω-羟基-γ-酮基戊醛，它与二苯胺反应生成蓝色化合物，在 595nm 处有最大吸收，反应见核酸的鉴定。

DNA 在 40 ~ 400μg/ml 范围内，吸光度值与 DNA 浓度成正比，与同样处理的标准 DNA 比较，可求出样品中 DNA 的含量。在反应液中加入少量乙醛，可提高反应灵敏度。此法特异性较差，脱氧木糖和阿拉伯糖也有同样反应，但其他多数糖类（包括核糖）一般无此反应。

（二）实验试剂和器材

1. DNA 标准液（200μg/ml）　用分析天平精确称取小牛胸腺 DNA 钠盐 10mg，以 0.01mol/L NaOH 溶解，定容至 50ml，此浓度即为 200μg/ml。DNA 较难溶解，可在实验前一天配制。

2. 肝细胞 DNA 样品待测液（100μg/ml）　配制法方同试剂 1。

3. 二苯胺试剂　称取二苯胺结晶 1 g，溶于 100ml 冰乙酸中，再加入 2.75ml 浓硫酸，混匀，放置棕色瓶中备用。临用前，再加入 0.5ml 1.6% 乙醛。本试剂应为无色。

4. 分光光度计、恒温水浴。

（三）实验操作

取 3 支试管，编号，按表 3-24 操作。

表 3-24　二苯胺显色法测定 DNA 含量的步骤

溶液名称（ml）	空白管	标准管	待测管
蒸馏水	2.0	—	—
DNA 标准液（200μg/ml）	—	2.0	—
核酸水解液	—	—	2.0
二苯胺试剂	4.0	4.0	4.0

将上述各管立即混匀，沸水浴中加热 15min，取出冷却后，在 595nm 波长处，以空白管调零，测定吸光度 A。

（四）结果计算

$$样品 DNA 含量（μg/100mg 肝组织）=\frac{样品待测管的吸光度 A}{标准管的吸光度 A}×标准管 DNA 含量×\frac{10}{2}×\frac{100}{1000}$$

（五）注意事项

1. 二苯胺试剂仅能与嘌呤核苷酸中的脱氧核糖反应，因此测定的可靠性受到不同来源的 DNA 中嘌呤与嘧啶核苷酸比例变化的限制，为提高测定的准确度，应使用经纯化的其含磷量已知的小牛胸腺 DNA 作为标准品进行校正。

2. 二苯胺试剂是用冰乙酸和浓硫酸配制的，浓酸具有高度腐蚀性，易引起严重的烧伤，在操作中应注意，不要洒在身上、桌上及仪器上，比色后的废液，倒入废液缸中。

Ⅲ. 地衣酚显色法测定 RNA 含量

（一）实验原理

RNA 在强酸溶液中水解后，其核糖部分可被浓酸缩水形成糠醛，后者能和 3,5-二羟甲苯反应，在 Fe^{3+} 或 Cu^{2+} 催化下，生成鲜绿色化合物，反应物在 670nm 处有最大吸收。

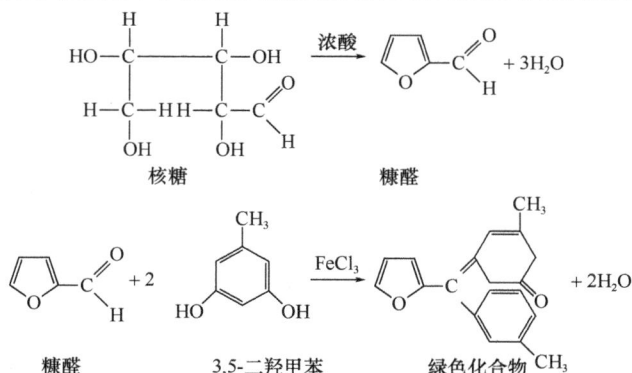

RNA 浓度在 $10 \sim 100\mu g/ml$ 范围内,吸光度值与 RNA 浓度成正比,与同样处理的标准 RNA 液比较,可求出样品中 RNA 的含量,反应如下:

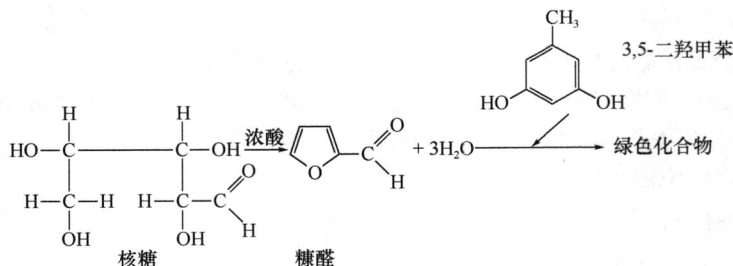

(二) 实验试剂和器材

1. 3,5-二羟甲苯试剂　取比重为 1.19 HCl 100ml,加入 $FeCl_3 \cdot 6H_2O$ 100mg,重结晶 3,5-二羟甲苯 100mg,混匀溶解后,置于棕色瓶中,此试剂可用 1 周,颜色变绿即已变质,不能使用。

2. RNA 标准液　准确称取 40mg 纯 RNA,加几滴 0.1mol/L NaOH 使其溶解,加蒸馏水至 100ml,此液稀释 10 倍,为每毫升含 $40\mu g$ RNA。

3. 0.1mol/L NaOH。

4. 分光光度计、恒温水浴。

(三) 实验操作

取 3 支试管,编号,按表 3-25 操作。

表 3-25　地衣酚显色法测定 RNA 含量的步骤

溶液名称(ml)	空白管	标准管	待测管
蒸馏水	2.0	—	1.9
RNA 标准液(40μg/ml)	—	2.0	—
核酸水解液	—	—	0.1
3,5-二羟甲苯试剂	3.0	3.0	3.0

充分混匀后,置沸水浴中煮沸 25min,取出冷却,在 670nm 波长处比色,以空白管调零,读取吸光度 A。

(四) 结果计算

$$样品 RNA 含量(\mu g/100mg 肝组织) = \frac{样品待测管的吸光度 A}{标准管的吸光度 A} \times 标准管 RNA 含量 \times \frac{1}{0.1} \times 10 \times \frac{100}{1000}$$

(五) 注意事项

1. 微量 DNA 对此反应无影响,较多时有干扰作用,如在反应中加入适量的 $FeCl_3$ 可减少 DNA 的干扰。有些己糖,在持续加热后生成的羟甲基糠醛也能与 3,5-二羟甲苯反应,产生显色复合物。我们可以利用 RNA 与 DNA 显色复合物的最大光吸收不同,以及在不同时间内,显色最大色度不同加以区分。反应 2min 后,DNA 在 600nm 处呈现最大光吸收,而 RNA 则在反应 15min 后,在 670nm 处呈现最大光吸收。

2. 3,5-二羟甲苯重结晶的方法　溶于煮沸的苯中,加少量活性炭脱色,过滤,加少量己烷放置重结晶。

3. 3,5-二羟甲苯试剂是用浓盐酸配制的,浓酸具有高度腐蚀性,易引起严重的烧伤,在操作中应注意,不要洒在身上、桌上及仪器上,比色后的废液,倒入废液缸中。

【思考题】

1. 测定核酸含量依据什么原理?有哪些方法?

2. 如要快速简便地区分 RNA 和 DNA,应采用什么颜色反应?为什么?

3. 紫外吸收法测定样品的核酸含量,有何优缺点?

4. 蛋白质和核苷酸于 260nm 处均有吸收紫外光的性质,若核酸样品中混杂有这些物质,如何排除干扰?

（黄　炜）

实验五　离子交换层析等方法纯化鸡卵黏蛋白及其活性测定

（一）实验目的

1. 了解蛋白质分离纯化的策略和实验设计。

2. 掌握离子交换层析法的原理和方法。

3. 掌握鸡卵黏蛋白抑制胰蛋白酶活性测定法。

（二）实验原理

鸡卵黏蛋白(ovomucoid)是鸡卵清中的一种糖蛋白,分子量约 $2.8×10^4$,等电点在 pH 3.6 ~ 4.5 之间,在 280nm 处的消光系数为 4.13,即蛋白质浓度为 1mg/ml 时溶液的吸光度 A_{280} = 0.413。它是胰蛋白酶的特异抑制剂,常用于胰蛋白酶的酶学性质的研究,也可将其制成亲和吸附剂,通过亲和层析技术有效的分离和纯化胰蛋白酶。

鸡卵类黏蛋白在中性及酸性溶液中,对热、丙酮和高浓度尿素等均有较高的耐受性,但在碱性溶液中不稳定。本实验利用这种蛋白质的理化特性设计蛋白质纯化的流程,首先用酸沉淀法去除鸡蛋清中大部分杂蛋白,用冷丙酮沉淀法分离获得鸡卵黏蛋白粗制品,经 SephadexG-25 凝胶层析法或透析脱盐后,进行离子交换层析分离纯化,最后调至等电点经冷丙酮沉淀获得纯化的鸡卵黏蛋白。纯化产物用 280nm 紫外测定蛋白质含量并用胰蛋白酶抑制实验测定其抑制活性。

鸡卵黏蛋白对胰蛋白酶活性有抑制作用,其原理是胰蛋白酶能催化蛋白质的水解,对于由碱性氨基酸(精氨酸、赖氨酸)的羧基与其他氨基酸的氨基所形成的键具有高度的专一性。因此可利用含有这些键的酰胺或酯类化合物作为底物来测定胰蛋白酶的活力。本测定法用人工合成的苯甲酰-L-精氨酸乙酯(简称 BAEE)为底物,测定胰蛋白酶催化酯键水解产物 N-苯甲酰-L-精氨酸在 235nm 紫外光吸收值,以 25℃ 每分钟吸收值增加 0.001 为胰蛋白酶的 1 个 BAEE 单位。1 分子鸡卵黏蛋白能抑制 1 分子胰蛋白酶,1mg 鸡卵黏蛋白能抑制 0.86g 高纯度的胰蛋白酶,以此比例抑制试验以鉴定鸡卵黏蛋白的抑制活性。

（三）实验器材和试剂

1. 主要器材　35nm×400nm 层析柱及层析架、pH 计、核酸蛋白检测仪、紫外分光光度仪、试管。

2. 试剂

（1）磷酸盐缓冲液:0.02 mol/L、pH 6.5。

（2）10% 三氯乙酸。

（3）5mol/L NaOH。

（4）丙酮。

（5）SephadexG-25：称 30g SephadexG-25，加 500ml 0.02 mol/L pH 6.5 磷酸盐缓冲液溶胀 24h。

（6）DEAE-纤维素粉（DE-52）预处理：称 DE-52 20g，用 200ml 含 0.5 mol/L NaOH 和 0.5 mol/L NaCl 溶液浸泡 20min，转移到布氏漏斗（内垫 200 目尼龙膜）抽滤，用蒸馏水洗至 pH 6.0，抽干后转移到烧杯中，用 0.5 mol/L HCl 浸泡 20min，再转移到布氏漏斗抽滤，蒸馏水洗至 pH 6.0，抽干后转移到烧杯，用 0.02 mol/L、pH6.5 磷酸盐缓冲液浸泡片刻后，置于真空干燥器内减压抽气。

（7）0.05 mol/L pH8.0 Tris-HCl 缓冲液

（8）2mmol/L BAEE 底物液：取 0.05 mol/L pH8.0 Tris-HCl 缓冲液 50ml，加 BAEE 34mg，CaCl$_2$ 100mg。

（9）胰蛋白酶溶液：将胰蛋白酶用 0.001mol/L HCl 配成 0.1mg/ml（临用前配制）。

（10）0.1mg/ml 鸡卵黏蛋白溶液：用 0.001mol/L HCl 配制。

（四）实验操作

1. 鸡卵黏蛋白粗制品制备

（1）沉淀杂蛋白：取鸡蛋清 100ml，加入等体积的 10% 三氯乙酸，边加边搅拌。用 5mol/L NaOH 或 10% 三氯乙酸将溶液 pH 调节至 pH 3.5±0.02。此时溶液黏稠，调 pH 时要充分搅匀，以防止局部过酸或过碱。溶液室温静置 4h 以上，待蛋白质充分沉淀后，3500r/min 离心 10min，回收的上清再用滤纸过滤除去脂类等物质，记录滤液体积。

（2）冷丙酮沉淀：检查并调整 pH 至 3.5，将过滤液置于冰水浴中预冷后，边搅拌边往其中缓慢加入 3 倍体积的预冷丙酮。将充分搅拌后的溶液静置冰水浴中 4h 以上。待蛋白充分沉淀后小心去除部分上清，剩下的混悬液于 3500r/min 离心 15min，取沉淀于真空干燥器内抽气除去残留的丙酮。沉淀用 40ml 蒸馏水溶解，如有不溶物质，可用滤纸过滤除去，得到鸡卵黏蛋白粗提取液。

2. 离子交换层析纯化鸡卵黏蛋白

（1）鸡卵黏蛋白粗提取液需要脱盐处理才能用于离子交换层析处理。脱盐方式有凝胶层析脱盐或直接对离子交换层析洗脱缓冲液透析。本实验采用 SephadexG-25 凝胶层析脱盐。凝胶层析脱盐：取溶胀好的 SephadexG-25 装柱（柱体积约 150ml）。用 2 倍上述磷酸盐缓冲液流洗平衡，流出液在蛋白质检测仪上绘出稳定的基线或流出液 A_{280nm}<0.02 即可。

（2）取 20ml 鸡卵黏蛋白粗提取液上柱（上样量要少于柱体积的 1/6），用上述磷酸盐缓冲液洗脱，控制流速在 10 滴/分，分管收集（每管约 2ml）。根据蛋白检测仪的洗脱曲线（或测每个收集管的值 A_{280nm} 值，以 A_{280nm} 值为纵坐标，管号为横坐标），合并第一个吸收峰各管溶液，用于离子交换层析。

（3）装柱：将预处理好的 DEAE-纤维素粉（DE-52）混悬液转入层析柱中，用 0.02 mol/L、pH 6.5 磷酸盐缓冲液淋洗平衡至流出液在蛋白质检测仪上绘出稳定的基线或流出液 A_{280nm}<0.02 即可。

（4）加样：调节流出液流速为 1ml/min，待柱中纤维素表面的磷酸盐缓冲液液面刚好流完时用滴管缓慢加入上述已经脱盐并与磷酸盐缓冲液透析平衡的鸡卵黏蛋白溶液，待全部样品流入纤维素内后开始洗脱。

（5）洗脱：先用少量 0.02 mol/L、pH 6.5 磷酸盐缓冲液淋洗管壁将黏附于层析管壁的样品全部洗入纤维素内。继续用上述磷酸盐缓冲液洗脱，洗脱的流速同上不变，洗去未被吸附的杂蛋白，直至蛋白质检测仪上绘出稳定的基线。更换洗脱液，用含 0.3 mol/L NaCl 的 0.02 mol/L、pH 6.5 磷酸盐缓冲液继续洗脱。分管收集，每管 5ml。观察记录曲线可出现 1 个小的蛋白峰（鸡卵清蛋白），然后出现一个大的蛋白峰，即为鸡卵黏蛋白。

（6）将鸡卵黏蛋白峰各管溶液合并，装入透析袋中对蒸馏水透析，间隔 4~6h 换液一次，直至 $AgNO_3$ 检查无氯离子为止。取出 1ml，适当倍数稀释后，在紫外分光光度计上，280nm 处测定鸡卵类黏蛋白的含量。

3. 等电点及丙酮沉淀法纯化鸡卵黏蛋白　经充分透析的鸡卵黏蛋白溶液用 1 mol/L HCl 调到 pH 4.0，然后加入 3 倍体积预冷的丙酮沉淀鸡卵黏蛋白，冰浴静置 4h 以上，待沉淀完全后倾去部分上清，下层液体 3500r/min 离心 15min，回收沉淀。沉淀经真空抽干得透明胶状物为鸡卵黏蛋白。

4. 鸡卵黏蛋白抑制胰蛋白酶活性试验

（1）胰蛋白酶活性的测定：将 BAEE 底物液和胰蛋白酶溶液预先于 25℃ 恒温，测定在 25℃ 进行。取两支石英杯，其中一支作为空白对照，加入 0.05 mol/L pH 8.0 Tris-HCl 缓冲液 1.5ml、0.001mol/L HCl 0.2ml，另一支比色杯为样品杯，加入 0.05 mol/L pH 8.0 Tris-HCl 缓冲液 1.5ml、0.001mol/L HCl 0.1ml 和胰蛋白酶液 0.1ml。两杯各加入 2mmol/L BAEE 底物液 1.5ml，立刻加盖倒转混匀并在紫外分光光度仪上测定样品杯的 A_{253nm} 读数。用秒表计时，每 30s 读一次数，测 8~10 次，待 A_{253nm} 上增加值趋于平缓后停止测定，取光吸收呈直线增加部分计算每分钟平均增加值（$A1$）。

$$胰蛋白酶 BAEE 活性单位 = 每分钟 \Delta A_{253nm} 值/0.001$$

（2）鸡卵黏蛋白抑制活性测定：先将所有测定溶液在 25℃ 恒温，并在此温度下进行测定。取两支石英杯，其中一支作为空白对照，加入 0.05 mol/L pH 8.0Tris-HCl 缓冲液 1.5ml、0.001mol/L HCl 0.2ml，另一支比色杯为样品杯，加入 0.05 mol/L pH 8.0Tris-HCl 缓冲液 1.5ml、0.1mg/ml 鸡卵黏蛋白溶液 0.1ml 和胰蛋白酶液 0.1ml，混合后放置 2min。然后两杯各加入 2mmol/L BAEE 底物液 1.5ml，立即混匀并以空白杯调零测读样品杯的 ΔA_{253nm} 值，每分钟测一次，10~15 次，取呈直线增加部分计算每分钟平均增加值（$A2$）。

计算：鸡卵黏蛋白对胰蛋白酶的抑制活性（BAEE 单位）= $(A1-A2)/0.001$

【思考题】

1. 在鸡卵黏蛋白的提取、分离及纯化过程中，直接影响产率的是哪几步？
2. 鸡卵黏蛋白抑制胰蛋白酶活性试验操作过程中应当注意什么？

（欧阳永长）

实验六　蛋白质的原核表达、分离、纯化和鉴定

一、蛋白质的原核表达、分离、纯化

（一）实验目的

1. 了解蛋白质原核表达的方法和意义。

2. 了解重组蛋白亲和层析分离纯化的方法。

（二）实验原理

原核表达指通过基因克隆技术，将外源目的基因，通过构建表达载体并导入表达菌株的方法，使其在特定原核生物或细胞内表达。这种方法在蛋白纯化、定位及功能分析等方面都有应用。大肠杆菌用于表达重组蛋白有以下特点：

易于生长和控制；用于细菌培养的材料不及哺乳动物细胞系统的材料昂贵；有各种各样的大肠杆菌菌株及与之匹配的具各种特性的质粒可供选择。但是，在大肠杆菌中表达的蛋白由于

缺少修饰和糖基化、磷酸化等翻译后加工,常形成包涵体而影响表达蛋白的生物学活性及构象。

原核表达一般程序:获得目的基因→准备表达载体→将目的基因插入表达载体中(测序验证)→转化表达宿主菌→诱导靶蛋白的表达→表达蛋白的分析→扩增、纯化、进一步检测。

大肠杆菌是目前应用最广泛的蛋白质表达系统,其表达外源基因产物的水平远高于其他基因表达系统,表达的目的蛋白量甚至能超过细菌总蛋白量的80%。本实验中,携带有目的蛋白基因的质粒在大肠杆菌 BL21 中,在 37℃,IPTG 诱导下,超量表达携带有 6 个连续组氨酸残基的重组氯霉素酰基转移酶蛋白,该蛋白可用一种通过共价偶联的次氨基三乙酸(NTA)使镍离子(Ni^{2+})固相化的层析介质加以提纯,实为金属螯合亲和层析(MCAC)。蛋白质的纯化程度可通过聚丙烯酰胺凝胶电泳进行分析。

(三) 实验试剂和器材

1. 试剂

(1)LB 液体培养基:Trytone 10g,酵母提取物 5g,NaCl 10g,用蒸馏水配至 1000ml。

(2)氨苄青霉素:100mg/ml。

(3)上样缓冲液:100mmol/L NaH_2PO_4,10mmol/L Tris,8mol/L 尿素,10mmol/L 2-ME,pH 8.0。

(4)清洗缓冲液:100mmol/L NaH_2PO_4,10mmol/L Tris,8 mol/L 尿素,pH 6.3。

(5)洗脱缓冲液:100mmol/L NaH_2PO_4,10mmol/L Tris,8mol/L 尿素,500mmol/L 咪唑,pH 8.0。

(6)IPTG:终浓度为 1mmol/L。

2. 器材

摇床,离心机,层析柱(1 cm×10 cm),超声破碎仪。

(四) 实验操作

1. 氯霉素酰基转移酶重组蛋白的诱导

(1)接种含有重组氯霉素酰基转移酶蛋白的大肠杆菌 BL21 菌株于 5ml LB 液体培养基中(含 100μg/ml 氨苄青霉素),37℃震荡培养过夜。

(2)转接 1ml 过夜培养物于 100ml(含 100μg/ml 氨苄青霉素)LB 液体培养基中,37℃震荡培养至 A_{600} = 0.6 ~ 0.8。取 10μl 样品用于 SDS-PAGE 分析。

(3)加入 IPTG 至终浓度 0.5mmol/L,37℃继续培养 1 ~ 3h。

(4)12 000r/min 离心 10min,弃上清,菌体沉淀保存于 -20℃ 或 -70℃ 冰箱中。

2. 氯霉素酰基转移酶重组蛋白的分离、纯化

(1)NTA 层析柱的准备:在层析柱中加入 1ml NTA 介质,并分别用 8ml 去离子水,8ml 上样缓冲液洗涤。

(2)重组蛋白的变性裂解:在冰浴中冻融菌体沉淀,加入 5ml 上样缓冲液,用吸管抽吸重悬,超声波破裂菌体。超声条件为:功率水平 40W,脉冲粉碎 30s,间歇 40s,在冰上旋转、超声 50次。用振荡器等轻柔的混匀样品 60min,4℃ 12 000r/min 离心 30min,将上清吸至一个干净的容器中,并弃沉淀。取 10μl 上清样品用于 SDS-PAGE 分析。

(3)上清样品以 10 ~ 15ml/h 流速上 Ni^{2+}-NTA 柱,收集流出液,取 10μl 样品用于 SDS-PAGE 分析。

(4)洗脱杂蛋白:用清洗缓冲液以 10 ~ 15ml/h 流速洗柱,直至 A_{280} = 0.01,分步收集洗脱液,3 ~ 4h,取 10μl 洗脱开始时的样品用于 SDS-PAGE 分析。

(5)洗脱目标蛋白:用洗脱缓冲液洗柱,收集每 1ml 级分,分别取 10μl 样品用于 SDS-PAGE 分析。

二、蛋白质的鉴定

（一）实验目的

1. 了解 SDS-聚丙烯酰胺凝胶电泳实验原理。
2. 掌握凝胶电泳实验操作规程。

（二）实验原理

电泳可用于分离复杂的蛋白质混合物,研究蛋白质的亚基组成等。在聚丙烯酰胺凝胶电泳中,凝胶孔径,蛋白质电荷,大小,性质等因素共同决定了蛋白质的电泳迁移率。

蛋白质在聚丙烯酰胺凝胶中电泳时,它的迁移率取决于它所带净电荷以及分子的大小和形状等因素。但如果加入某种试剂使电荷因素消除,则电泳迁移率就取决于分子的大小,就可以用电泳技术测定蛋白质的分子量。十二烷基硫酸钠(SDS)就具有这种作用。在蛋白质溶液中加入足够量 SDS 和巯基乙醇,SDS 可使蛋白质分子中的二硫键还原,蛋白质-SDS 复合物带上相同密度的负电荷,并可引起蛋白质构象改变,使蛋白质在凝胶中的迁移率,不再受蛋白质原的电荷和形状的影响,而取决于分子量的大小,因此聚丙烯酰胺凝胶电泳可以用于测定蛋白质的分子量。

SDS 聚丙烯酰胺凝胶电泳大多在不连续系统中进行,其电泳槽缓冲液的 pH 与离子强度不同于配胶缓冲液。该凝胶包括积层胶和分离胶两部分。当两电极间接通电流后,凝胶中形成移动界面,并带动加入凝胶的样品中的 SDS 多肽复合物向前推进。样品通过高度多孔性的积层胶后,复合物在分离胶表面聚集成一条很薄的区带(或称积层)。由于不连续缓冲系统具有把样品中的复合物全部浓缩于极小体积的能力,从而大大提高了 SDS 聚丙烯酰胺凝胶的分辨率,使蛋白依各自的大小得到分离。

（三）实验试剂和器材

1. 试剂

（1）30% Acr-Bis 储存液:30g Acr, 0.8g Bis,用无离子水溶解后定容至 100ml,不溶物过滤去除后置棕色瓶储存于冰箱。

（2）1.5mol/L Tris(pH 8.8)。

（3）10%（W/V）SDS。

（4）10% 过硫酸铵:4℃保存。

（5）TEMED。

（6）3×SDS 凝胶加样缓冲液:50mmol/L Tris-HCl(pH 6.8),300mmol/L DTT,6% SDS,0.6% 溴酚蓝,30% 甘油。

（7）5×Tris-甘氨酸电泳缓冲液:15.1g Tris 碱,94g 甘氨酸(电泳级),50ml 10% SDS,配至 1000ml。

（8）考马斯亮蓝染液:0.25g 考马斯亮蓝 R250 溶于 90ml 甲醇:水(1:1)和 10ml 冰乙酸的混合液中。

（9）脱色液:水:乙酸:乙醇=6.7:0.8:2.5。

2. 器材　DYCZ-24D 型垂直板电泳槽,移液管(1ml、5ml、10ml),烧杯(25ml、50ml、100ml),细长头的吸管,微量注射器(10μl 或者 50μl)。

（四）实验操作

1. SDS 聚丙烯酰胺凝胶的配置

（1）安装玻璃板,检查漏液情况。

（2）制备分离胶:按表 3-26 分离胶所示,依次在试管中混合各成分,一旦加入 TEMED 后,凝胶马上开始聚合,故应立即快速悬动混合物,迅速在两玻板的间隙中灌注丙烯酰胺溶液,注意流出积层胶所需空间。并在其上覆盖一层水或异丁醇溶液。将凝胶垂直放置于室温下。分离胶聚合后(约30min),倒出覆盖层液体,用枪将残留液体吸净。

制备浓缩胶:按表3-26浓缩积层胶所示,依次在试管中混合各成分,一旦加入TEMED后,应立即快速悬动混合物,迅速在分离胶上灌注浓缩胶溶液,并立即在浓缩胶溶液中插入干净的电泳梳,小心避免混入气泡。将凝胶垂直放置于室温下。

表3-26 SDS聚丙烯酰胺凝胶的配置

分离胶(5ml)					
水	30%丙烯酰胺	1.5mol/L Tris(pH 8.8)	10% SDS	10% 过硫酸铵	TEMED
1.1ml	2.5ml	1.3ml	50μl	50μl	2μl
浓缩胶(4ml)					
水	30%丙烯酰胺	1mol/L Tris(pH 8.8)	10% SDS	10% 过硫酸铵	TEMED
2.7ml	0.67ml	0.5ml	40μl	40μl	4μl

2. 上样样品的处理　将样品置于1×SDS凝胶加样缓冲液中,在100℃加热5min使蛋白质变性。加热后3000r/min离心1min。

3. 电泳

(1) 浓缩胶聚合完全后(约30min),将凝胶固定于电泳装置上,并加入Tris-甘氨酸电泳缓冲液,然后小心移出电泳梳。

(2) 按预定顺序加样,小心缓慢加入样品,每样品加12μl。

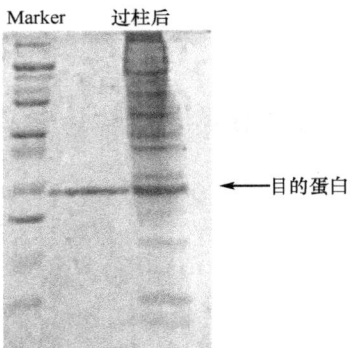

图3-8　目的蛋白分离纯化

(3) 将电泳与电源相接,凝胶上所加电压为8V/cm,当染料前沿进入分离胶后,把电压提高到15V/cm,继续电泳直至溴酚蓝到达分离胶底部(约4h),然后关闭电源。

(4) 将玻璃板从电泳装置上卸下,并将凝胶取出,在第一点样孔侧的凝胶上切去一角以标注凝胶的方位。

4. 考马斯亮蓝染色

(1) 用染液浸泡凝胶,用保鲜膜封好,略微加热,放在水平摇床上染色15min,重复加热染色1次。

(2) 移出并回收染液,将凝胶浸泡于脱色液中,用保鲜膜封好,略微加热,放在水平摇床上脱色30min,更换脱色液,直至检出蛋白质条带。

(3) 拍照并分析蛋白质的诱导,表达,分离纯化情况。

(戴建威)

第四节　分子生物学实验

实验一　感受态细胞制备及外源DNA的转化

(一) 实验目的

1. 掌握将外源质粒DNA转入受体菌细胞并筛选转化体的方法。
2. 掌握氯化钙法制备大肠杆菌感受态细胞的方法。

3. 了解转化的概念及其在分子生物学研究中的意义。

（二）实验原理

在基因克隆技术中,转化特指将质粒 DNA 或以其为载体构建的重组 DNA 导入细菌体内,使之获得新的遗传特性的一种方法。它是微生物遗传、分子遗传、基因工程等研究领域的基本实验技术之一。

受体细胞经过一些特殊方法(如电击法、CaCl₂ 等化学试剂法)处理后,使细胞膜的通透性发生变化,成为能容许外源 DNA 分子通过的感受态细胞。进入细胞的 DNA 分子通过复制、表达实现遗传信息的转移,使受体细胞出现新的遗传性状。

大肠杆菌的转化常用化学法(CaCl₂ 法),该法最先是由 Cohen 于 1972 年发现的。其原理是细菌处于 0℃,CaCl₂ 的低渗溶液中,细菌细胞膨胀成球形,转化混合物中的 DNA 形成抗 DNase 的羟基-钙磷酸复合物黏附于细胞表面,经 42℃ 短时间热冲击处理,促使细胞吸收 DNA 复合物,在丰富培养基上生长数小时后,球状细胞复原并分裂增殖,被转化的细菌中,重组子中基因得到表达,在选择性培养基平板上,可选出所需转化子。

Ca^{2+} 处理的感受态细胞,其转化率一般能达到 $5×10^6 \sim 2×10^7$ 转化子/μg 质粒 DNA,可以满足一般的基因克隆试验。如在 Ca^{2+} 的基础上,联合其他的二价金属离子(如 Mn^{2+}、Co^{2+})、DMSO 或还原剂等物质处理细菌,则可使转化率提高 100 ~ 1000 倍。

化学法简单、快速、稳定、重复性好,菌株适用范围广,感受态细菌可以在 -70℃ 保存,因此被广泛用于外源基因的转化。

除化学法转化细菌外,还有电击转化法,电击法不需要预先诱导细菌的感受态,依靠短暂的电击,促使 DNA 进入细菌,转化率最高能达到 $10^9 \sim 10^{10}$ 转化子/μg 闭环 DNA。因操作简便,愈来愈为人们所接受。

（三）实验试剂和器材

1. 菌株 *E. coli* DH5α。

2. 质粒 DNA。

3. 试剂

（1）LB 固体和液体培养基。

（2）Amp 母液。

（3）含 Amp 的 LB 固体培养基:将配好的 LB 固体培养基高压灭菌后冷却至 60℃ 左右,加入 Amp 储存液,使终浓度为 50μg/ml,摇匀后铺板。

（4）麦康凯培养基(Maconkey Agar):取 52g 麦康凯琼脂,加蒸馏水 1000ml,微火煮沸至完全溶解,高压灭菌,待冷至 60℃ 左右加入 Amp 储存液使终浓度为 50μg/ml,然后摇匀后铺板。

（5）0.05mol/L CaCl₂ 溶液:称取 0.28g CaCl₂(无水,分析纯),溶于 50ml 重蒸水中,定容至 100ml,高压灭菌。

（6）含 15% 甘油的 0.05mol/L CaCl₂:称取 0.28g CaCl₂(无水,分析纯),溶于 50ml 重蒸水中,加入 15ml 甘油,定容至 100ml,高压灭菌。

4. 器材 恒温摇床,电热恒温培养箱,台式高速离心机,无菌工作台,低温冰箱,恒温水浴锅,制冰机,分光光度计,微量移液枪。

（四）实验步骤

1. 受体菌的培养 从 LB 平板上挑取新活化的 *E. coli* DH5α 单菌落,接种于 3 ~ 5ml LB 液体培养基中,37℃ 下振荡培养 12h 左右,直至对数生长后期。将该菌悬液以 1:100 ~ 1:50 的比例接种于 100ml LB 液体培养基中,37℃ 振荡培养 2 ~ 3h 至 $A_{600}=0.5$ 左右。

2. 感受态细胞的制备（CaCl₂法）

（1）将培养液转入离心管中,冰上放置 10min,然后于 4℃下 3000r/min 离心 10min。

（2）弃去上清,用预冷的 0.05mol/L 的 CaCl₂溶液 10ml 轻轻悬浮细胞,冰上放置 15～30min 后,4℃下 3000r/min 离心 10min。

（3）弃去上清,加入 4ml 预冷含 15% 甘油的 0.05mol/L 的 CaCl₂溶液,轻轻悬浮细胞,冰上放置 5min,即成感受态细胞悬液。

（4）感受态细胞分装成 200μl 的小份,储存于 -70℃ 可保存半年。

3. 转化

（1）从 -70℃ 冰箱中取 200μl 感受态细胞悬液,室温下使其解冻,解冻后立即置冰上。

（2）加入 PBS 质粒 DNA 溶液（含量不超过 50ng,体积不超过 10μl）,轻轻摇匀,冰上放置 30min。

（3）42℃水浴中热击 90s 或 37℃水浴 5min,热击后迅速置于冰上冷却 3～5min。

（4）向管中加入 1ml LB 液体培养基（不含 Amp）,混匀后 37℃振荡培养 1h,使细菌恢复正常生长状态,并表达质粒编码的抗生素抗性基因（Amp）。

（5）将上述菌液摇匀后取 100μl 涂布于含 Amp 的筛选平板上,正面向上放置半小时,待菌液完全被培养基吸收后倒置培养皿,37℃培养 16～24h。

同时做两个对照:

对照组 1: 以同体积的无菌双蒸水代替 DNA 溶液,其他操作与上面相同。此组正常情况下在含抗生素的 LB 平板上应没有菌落出现。

对照组 2: 以同体积的无菌双蒸水代替 DNA 溶液,但涂板时只取 5μl 菌液涂布于不含抗生素的 LB 平板上,此组正常情况下应产生大量菌落。

4. 计算转化率 统计每个培养皿中的菌落数。

转化后在含抗生素的平板上长出的菌落即为转化子,根据此皿中的菌落数可计算出转化子总数和转化频率,公式如下:

转化子总数=菌落数×稀释倍数×转化反应原液总体积/涂板菌液体积

转化频率（转化子数/每 mg 质粒 DNA）=转化子总数/质粒 DNA 加入量（mg）

感受态细胞总数=对照组 2 菌落数×稀释倍数×菌液总体积/涂板菌液体积

感受态细胞转化效率=转化子总数/感受态细胞总数

注意:本实验方法也适用于其他 E. coli 受体菌株的不同的质粒 DNA 的转化。但它们的转化效率并不一定一样。有的转化效率高,需将转化液进行多梯度稀释涂板才能得到单菌落平板,而有的转化效率低,涂板时必须将菌液浓缩（如离心）才能准确计算转化率。

（五）感受态细胞制备及转化中的影响因素

1. 细胞的生长状态和密度 最好从 -70℃ 或 -20℃ 甘油保存的菌种中直接转接用于制备感受态细胞的菌液。不要用已经过多次转接,及储存在 4℃ 的培养菌液。细胞生长密度以每毫升培养液中的细胞数在 $5×10^7$ 个左右为佳。即应用对数期或对数生长前期的细菌,可通过测定培养液的 A_{600} 控制。对 TG1 菌株,A_{600} 为 0.5 时,细胞密度在 $5×10^7$ 个/ml 左右（应注意 A_{600} 值与细胞数之间的关系随菌株不同而不同）。密度过高或不足均会使转化率下降。

此外,受体细胞一般应是限制修饰系统缺陷的突变株,即不含限制性内切酶和甲基化酶的突变株。并且受体细胞还应与所转化的载体性质相匹配。

2. 质粒 DNA 的质量和浓度 用于转化的质粒 DNA 应主要是超螺旋态的,转化率与外源 DNA 的浓度在一定范围内成正比,但当加入的外源 DNA 的量过多或体积过大时,则会使转化率下降。一般地,DNA 溶液的体积不应超过感受态细胞体积的 5%,1ng 的 DNA 即可使 50μl 的感受态细胞达到饱和。对于以质粒为载体的重组分子而言,分子量大的转化效率低,实验证明,大于30kb的重组质粒将很难进行转化。此外,重组DNA分子的构型与转化效率也密切相关,环状重组质粒的转化率较分子量相同的线性重组质粒高10~100倍,因此重组DNA大都构成环状双螺旋分子。

3. 试剂的质量 所用$CaCl_2$等试剂均须最高纯度的,并用最纯净的水配制,最好分装保存于4℃。

4. 防止杂菌和杂DNA的污染 整个操作过程均应在无菌条件下进行,所用器皿,如离心管、移液枪头等最好是新的,并经高压灭菌处理。所有的试剂都要灭菌,且注意防止被其他试剂、DNA酶或杂DNA所污染,否则均会影响转化效率或杂DNA的转入。

5. 整个操作均需在冰上进行,不能离开冰浴,否则细胞转化率将会降低。

【思考题】

1. 制备感受态细胞的原理是什么?

2. 如果实验中对照组本不该长出菌落的平板上长出了一些菌落,你将如何解释这种现象?

(王燕菲)

实验二 质粒DNA的提取

(一) 实验目的

1. 掌握最常用的碱裂解法提取质粒DNA。

2. 了解制备原理及各种试剂的作用。

(二) 实验原理

质粒(plasmid)是独立存在于染色体外,能自主复制并能稳定遗传的一种环状双链DNA分子,分布于细菌、放线菌、真菌以及一些动植物细胞中,但在细菌细胞中含量最多。细菌质粒是应用最多的质粒类群,在细菌细胞内它们利用宿主细胞的复制机构合成质粒自身的DNA。

质粒DNA具有特定的形态结构,在特殊的环境条件下,如加热、极端pH、有机溶剂、尿素、酰胺试剂等会导致质粒DNA变性,去除变性条件又可以使DNA复性。SDS是一种阴离子表面活性剂,它既能裂解细菌细胞,又能使细菌蛋白质变性。所以,SDS处理细菌细胞后会导致细菌细胞壁破裂,从而使质粒DNA及细菌基因组DNA从细胞中同时释放出来。释放出来的DNA遇到强碱性(NaOH)环境就会变性,尽管碱性溶剂使碱基对完全破坏,闭合的质粒DNA双链仍不会彼此分离,这是因为它们在拓扑学上是相互缠绕的。然后,用酸性乙酸钾中和溶液碱性使溶液处于中性,质粒DNA将迅速复性,而染色体DNA由于分子巨大与蛋白质相互缠绕在短时间内难以复性。离心后,质粒DNA将留在上清中,染色体DNA则与细胞碎片一起沉淀到离心管的底部。通过这种方法即可将质粒DNA从细菌中提取出来。

所以质粒提取需要依次加入三种碱裂解液:碱裂解液Ⅰ,碱裂解液Ⅱ,碱裂解液Ⅲ。碱裂解液Ⅰ的成分及作用:50mmol/L葡萄糖增稠,使悬浮后的大肠杆菌不会快速沉积到管子的底部;EDTA通过络合、消除溶液中Mg^{2+}而抑制DNase的活性。这一步溶液中加入RNase,除去RNA。碱裂解液Ⅱ的成分及作用:NaOH使细菌壁破裂,染色体DNA和蛋白质变性,将质粒DNA释放到上清液中;SDS使细菌蛋白质变性并裂解细菌膜。细菌蛋白质、破裂的细胞壁和变性的细菌DNA会相互缠绕成大型复合物,被SDS包裹。碱裂解液Ⅲ的成分及作用:这一步的酸性钾盐溶液的钾离子置换了SDS(十二烷基硫酸钠)中的钠离子,得到PDS(十二烷基硫酸钾)沉淀;SDS易与蛋白质结合,平均两个氨基酸上结合一个SDS分子,钾钠离子置换所产生的大量沉淀自然就将绝大部分蛋白质也沉淀了,同时细菌基因组 DNA 已被 PDS 共沉淀,而质粒溶解于上清液中。通过离心保留上清液,上清液再用酚-氯仿抽提,使蛋白质进一步变性、沉淀,再离心、纯化上清液。最后加乙醇使上清液中 DNA 脱水而析出。

(三) 实验试剂和器材

1. 含有质粒大肠杆菌。

2. 试剂

(1) 溶液 I:50mmol/L 葡萄糖;10mmol/L EDTA,20mmol/L Tris-HCl pH 8.0,100mg/ml RNase A(提取质粒时现加)。

溶液 I 可成批配制,每瓶约 100ml,在高压下蒸汽灭菌 15min,4℃冰箱储存(注:不能将 RNase A 加入溶液 I 中一起灭菌,RNase A 用时现加)。

(2) 溶液 II

0.2mol/L NaOH(临用前用 10mol/L NaOH 储存液现用现稀释)。

1% SDS(临用前用 10mol/L SDS 储存液现用现稀释)。

(3) 溶液 III:60ml 5mol/L 醋酸钾,11.5ml 冰乙酸,28.5ml H_2O。

(4) TE 缓冲液,10mmol/L Tris-HCl,1mmol/L EDTA(pH 8.0)。

(5) 100% 乙醇。

(6) 70% 乙醇。

3. 器材

(1) 高压灭菌锅,摇床。

(2) 台式离心机。

(3) 超净工作台。

(4) 各式加样枪。

(5) 振荡器。

(四) 实验步骤

1. 培养细菌 将带有质粒的大肠杆菌接种到液体培养基中,37℃振荡培养 12~16h,到细菌对数生长期即可收获。

2. 取 3ml 细菌培养液(分 2 次,每次 1.5ml)于 Eppendorf 管中,10 000r/min 离心 1min,弃上清液(尽可能完全)。

3. 加入 100μl 冰预冷的溶液 I,用振荡器振荡使细胞完全重悬。

4. 加入 200μl 新配制的溶液 II,快速颠倒 4 次,轻轻混合,将离心管放置于冰上。

5. 加入 150μl 预冷的溶液 III,轻轻倒置数次使溶液 III 均匀地分散在细菌裂解物中,置冰浴放置 3~5min。

6. 12 000r/min 离心 5min,将上清液移入另一离心管中。

7. 加等量酚-氯仿,倒置混匀,用台式高速离心机,12 000r/min,离心 7min,上清移入另一干净离心管。

8. 加 2 倍体积的 100% 乙醇混匀,于室温净置 5min 沉淀双链 DNA。

9. 用台式高速离心机于 4℃、12 000r/min,离心 5min。

10. 小心倒弃上清,将离心管倒置于滤纸上将剩余液体滴尽。

11. 用 1ml 70% 乙醇于 4℃洗涤双链 DNA 沉淀,按步骤 10 去上清,在空气中使沉淀干燥 10min。

12. 取 50μl 含胰 RNase A(25μg/ml)无 DNase 的 TE 重新溶解质粒 DNA,于-20℃冰箱储存备用。

（五）注意事项

1. 提取过程中应尽量保持低温。

2. 加入溶液Ⅱ和溶液Ⅲ后操作应温和，切忌剧烈振荡。

【思考题】

1. 质粒抽提用具、试剂为何要高压灭菌？

2. 溶液Ⅰ、溶液Ⅱ、溶液Ⅲ的作用是什么？

3. 质粒抽提取过程为何要防止 DNA 酶污染？

4. 细菌收获的最佳时期是什么时期？

（龚　青）

实验三　限制性内切酶对质粒 DNA 的酶切

（一）实验目的

1. 掌握对重组质粒进行限制性内切酶酶切的原理和方法。

2. 学习和了解限制性内切酶的特性。

（二）实验原理

限制性核酸内切酶：是一类能识别双链 DNA 分子特异性核酸序列的 DNA 水解酶。它是基因工程中用于体外剪切基因片段的重要工具酶。

20 世纪 70 年代，当人们在对噬菌体的宿主特异性的限制-修饰现象进行研究时，首次发现了限制性内切酶。首批被发现的限制性内切酶包括来源于大肠埃希菌的 EcoR Ⅰ和 EcoR Ⅱ，以及来源于流感嗜血杆菌（heamophilus influenzae）的 Hind Ⅱ和 Hind Ⅲ。这些酶可在特定位点切开 DNA，产生可体外连接的基因片段。研究者很快发现内切酶是研究基因组成、功能及表达非常有用的工具。

限制性核酸内切酶的类型及特性：按限制酶的亚基组成和切断核酸情况的不同，分为三类：Ⅰ型、Ⅱ型、Ⅲ型。

第一类（Ⅰ型）限制性内切酶能识别专一的核苷酸顺序，它们在识别位点很远的地方任意切割 DNA 链，其切割的核苷酸顺序没有专一性，是随机的。这类限制性内切酶在 DNA 重组技术或基因工程中用处不大，无法用于分析 DNA 结构或克隆基因。这类酶如 EcoB、EcoK 等。

第二类（Ⅱ型）限制性内切酶能识别专一的核苷酸顺序，并在该顺序内的固定位置上切割双链。由于这类限制性内切酶的识别和切割的核苷酸都是专一的。因此，这种限制性内切酶是 DNA 重组技术中最常用的工具酶之一。

这种酶识别的专一核苷酸顺序最常见的是 4 个或 6 个核苷酸，少数也有识别 5 个核苷酸以及 7 个、8 个、9 个、10 个和 11 个核苷酸的。

第三类（Ⅲ型）限制性内切酶也有专一的识别顺序，在识别顺序旁边几个核苷酸对的固定位置上切割双链。但这几个核苷酸对也不是特异性的。因此，这种限制性内切酶切割后产生的一定长度 DNA 片段，具有各种单链末端。因此也不能应用于基因克隆。

因此Ⅱ型限制性内切酶是 DNA 重组技术中最常用的工具酶，这种酶的切割可以有两种方式：

黏性末端：是交错切割，结果形成两条单链末端，这种末端的核苷酸顺序是互补的，可形成氢键，所以称为黏性末端。

平头末端:Ⅱ型酶切割方式的另一种是在同一位置上切割双链,产生平头末端。

(三) 实验试剂和器材

1. 质粒。

2. RNase,用含有 10mmol/L Tris-HCl、15mmol/L NaCl 溶液溶解 RNase 到 10mg/ml,沸水浴 15min,保存到-20℃。

3. 限制性核酸内切酶(Takara)。

4. 酶解缓冲液(10×M buffer)。

5. 无菌的 1.5ml Eppendorf 管。

6. 器材　离心机,水浴锅,10μl、50μl 微量移液器。

(四) 实验步骤

1. 质粒中 RNA 的酶解　向 30μl 质粒溶液中加入 10mg/ml RNase 2μl,37℃水浴酶解 0.5h。

2. 质粒 DNA 的限制性内切酶切

(1) 用微量移液枪向灭菌的 eppendorf 管分别加入 DNA1μg 和相应的限制性内切酶反应 10×缓冲液 2μl,再加入去离子水使总体积为 19μl,将管内溶液混匀后加入 1μl 酶液,用手指轻弹管壁使溶液混匀,也可用微量离心机甩一下,使溶液集中在管底。

(2) 混匀反应体系后,将 eppendorf 管置于适当的支持物上(如插在泡沫塑料板上),37℃水浴保温 2~3h,使酶切反应完全。

(3) 每管加入 2μl 0.1mol/L EDTA(pH 8.0),混匀,以停止反应,置于冰箱中保存备用。

(五) 注意事项

1. 进行 DNA 酶切时,要在其最适温度下(大多数为 37℃)进行。最好是用每一种酶的专用缓冲液,以达到最佳酶切效率。如遇 2 种酶酶切应先用低盐缓冲液后用高盐缓冲液,或一种酶切结束后加 TE 至 400μl,再进行酚-氯仿抽提、乙醇沉淀,重新建立第二个酶切反应体系。

2. 限制性核酸内切酶一定要在低温(-20℃)下储存,因含 50% 甘油,在此温度下一般不会结冰,如结冰则表明冰箱温度低于-20℃,应避免结冰。新购的大包装酶,应先分装。每次吸取后均应将限制性核酸内切酶管放在冰盒内,用完后立即放在-20℃,每次取酶尽可能使用新的灭菌枪头,避免污染。

3. 进行大量酶切时,先要确定限制性核酸内切酶的浓度。一般 1U 核酸酶于 37℃条件下作用底物 DNA 1h 以上可切割 1μg DNA。但在实验中通常要用 2~3 倍才能保证完全消化,对基因组 DNA 尤其如此。

【思考题】

1. 何谓限制性内切酶? 分为几个大类? 有何作用特点?

2. 如何进行 DNA 的限制性内切酶酶切分析? 有何注意事项?

3. DNA 的限制性内切酶酶切分析在临床医学中有何价值?

(王燕菲)

实验四　DNA 的琼脂糖凝胶电泳

(一) 实验目的

掌握琼脂糖凝胶电泳的原理,学习琼脂糖凝胶电泳的操作。

（二）实验原理

在 pH 为 8.0～8.3 时,核酸分子碱基几乎不解离,磷酸全部解离,核酸分子带负电,在电泳时向正极移动。采用适当浓度的凝胶介质作为电泳支持物,在分子筛的作用下,使分子大小和构象不同的核酸分子泳动率出现较大的差异,从而达到分离核酸片段检测其大小的目的。核酸分子中嵌入荧光染料(如 EB、Dured)后,在紫外灯下可观察到核酸片段所在的位置。

溴酚蓝是蓝色、带负电荷的指示剂,分子量小于核酸和蛋白质分子,电泳前加入样品中,电泳时依靠观察蓝色的溴酚蓝电泳区带移动的距离,从而推断核酸或蛋白质样品移动的距离。电泳样品中加入较高浓度的蔗糖(或甘油),使上样液比重和黏稠度增加,从而使样品中的核酸(或蛋白质)在电泳缓冲液中不扩散并下沉。

（三）实验试剂和器材

1. 质粒 DNA 或其酶切产物。

2. 试剂

（1）10×TAE 电泳缓冲液:取 Tris 24.2g,冰乙酸 5.7ml,0.25mol/L EDTA（pH 8.0）20ml,加蒸馏水至 500ml。1×TAE 为配制琼脂糖凝胶及其电泳的应用缓冲液。

（2）溴酚蓝指示剂溶液(6×上样缓冲液):称取溴酚蓝 100mg,加双蒸水 5ml,在室温下过夜,待溶解后再称取蔗糖 25g,加双蒸水溶解后移入溴酚蓝溶液中,摇匀后定容至 50ml,加入 NaOH 1滴,调至蓝色。

（3）Dured 染料:商品浓度为 10 000×,用时加入到琼脂糖凝胶里。

（4）DNA 分子量标准:根据需要购买,一般浓度为 0.5μg/μl。

3. 器材　电泳仪和电泳槽,微波炉,紫外扫描分析仪,加样枪、EP 管及试管架等。

（四）实验步骤

（1）用胶带将洗净、干燥的制胶板的两端封好,水平放置在工作台上。

（2）调整好梳子的高度。

（3）称取 0.3g 琼脂糖于 30ml 0.5×TAE 中,在微波炉中使琼脂糖颗粒完全溶解,冷却至45～50℃时加入 3μl Dured(或 EB,核酸的荧光染料)后倒入制胶板中。

（4）凝胶凝固后,小心拔去梳子,撕下胶带。

（5）将质粒 DNA20μl +上样缓冲液 4μl(含溴酚蓝和蔗糖)混合,将 24μl 电泳样品依次加入点样孔中。

（6）将制胶板放入电泳槽中,加入电泳液,打开电泳仪,使核酸样品向正极泳动。

（7）电泳完成后切断电源,取出凝胶,置于紫外透射仪上观察电泳结果。

（8）观察和拍照:紫外透视仪的样品台上重新铺上一张保鲜膜,赶去气泡平铺,然后把凝胶放在上面。打开紫外灯(360nm 或 254nm)进行观察,紫光灯下观察时应戴上防护眼镜或有机玻璃面罩,以免损伤眼睛。凡有荧光区带的地方就是 DNA 或 RNA。

质粒的电泳图谱可出现 3 条区带,由快到慢依此为超螺旋环形质粒、单一缺口质粒(双链DNA 分子中一条链有断开,另一条链仍然保持环形)、线性开环质粒。溴酚蓝区带前面的荧光团为细菌的 RNA 碎片。

（五）注意事项

1. 琼脂糖凝胶的浓度直接影响 DNA 片段的分离效果,一定要根据被分离 DNA 片段的大小确定好合适的琼脂糖凝胶浓度。

2. EB 是 DNA 的诱变剂具极强的致癌性,配制和使用过程中要特别小心,所有操作均只能在专门的电泳区域操作,戴一次性手套,并及时更换。有 EB 的废液和器皿要分别处理好。也可用核酸染料来代替溴化乙啶,使实验较为安全。Dured 独特的油性和大分子量特点使其不能穿透细胞膜进入细胞内,艾姆斯试验结果也表明,该染料的诱变性远远小于 EB,但是仍然建议学生戴一次性手套去凝胶。

3. 加样进胶时不要形成气泡,需在凝胶未凝固前及时清除,否则,需重新制胶。

【思考题】

1. 如何通过分析电泳图谱评判质粒 DNA 等提取物的质量?
2. 琼脂糖凝胶电泳中 DNA 分子迁移率受哪些因素的影响?

(龚 青)

实验五 PCR 基因扩增

(一) 实验目的

1. 掌握 PCR 扩增目的 DNA 的原理。
2. 熟悉 PCR 扩增目的 DNA 的操作步骤。
3. 熟悉 PCR 扩增体系中各组分的作用。

(二) 实验原理

聚合酶链式反应(polymerase chain reaction, PCR)简称 PCR 技术,是 20 世纪 80 年代后期建立的一种体外酶促扩增特异 DNA 片段的技术。该技术是以 DNA 复制原理为依据,在模板 DNA、引物和 4 种脱氧三磷酸核苷(dNTP)存在的条件下依赖 DNA 聚合酶的酶促反应。基本过程为:以样本 DNA 为模板,人工合成引物与模板互补结合,在 DNA 聚合酶的催化下,通过以下 3 步就可以扩增合成大量的目的核酸片段。

1. 核酸的变性 加热使模板 DNA 在高温下打开核酸的空间结构,使之成为线性单链结构。
2. 引物的复性 溶液温度下降至 50～60℃,人工合成引物与模板按碱基配对原则互补结合,形成引物-模板互补聚合体。
3. 新链的延伸 在 DNA 聚合酶的催化下,沿着模板的 3′→5′方向,在引物的 3′末端,按 5′→3′方向连接与模板互补的核苷酸。不断重复这个"变性-复性-延伸"的基本循环,就可在短时间内合成大量的目的基因。

从理论上讲,每经过 1 个循环,样本中的 DNA 量应该增加 1 倍,新合成的链又可成为新一轮循环的模板,经过 25～30 个循环后,DNA 可扩增 10^6～10^9 倍。

PCR 技术具有灵敏度高、特异性强、操作简便等特点。目前,该技术已被广泛地应用于临床医学、遗传咨询、司法鉴定、考古学及分子生物学等各个领域。

本实验对提取的质粒 DNA 进行目的基因的 PCR 扩增,再电泳观察扩增的结果。

(三) 实验试剂和器材

1. 10×缓冲液 500mmol/L KCl,100mmol/L Tris-HCl(pH 8.3,室温)。
2. 25mmol/L MgCl₂。
3. 10mmol/L 4×dNTP。
4. 扩增目的基因的特异性引物 P1 10μmol/L,P2 10μmol/L。
5. *Taq* DNA 聚合酶:2U/μl。
6. 模板 DNA 0.1μg/μl,根据实验目的不同,可选择基因组 DNA、质粒 DNA、逆转录得到的 cDNA 为模板。

7. 灭菌双蒸水。

8. 其他试剂如琼脂糖、电泳缓冲液、溴化乙啶、上样缓冲液、DNA Marker 等。

9. 微量加样器,枪头,薄壁 PCR 管,PCR 仪(或 DNA 扩增仪),台式离心机,电泳仪,凝胶成像系统或紫外灯。

(四) 实验步骤

1. 标准的 PCR 反应体系　PCR 反应体系中包含寡核苷酸引物、DNA 模板、*Taq* DNA 聚合酶、dNTP 及含有必需离子的反应缓冲液,反应体系中各成分如表 3-27 所示。

表 3-27　标准的 PCR 反应体系中的各成分

组分	体积
10×缓冲液	5μl
MgCl$_2$	3μl
4×dNTP	4μl
随机引物 P1	1μl
随机引物 P2	1μl
Taq DNA 聚合酶	1μl
模板 DNA	1μl
ddH$_2$O 补足到	50μl

手指轻弹管底,混匀溶液,在离心机中快速离心数秒,使溶液集中于底部后,放入 PCR 仪进行 PCR 反应。

为了便于对试验结果进行分析,可设计做 3 份反应,1 份空白对照(阴性对照),1 份阳性对照,1 份待测样本。可先做成无模板 DNA 混合反应液,均匀加至各管中,再分别在 3 个管加入水、阳性对照、待测样本作为模板,即 3 份反应除模板不一样外,其他试剂成分均相同,并同时进行 PCR 反应。

2. PCR 扩增反应　按下列程序,在 DNA 扩增仪上进行反应。

94℃ 2min 变性;94℃ 30s,60℃ 40s,72℃ 50s,30 个循环;72℃ 10min 延伸;4℃ 保存。

3. 结果检测　扩增样品在 1% 琼脂糖凝胶中进行电泳检测。

(五) 注意事项

1. 模板 DNA 的量应适宜。若过少,会导致 PCR 产物量过少而无法用琼脂糖凝胶电泳检测,出现假阴性;若过多,就会降低模板与引物形成的杂交双链的特异性,出现假阳性。一般 50μl 反应体系中模板量为 100ng 左右。

2. 引物是与靶 DNA 序列特异性结合的寡核苷酸序列。常为 18 ~ 25bp,位于扩增靶序列的两端,与模板的正负链序列互补。为确保特异性,设计的引物应只和靶序列互补。

3. 10×缓冲液可为反应体系提供稳定的 pH,使酶正常发挥活性。

4. Mg^{2+} 浓度是至关重要的因素,对反应系统本身、稳定核苷酸和提高 *Taq* DNA 聚合酶活性有直接影响。可等比稀释成梯度的 Mg^{2+} 浓度,选择扩增产量高并且无非特异性扩增的反应管中的浓度作为最适 Mg^{2+} 浓度。

5. dNTP 储存液是将 dATP、dTTP、dCTP 和 dGTP 等体积混合配制成的 10mmol/L 混合液。dNTP 储存液应-20℃ 保存,避免反复冻融。

6. 操作时应戴手套,配制反应体系和加模板时应分别使用专用的移液器,实验中有关试剂和所有耗材使用前必须高压灭菌,用后按规定处理并丢弃在指定区域。

7. PCR 具有超敏感性的特点,样品污染、扩增仪器污染及扩增产物交叉污染等均可导致假阳性结果,因此每次反应都应设立不加模板的阴性对照。

8. 市面上多个公司都有针对 PCR 反应设计的试剂盒,不同公司的产品其反应体系中的试剂浓度和用量也不尽相同。因此,实验前应仔细阅读公司给出的产品说明书,对反应体系作适当的调整。

总之,由于 PCR 反应灵敏、快速,短短数小时内可将某个 DNA 片段特异地扩增几十万倍,微量的产物或阳性标本对反应体系的污染,就会造成假阳性结果。因此如何避免污染,是反应成败的关键,必须做到所有器材消毒,移液枪头不重复使用,戴手套操作,设立正确的对照等,并对结果进行认真分析,才能确保结果的准确性和可靠性。

【思考题】

1. PCR 技术的基本原理是什么?
2. 如何避免 PCR 扩增目的 DNA 中的假阳性结果?

(余利红)

实验六　核 酸 杂 交

(一) 实验目的

理解核酸杂交的原理,掌握 Northern 杂交分析的过程和方法。

(二) 实验原理

核酸杂交(hybridization)是两条互补的核苷酸单链在特定的条件下退火形成异质双链的过程。核酸杂交是建立在以碱基互补为基础的、以双链核酸分子在特定条件下的变性和复性为手段的,对核酸分子进行定性和定量检测的技术。即把经酶切的、电泳分离的、经碱变性后生成单链分子的待检测核酸片段转印到特定的膜上,用已知特定序列的标记探针与之杂交,以检验该核酸片段是否与已知的探针有同源序列。

核酸杂交中,RNA 的印迹转移和杂交技术称之为 Northern 杂交技术。RNA 经过变性琼脂糖凝胶电泳分离后,转印到硝酸纤维素膜上。烘干、固定后在特定的条件下与标记(放射性)的探针杂交,洗膜后通过放射自显影分析 RNA 的数量和分子大小。

(三) 实验试剂和器材

1. 试剂

(1) 琼脂糖。

(2) 焦碳酸二乙酯(DEPC)。

(3) 10 ×MOPS 电泳缓冲液,0.2mol/L MOPS (3-N-吗啉丙磺酸),0.05mol/L 乙酸钠,0.01mol/L EDTA。

在 800ml 经 DEPC 处理的水中加入 41.8g MOPS,用 NaOH 或乙酸调 pH 至 7.0,加 3mol/L 乙酸钠 16.6ml,0.5mol/L EDTA (pH8.0) 20ml,用 DEPC 处理的水定容至 1000ml,以 0.22μm 滤器过滤除菌。

(4) 37% 甲醛。

(5) 去离子甲醛胺。

(6) 甲醛上样缓冲液:1mmol/L EDTA (pH8.0),0.25% 溴酚蓝,0.25% 二甲苯蓝,50% 甘油。

（7）20×SSC、10×SSC、1×SSC 和 0.25×SSC。

（8）10g/L（10mg/ml）溴化乙啶（EB）。

（9）预杂交液：50% 甲酰胺,5×SSC、2×Denhardt、0.1% SDS、100mg/L（100μg/mL）salmon sperm DNA（鱼精 DNA）。

（10）10% SDS。

2. 器材　恒温振荡水浴器、烤箱、琼脂糖凝胶电泳系统、硝酸纤维素膜、X 线片、可烫封塑料袋、放射性污染检测器。

（四）实验步骤

1. 配制 1% 琼脂糖变性胶　取 10×MOPS 缓冲液 10ml、0.1% DEPC 蒸馏水 90ml、琼脂糖 1.0g,加热至胶完全溶化后,在室温冷却到 60℃。依次加入 6μl EB（10g/L）、37% 甲醛 5.4ml,混匀,置通风橱中 15min 后,倒入制胶器中制胶。

2. 电泳　将已制备好的样品各取 10~20μg,于真空干燥后,各加 20μl 样品缓冲液,95℃水浴变性 2min,同时将胶放入装有 1×MOPS 电泳缓冲液的电泳槽中预电泳 10min,然后加样。于 100V 电压下电泳 2h,直到溴酚蓝染料移动至胶下段的 3/4 处。电泳结束后,将胶移至紫外灯下测量 28S rRNA 泳动后距原点的距离,记录标准物位置,作为分子量标准物。

3. RNA 的印迹转移和固定　将胶放入 0.05mol/L NaOH 溶液中浸泡 20min,用 DEPC 处理的蒸馏水淋洗凝胶 1 次后,再用 20×SSC 浸泡 45min,以除去胶中甲醛。按毛细管转移法将 RNA 吸引至 NC 膜上（转移液为 20×SSC）,再将 NC 膜用 6×SSC 浸泡 5min,以除去 NC 膜上的凝胶碎片。取出 NC 膜,置于滤纸上,并在室温晾干 20min,再将 NC 膜置 80℃烤箱中烘烤 2h。

4. 滤膜烘干后放入可烫封塑料袋中,加入 20~30ml 预杂交液,密封塑料袋后在 42℃预杂交 3h。

5. 将已标记的双链探针煮沸,变性 10min,取出后立即置水浴 10min,将变性探针加入预杂交液中,密封杂交,塑料袋在 42℃振荡水浴器中杂交过夜。

6. 洗膜　杂交结束后,分别用下列洗液洗膜:2×SSC、0.5% SDS,室温洗膜 5min;1×SSC、0.1% SDS,42℃洗膜 30min;0.1×SSC、0.5% SDS,56℃洗膜 30min。

7. 放射自显影

（1）将滤膜用保鲜膜包好,置于 X 线片夹中,并用同位素检测仪探测同位素强度,从而确定曝光时间。

（2）在暗室中将 NC 膜放在增感屏上（光面与 NC 膜接触）,在滤膜上压上增感屏后（光面与 X 线片接触）。为了防止滤膜和 X 线片移位,可在适当位置用胶带固定。

（3）置−70℃（或−20℃）下曝光 7~10d。

（4）在暗室中冲洗、显影、水洗、定影,用水洗净后晾干并分析实验结果。

（五）注意事项

1. 同位素标记后的废液应倒入处理池中,不能直接倒入水池。

2. 溴化乙啶（EB）有毒,注意不要用手直接接触。

【思考题】

1. 核酸杂交的原理是什么?

2. 预杂交的作用是什么?

（陈克念）

参 考 文 献

白玲,霍群.2008.基础生物化学实验.第2版.上海:复旦大学出版社

毕富勇.2003.生物化学与分子生物学实验教程.合肥:安徽科学技术出版社

陈雅蕙等.2006.生物化学实验原理和方法.第2版.北京:北京大学出版社

陈毓荃.2002.生物化学实验方法和技术.北京:科学出版社

郭尧君.2006.蛋白质电泳实验技术.第2版.北京:科学出版社

胡晓燕,张孟业.2005.生物化学与分子生物学实验技术.济南:山东大学出版社

李林,张悦红.2006.生物化学与分子生物学实验教程.北京:化学工业出版社

李林.2004.生物化学与分子生物学实验指导.北京:人民卫生出版社

屈伸,刘志国.2008.分子生物学实验技术.北京:化学工业出版社

王淳本.2003.实用生物化学与分子生物学实验技术.武汉:湖北科学技术出版社

王小亚,崔全才.2007.免疫组织化学病理诊断.北京:北京科学技术出版社

王晓华,朱文渊.2008.生物化学与分子生物学实验技术.北京:化学工业出版社

俞建瑛,蒋宇,王善利.2005.生物化学实验技术.北京:化学工业出版社

袁榴娣.2006.高级生物化学与分子生物学实验教程.南京:东南大学出版社

查锡良.2008.生物化学.第7版.北京:人民卫生出版社

张吉林,宋玉国.2005.医学分子生物学实验指导.北京:中国医药科技出版社

赵亚华.2005.生物化学与分子生物学实验技术教程.北京:高等教育出版社

赵亚力,马学斌,韩为东.2006.现代分子生物学实验原理与技术.北京:清华大学出版社

赵永芳.2008.生物化学技术原理及应用.第7版.北京:科学出版社

周新,涂植光.2003.临床生物化学和生物化学检验.北京:人民卫生出版社